国家生物安全出版工程

—— 总主编 李生斌 沈百荣 ——

国家出版基金项目
NATIONAL PUBLICATION FOUNDATION

国家生物安全出版工程

—— 总主编 李生斌 沈百荣 ——

生物安全多元数据与智能预警

主　编　李　辰　石　昕
副主编　刘兴武　张湘莉兰　贾忠伟

西安交通大学出版社
XI'AN JIAOTONG UNIVERSITY PRESS

图书在版编目(CIP)数据

生物安全多元数据与智能预警／李辰,石昕主编. — 西
安:西安交通大学出版社,2023.12
国家生物安全出版工程
ISBN 978-7-5693-3605-4

Ⅰ.①生⋯ Ⅱ.①李⋯ ②石⋯ Ⅲ.①生物工程一安全科学一
多元分析 Ⅳ.①Q81

中国国家版本馆 CIP 数据核字(2023)第 242083 号

SHENGWU ANQUAN DUOYUAN SHUJU YU ZHINENG YUJING

书　　名	生物安全多元数据与智能预警	
主　　编	李　辰　石　昕	
责任编辑	李　晶	
责任印制	张春荣　刘　攀	
责任校对	肖　眉	

出版发行	西安交通大学出版社
	(西安市兴庆南路 1 号　邮政编码 710048)
网　　址	http://www.xjtupress.com
电　　话	(029)82668357　82667874(市场营销中心)
	(029)82668315(总编办)
传　　真	(029)82668280
印　　刷	西安五星印刷有限公司

开　　本	787mm×1092mm　1/16	印张　15	字数　284 千字	
版次印次	2023 年 12 月第 1 版	2023 年 12 月第 1 次印刷		
书　　号	ISBN 978-7-5693-3605-4			
定　　价	198.00 元			

如发现印装质量问题,请与本社市场营销中心联系。
订购热线:(029)82665248　(029)82667874
投稿热线:(029)82668226

编委会委员

参编单位

（以音序排列）

安徽大学	河北大学
安徽科技学院	河北医科大学
百码科技(深圳)有限公司	华大基因
北京大学	华壹健康技术有限公司
北京航空航天大学	华壹健康医学检验实验室有限公司
北京警察学院	华中科技大学
北京市公安局	济宁医学院
滨州医学院	暨南大学
长安先导集团	嘉兴南湖学院
重庆市公安局	江苏大学
重庆医科大学	精密微纳制造技术全国重点实验室
大连理工大学	空天微纳系统教育部重点实验室
复旦大学	昆明医科大学
广东省毒品实验技术中心	南京医科大学
广州市第八人民医院	南通大学
广州市公安局	宁波市公安局
广州医科大学	清华大学
贵州医科大学	山东第一医科大学
国家生物安全证据基地	山东农业大学
国家卫生健康委法医学重点实验室	山西医科大学
海南大学	陕西省司法鉴定学会
海南医学院	陕西省医学会
海南政法职业学院	陕西省医学会生物安全分会
杭州锘崴信息科技有限公司	上海交通大学

上海市公安局

深圳大学

深圳华大基因科技有限公司

深圳市公安局

司法鉴定科学研究院

四川大学

四川大学华西医院

四川省公安厅

苏州大学

西安城市发展(集团)有限公司

西安交通大学

西安交通大学学报(医学版)第九届
　　编辑委员会

西安人才集团

西安市第三医院

西安市公安局

西安碳桢科技有限公司

西北工业大学

香港城市大学

新乡医学院

烟台大学

烟台市公安局

烟台市公共卫生临床中心

烟台业达医院

扬州大学

云南大学

云南省公安厅

浙江大学

浙江警察学院

中国电子技术标准化研究院

中国法医学会

中国疾病预防控制中心

中国科学院计算技术研究所

中国科学院大学

中国人民公安大学

中国人民解放军军事科学院军事医学
　　研究院

中国人民解放军空军军医大学

中国刑事警察学院

中国研究型医院学会

中国医科大学

中国医学科学院

中国政法大学

中华人民共和国公安部

中华人民共和国最高人民法院

中华人民共和国最高人民检察院

中南大学

中山大学

珠海市人民医院

国家出版基金项目

NATIONAL PUBLICATION FOUNDATION

《生物安全多元数据与智能预警》
编委会

主　编
李　辰　石　昕

副主编
刘兴武　张湘莉兰　贾忠伟

编　委
（以姓氏笔画为序）

王雪纯　王廉浩　方小凤　石　昕
包义君　刘兴武　李　辰　张多悦
张湘莉兰　陈　挚　林　昱　贾忠伟
崔浩亮

国家生物安全出版工程

丛书总策划

刘夏丽

丛书总编辑

刘夏丽　李　晶　赵文娟

丛书编辑

刘夏丽　李　晶　赵文娟
秦金霞　张沛烨　郭泉泉
肖　眉　张永利　张家源

　　生物安全关注并解决全球、国家和地方规模的相关难题。这种跨学科的生物安全政策和科学方法,建立在人类、动物、植物和环境健康之间相互联系之上,以有效预防和减轻生物安全风险影响;同时提供一个综合视角和科学框架,来解决许多超越健康、农业和环境传统界限的生物安全风险。

　　面对全球生物安全风险的不断演变,我国政府高度重视生物安全体系建设,将生物安全纳入国家安全战略,积极推进多学科交叉整合和相关法律法规的制定与完善。生物安全内容涵盖了人类学、动物学、微生物学、植物学、基因组学、信息学、法医学、刑事科学、环境科学、人工智能、微纳传感、生物计算以及社会学、经济学等学科领域,主要用于调查和解决与生物安全风险相关活动、生物技术、药物滥用,以及生物威胁等问题,在确保全球公共卫生和安全方面发挥着至关重要的作用。因此,由国家出版基金资助,国家卫生健康委员会法医学重点实验室和国家生物安全证据基地牵头,联合西安交通大学、四川大学、中国科学院等90余所知名大学、科研机构的200余位专家共同编写了"国家生物安全出版工程"丛书。丛书共分 10 卷,包括《生物安全证据技术》《生物安全信息学》《生物安全多元数据与智能预警》《动物、植物与生物安全》《人类遗传资源保护与应用》《生物入侵与生态安全》《生物安全相关死亡的处理与应对》《生物安全威胁防控实践与进展》《实验室生物安全及规范管理》《法医微生物与生物安全》。

丛书统筹考虑国家生物安全涉及的各个要素间的关系,以生物安全证据为核心,探索生物安全智能分析、控制与预警应用,涉及相关技术、工具、算法等领域,包括生物溯源、生物分子分型、生物安全证据技术、生物威胁、死亡机制、遗传资源等方面。本项目首次较为系统地对生物安全证据方法、技术、标准以及教育科研等方面的研究进行了梳理,跟踪国内外生物安全证据与鉴定技术、科研、实验、标准的最新动向,为国家生物安全证据相关管理政策、技术标准的制定和立法评估等提供了技术支撑,也将成为在生物安全证据、司法鉴定、法医微生物等领域的新指南;有助于解决生物安全领域的争议或者纠纷事件,提供生物证据和预警依据,提升国家生物安全的防控能力,筑牢国家生物安全的防火墙。同时,书中关于建立微生物基因组分型的方法和技术,也将为确保全球公共卫生和生物安全方面发挥至关重要的作用。

丛书的编撰和出版,对于加快国家生物安全技术创新、保障生物科技健康发展、提升国家生物防御能力、防范生物安全事件、掌握未来生物技术、竞争制高点和有效维护国家安全具有重大意义。丛书审视当前国家生物安全的新特点,汇集整理了当今相关领域重要的研究数据,为后续研究提供了权威、可靠、较为全面的数据,为国家生物安全战略布局和进一步研究提供了重要参考。

在丛书编撰过程中,编写人员充分发挥了自己的专业优势,紧密结合国内外生物安全的最新动态,借鉴国际生物安全治理的经验,探讨了我国生物安全面临的风险与挑战,提出了切实可行的政策建议和管理措施。丛书不仅反映了我国生物安全领域的最新研究成果,也凝聚了所有编写人员的心血和智慧。

"国家生物安全出版工程"丛书的出版,不仅对提高全社会的生物安全意识、加强生物安全风险管理、促进生物技术健康发展具有重要意义,而且对推动我国生物安全领域的学术交流和人才培养、提升国家生物安全科技创新能力也将发挥积极作用。

我们期待这套丛书的出版能够为政府部门、科研机构、教育机构、法律司法机关以及广大读者提供一部了解生物安全、关注生物安全、参与生物安全的权威读本,为推动我国生物安全事业的发展、构建人类命运共同体贡献一份力量。

　　是为序。

2023 年 12 月 30 日

樊代明,中国工程院院士,美国医学科学院外籍院士,法国医学科学院外籍院士。

生物安全是当今世界面临的重大挑战之一。它是健康－农业－环境的系统协同和演变的基础。应对生物安全的挑战,涉及人类、动物、植物、微生物、生态、科学、社会、立法、治理和专门人才等多个层面。为了应对这一挑战,我们亟须深入研究和了解生物安全及其相互作用因素之间的关联性、独立性、复杂性,并推动科学、技术和社会的协同发展,共同治理未来全球范围面临的生物安全风险。

"国家生物安全出版工程"丛书是一套包含 10 卷书的权威著作,涉及《中华人民共和国生物安全法》核心以及相关学术界的最新理论研究,旨在为读者提供全面的生物安全知识和研究成果。丛书涵盖了生物安全领域的多个层次,从遗传和细胞层面到社会和生态层面,从科学技术交叉融合到社会发展需要,凝聚了众多专家、学者的智慧贡献,致力于创新研究、跨学科和跨国合作及知识的交流和传播。

在新突发感染性疾病以及未知疾病等生物安全背景下,分子遗传和细胞层面的研究对于我们理解病原体的特性、传播途径和防控策略至关重要。"国家生物安全出版工程"丛书中的《生物安全证据技术研究》《生物安全信息学》和《生物安全多元数据与智能预警》分卷为读者提供了数据、信息和智能等最新技术在生物安全应对中的应用,帮助我们更好地预测、识别和应对生物安全威胁。在社会层面,生物安全问题不仅仅是对科学技术的挑战,更关系到社会发展,《动物、植物与生物安全》《人类遗传资源保护与应用》《生物入侵与生态安全》分卷探讨了生物安全与社会经济发展、生态平衡和人类福祉的关系,为我们建立可持续发展的生物安全框架提供理论指导和实践经验。《实验室生物安全及规范管理》《生物安全相关死亡的处理与应对》《生物安全威胁防控实践与进展》《法医微生物与生物安全》分卷则从具体的应用实践角度讨论生物安全在不同领域和社会生活中的具体问题及其应对措施。

科学技术交叉融合是推动生物安全领域创新的重要动力。"国家生物安全出版工程"丛书的编撰涉及生物学、信息学、医学、法学等多个学科的交叉,旨在促进不同领域之间的合作与交流,推动科学技术在生物安全领域的应用与发展。生物安全问题既是挑战,也是机遇。解决生物安全问题需要培养专业人才,提升国家的科技创新能力,推动新质生产力形成生物安全国家战略科技力量。

"国家生物安全出版工程"丛书为生物安全相关领域的人才培养提供了重要的参考和教材蓝本,可帮助读者了解生物安全领域的前沿知识和技能,培养创新思维和综合能力,为国家的生物安全事业贡献人才和智慧。在国家层面,生物安全已经成为国家战略的重要组成部分。保障国家安全和人民生命健康是国家的首要任务,而生物安全作为其中的重要方面,需要得到高度重视和有效管理。"国家生物安全出版工程"丛书将为政策制定者和决策者提供科学依据和政策建议,推动国家生物安全能力的提升和规范化建设。

生物安全学科作为新时代的重要学科方向,发展迅猛、日新月异。本套丛书是国内这一领域的一次开创性努力。由于我们在这一新领域的知识和视野有限,编写方面的疏漏和不当之处在所难免,恳请广大读者提出宝贵意见和建议,以期将来再版时修正。期待"国家生物安全出版工程"丛书的问世能促进生物安全知识的传播与交流,激发科技创新和社会发展的活力,推动国家生物安全事业迈上新的台阶。希望读者能够从中受到启发和获益,为构建安全、可持续的生物安全环境而共同努力!

2023 年 12 月

李生斌,国家卫生健康委法医学重点实验室主任,国家生物安全证据基地主任,欧洲科学与艺术学院院士。

沈百荣,四川大学华西医院疾病系统遗传研究院院长。

　　《生物安全多元数据与智能预警》旨在举例介绍和突出强调生物安全与信息科技前沿汇聚、融合而形成的科学问题、基础设施与应用领域。数据多元化由两个部分构成：生命体系的多元化和信息科技的多元化。这二者必须要形成健康发展的自然生态，以多样化大数据为基础，以安全性最高的基础设施为引导，以智能化数据管理和挖掘为内涵，以生物安全预警为目的，建立多模态、网络化、高效率的智能决策系统，从而实现生物安全保障的稳固、精准、高效。

　　生物安全（biosafety）面对的不仅仅是威胁生态环境的外侵物种、造成全球性危机的突发性传染病和挑战人类生存的重大疾病，而且是面对威胁构成人类命运共同体"地球村"生物圈的一元健康（One Health）体系，更是以保证这个体系生存的协同性、完整性和生命力为基础的科学认知体系。21 世纪之前，人类对这个生物圈的认知跨过了第一个里程碑——从宏观（macrosphere）到微观（microsphere）生物圈知识的整合；21 世纪以来，人类的这一认知又上升到新的高度，实现了从微观生物圈到实观生物圈（holovivosphere）的跨越。实观生物圈的特征是彻底实现在时间轴上获取生命体系的多元化、多维度数据，从而实现认知的全面性、动态性和通透性。在刚刚过去的四分之一世纪里，生命科学借助两个前沿学科——基因组科学与生物信息学——的飞速发展，成功地运用和汇聚了其他学科的前沿科技，尤其是信息科技，在分子技术层面取得了长足的进展。在未来科技的发展中，生命科学前沿技术和数据获取将全面进入"双单四定"（从单细胞出发，在单分子水平，获取分子的定性、定量、定时、定位数据）范畴，即逐步实现数据获取的规模化、自动化和数字化。在信息层面，各类真实数据的分类收集和积累无疑是基础中的基础。数据的"大"，不仅仅是"多"，更要接近真实，在透视化和时间轴上厚积重垒。只有这样，模型化和智能化计算才有雄厚的基础。在应用层面，这些大数据的积累、基础设施的建设，以及数据的信息化和设施的智能化等构成了新型预警系统和有效治理系统。

本书作为《生物安全证据技术》系列丛书的一部分，主要是宣贯"从多元数据到智能预警"这个生物安全信息技术应用的路线图。本书作者首先介绍了生物安全大数据的基本概念和科学问题，以及目前的研究现状、基本内涵、技术要素和预警机制（1～6 章）。作者接着集中举例介绍了生物安全大数据的若干应用场景和近期案例（7～9 章），包括病原体和传染病的溯源和传播模型，为生物安全预警描绘了真实场景和特定需求。总之，本书为生物安全，尤其是生物信息安全的教学和研究提供了很好的研究思路和实践范例。

本书的出版将向世界展示我国学者在生物安全多元化数据研究和智能预警体系建立等领域的具体实践和特殊贡献，为扩大我国在这些相关领域研究在国际上的影响力，促进生物安全数据技术的创新和发展，推动国际化生物安全标准的建立和共享，提升我国生物安全数据科学研究水平提供重要支撑。

2023 年 12 月

于军，中国科学院"百人计划"（海外杰出人才）研究员，曾任国家科技部重大科学计划首席科学家和责任专家，中国科学院北京基因组研究所原创所副所长

目 录
CONTENTS

第 1 章
绪 论

生物安全,是指国家有效防范和应对危险生物因子及相关因素威胁,生物技术能够稳定健康发展,人民生命健康和生态系统相对处于没有危险和不受威胁的状态,生物领域具备维护国家安全和持续发展的能力[1],涵盖了防控重大新发突发传染病、动植物疫情,防范生物恐怖袭击与防御生物武器威胁,对生物技术研究、开发与应用活动的安全管理,对人类遗传资源与生物资源的安全管理,防范外来物种入侵与保护生物多样性、应对微生物耐药等多个领域。

随着信息技术快速发展,与生物安全预警和防范相关的各种基因组学数据、表型数据和管理数据不断积累,形成了海量数据。对这些生物安全大数据的有效分析、利用是构建国家生物安全风险监测预警体系的基础,是保障生物经济发展和国家总体安全的科技力量,也是落实《中华人民共和国生物安全法》的重要科技举措。

1.1 生物安全大数据解决什么问题

大数据时代为生物安全问题带来新的挑战和机遇。近年来生物学领域最具代表性的成果就是人类基因组计划(Human Genome Project,HGP)。该计划旨在测定人类染色体(指单倍体)中所包含的 30 亿碱基对组成的核苷酸序列,达到破译人类遗传信息的最终目的。该计划推动了新型药物研发和利用基因检测潜在疾病技术的发展,带来了基因诊断、基因治疗和靶向药物研发等医学新手段,生物医学进入建立在大数据基础上的精准医学时代,同时也带来了前所未有的生物安全问题。

精准医学依赖的是对海量医学信息的数据挖掘,需要的是随时间变化的基因组数据和各类医疗信息。这些数据包括个人信息、疾病状态、用药历史和接受的治疗等各类隐私信息,一旦这些医疗数据发生泄漏,后果将非常严重。2014年8月,美国社区卫生系统遭到黑客攻击,450万条患者记录被访问;几个月后发生的Premera蓝十字黑客事件,导致1100万条患者记录遭到攻击;随后,2015年2月初发生的大规模Anthem医疗数据泄漏,有8000万人受到影响。除了近亿美元的潜在经济损失外,数据被盗的人可能会在他们的余生中面临身份被盗用的问题,他们的个人隐私已不复存在。

在生物安全相关的其他领域,大数据技术也具有广阔的应用前景。近年来,如何应用大数据技术构建生物安全风险监测预警网络,感知和发现重大新发突发传染病、动植物疫情,成为学界关注的焦点。

"生物安全大数据分析"是澳大利亚联邦科学与工业研究组织(CSIRO)、塔斯马尼亚自然资源与环境部(DPIPWE)和休斯敦农场的合作项目,旨在开发基于机器学习的智能决策框架,以解决大数据时代的生物安全问题。在文献[1]中,他们结合大数据分析和现场多维传感器开发了沙拉叶病检测的新技术,提出了基于云计算的智能大数据分析平台,用来预测大概率具有潜在生物安全威胁的农场热点;通过早期监控系统使农场避免重大经济损失,有效解决了与大面积智慧农场的早期疾病或虫害预防相关的生物安全问题。

沙拉叶病的检测和早期干预,一直是一个具有挑战性的课题。环境条件的突然变化、极端的天气条件、细菌和寄生虫感染等,都会导致沙拉叶发生不同的损害,带来严重的经济后果。传统的沙拉叶病检测,主要的做法是根据养殖经验进行判断,采集已经发生病害的叶片样本,送往实验室进行进一步分析确认。由于沙拉叶所具有的商业价值,它的种植密度极高,而与它相关的疾病传播非常迅速,这使得传统的疾病控制机制效果不佳。而在文献[2]的研究中,通过基于机器学习的大数据分析技术,对田间环境中的分光辐射仪记录的光谱分布进行检测,以确认沙拉叶是否存在特定疾病或害虫损害。通过光谱传感器创建地面实况数据以及气候数据(温度、降雨量、湿度、风速等),基于这些遥感大数据,结合生物领域关于沙拉叶病的专业知识做出判断,最终构建出一套生物安全热点检测系统,防患于未然。

然而,在建设国家级生物安全大数据服务体系时,仍然面临一系列技术挑战。例如,如何结合我国防控分级管理体系,建立生物安全大数据框架标准体系;如何整合不同监控网络,形成互通互用的国家生物安全数据网络;如何实现大规模生物安全智能化分析和预警;如何对生物安全大数据系统进行精细化评价。本书尝试梳理这些问题,并提出应对一些问题的技术体系和技术方法。

人工智能与大数据分析等新一代信息化技术在生物安全领域有着广阔的应用前景,可以促进生物安全风险防控体制的变革与发展。目前,新一代信息技术在我国生物安全方面的应用覆盖不足。加大相关技术在生物安全监测预警、分级防控等方面的应用力度,切实提高我国生物安全风险的科学防控与管理水平是当前生物信息学的重要研究方向。

1.2 国外研究现状

近年来,国外政府、企业和学校针对新时代下生物安全的标准、数据以及分析预警模型,开展了一系列的研究与应用。

在生物安全相关的标准方面,默多克大学生物安全中心支持澳大利亚经济市场制定准入和保护标准。乔治大学城医学中心对世界卫生组织(WHO)实验室评估标准(2012)进行了修订,实施全面的生物风险管理系统,降低新时代下与生物制剂相关的安全风险。

在生物安全支撑数据库构建方面,由世界各国投资构建的全球生物多样性信息网络(Global Biodiversity Information Facility,GBIF)拥有超过 18 亿条关于全球物种的出现记录。澳大利亚政府支持构建了多个有关物种多样性的数据库,如 TERN 汇总了澳大利亚的陆地生态系统数据,包括土壤、植被和景观数据;澳大利亚生活图谱(Atlas of Living Australia,ALA)汇总了超过 1 亿条关于澳大利亚物种的出现记录。乔治大学城医学中心也构建了多个生物安全相关的数据库,包括:the COVID Analysis and Mapping of Policies (AMP),用于应对 COVID-19 大流行;Health Security Net,包含 2020 年之前与流行病相关的警告、评估、监督工作、战略和其他文件。

在生物安全分析预警模型以及平台方面,澳大利亚研究数据共享中心构建了 Biosecurity Commons 平台,致力于提供一套标准工具和资源来实现一致、透明的模型输出和分析,从而改变澳大利亚的生物安全建模能力。Talus Analytics 帮助美国疾控中心完成了 COVID-19 的实时建模、流感暴发的激增管理、公共卫生的决策支持模型等。Battelle 公司的生物安全与大流行防范解决方案,采取多阶段方法来识别、评估和解决潜在的生物安全威胁。

1.3 国内研究现状

2020 年,在中央全面深化改革委员会第十二次会议上,生物安全纳入国家安全体系,标志着生物安全成为国家安全的一项基本内容。加快建设生物安全保障体系也已经被列入《"十四五"生物经济发展规划》中,国家长期以来重视生物安全的信息化建设,也对此开展了大量的研究与应用。例如,西安交通大学与中华人民共和国司法部共建的国家生物安全证据基地,致力于搭建生物安全技术与大数据智能平台,实现对健康安全数据的更精确感知与理解。中国科学院北京基因组研究所开展了大量表观基因组、单细胞组学、生物多样性和生物合成、健康与疾病等研究,收集并构建了大量相关数据库。西安交通大学大数据算法与分析技术国家工程实验室开展了多项有关大数据分析、生物信息的重点课题以及项目研究,如大数据的统计学基础与分析方法、基于超算的大数据分析处理基础算法与编程支撑环境、多模态碎片化知识挖掘和融合与应用、典型疾病的多尺度生物系统动力学及数据分析,同时也支撑了多项大数据研究的项目示范应用,如生物医学、智慧教育等。中国科学院植物研究所面向植被相关的生物多样性与生物安全研究,参与共建了国家标本资源平台、中国自然标本平台,以及生物多样性与生态安全的大数据平台(BioONE)。上海市重大传染病和生物安全研究院、中国科学院武汉病毒研究所都在各自的专属领域构建了相应的生物安全研究或分析平台,如传染病大数据预测预警研究中心平台,生物制品内源污染物和外源污染物的检测平台等。天津大学生物安全战略研究中心则聚焦生物技术安全防护、国际政策与应对、国家生物安全体系建构三个方向,在生物技术发展、生物军控履约、国际法等多领域开展决策咨询,先后参与起草科技部《生物技术研究开发安全管理办法》,参与修订了《人类遗传资源管理条例》等。

1.4 小 结

通过对国内外新时代生物安全研究与应用的现状梳理,可做出如下总结。

在生物安全相关的标准方面,各国都有严谨的生物风险管理标准和办法,而对于新时代下生物安全数据管理和共享机制、标准则缺乏相关研究与工作,尤其是面向我国防控分级管理的相关标准和办法,尚未可见。

在生物安全相关的支持数据方面,国内外都不遗余力地构建了各类生物信息库、数据库、大数据平台等。然而,各类异构生物安全数据库的整合,即如何将多源异构的数据库形成互联互通的国家生物安全数据网络,有待研究。

在生物安全风险发现及预警方面,国内外的研究及应用大都存在场景单一、方法独立、过程繁杂的问题,如何针对生物安全分析与预警,构建全链条技术方法体系,形成智能化国家级生物安全大数据处理流程与系统,是当下的重中之重。

(王绪亮　孙振宇　丁　峰)

参考文献

[1] LI C, DUTTA R, SMITH D, et al. Farm biosecurity hot spots prediction using big data analytics[C]//2015 31st IEEE International Conference on Data Engineering Workshops, IEEE, 2015: 101 - 104.

[2] KOZMINSKI K G. Biosecurity in the age of Big Data: a conversation with the FBI[J]. Molecular Biology of the Cell, 2015, 26(22): 3894 - 3897.

第 2 章
生物安全与大数据

进入 21 世纪,随着信息技术快速发展,人们获取、存储和分析数据的能力不断增强,以人工智能、深度学习为代表的大数据处理技术,为生物安全带来了新的机遇和挑战。大数据技术既为我们提供了分析数据进而从数据中提取信息的能力,也造成了严重的数据泄露和个人隐私安全问题;基因编辑技术的出现既意味着人类对基因技术的掌握更进一步,又带来了新的医学伦理问题。生物技术越是进步,一旦滥用,所构成的危害也就越大。

2.1 生物安全与数字孪生

2.1.1 数字孪生简介

近年来,在有关生物安全的诸多领域中,数字孪生(digital twin)技术得到了广泛应用。所谓数字孪生,是指集成多学科知识,基于物理、化学和计算模型,充分利用传感器和运行历史等数据,对研究对象的多尺度仿真过程。数字孪生作为虚拟空间中对实体产品的镜像,可以全面模拟对应的物理实体产品的"全生命周期过程"。具体来说,数字孪生就是针对一个或多个设备或系统所创建的动态化数字克隆,也称之为数字孪生体。数字孪生技术代表着物理世界和虚拟世界的融合。2017 年,由于其广泛的应用前景,数字孪生技术被著名咨询公司 Gartner 选为"影响未来十大战略关键技术趋势"[1]。

数字孪生技术可以帮助研究人员对被实验主体进行精确全面的建模。在这个虚拟化的模型上,研究者可以进行充分的模拟实验并进行观测,同时大幅降低实验成本。数字孪生技术的魅力在于它兼顾了虚拟性和真实性。2020 年发表在期刊 *Journal of Medical Systems* 上的一篇名为 *On the Integration of Agents and Digital Twins in Healthcare* 的文章提出,数字孪生技术的真正愿景是"在计算机模型上而不是在人身上犯错误"[2]。换言之,数字孪生技术在提供充分的实验场景的同时给出了很强的安全性保证。这与生物安全的内涵不谋而合,也预示了数字孪生技术在生物安全领域的广泛应用。

2.1.2　生物安全领域中的数字孪生技术

在生物安全领域,数字孪生技术通常根据不同的应用场景来建立不同的孪生体,即物理实体的数字化模型。这里的物理实体可以包括医疗设施、实验场景和人体环境等。在生物安全领域中,数字孪生的基本思路是基于多维度、多样化的数据,创建物理实体或工作流程的虚拟版本(数字版本),例如,虚拟的患者身体状态、体内结构,或者根据真实医疗设施创建的虚拟环境。基于此,研究人员得到了一个基于真实世界构建的虚拟模型,进而观察并分析这一模型在不同的实验环境改进下的反馈。例如,新药物不同的给药方案对特定条件下患者的疗效,人员和设备不同的调度方案对医疗机构效率的影响,等等。由此,数字孪生技术构建的虚拟模型和物理实体,在实质上形成了数据和信息的双向交流(图2.1)。由于孪生体的虚拟性,研究人员理论上可以进行任意多次实验,充分论证各种可能的实验方案(如患者的治疗方案、医疗机构的管理模式等),并从孪生体对应给出的各种反馈中总结分析,得到最优实验结果。

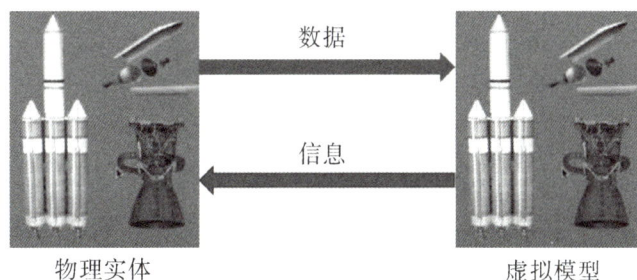

图 2.1　现实世界的实体(左)与数字孪生技术构建的孪生体(右)
构成数据和信息的交流(来源:参考文献[3])

基于上述思路,数字孪生技术可以应用在生物安全的诸多领域。除了提高实验效率、降低实验成本等优势外,数字孪生技术最重要的优势是提供了安全性保证。应用数字孪生技术,研究人员可以将全部或者大部分实验安排在孪生体上进行,而不是在物理实体(如患者、医疗设备等)上直接进行,这为实验安全提供了充分保证。正是由于这个特性,数字孪生技术在生物安全各领域有众多应用场景,潜力巨大。

2.1.3　数字孪生技术在生物安全领域的应用案例

本章在前文中介绍了数字孪生技术在生物安全领域的基本应用思路和应用潜力。实际上,在生物安全领域,已经有诸多数字孪生技术应用的实际案例,如个性化诊疗技术、医疗资源统筹优化等。在学术界和工业界,数字孪生技术被广泛研究与应用。本小节将介绍数字孪生技术具有深厚理论背景和广泛应用场景的一个应用,即针对人体免疫系统的免疫数字孪生体构建技术。

数字孪生技术可以用于构建人体免疫系统的虚拟模型,这一模型被称为免疫数字孪生体(immune digital twin,IDT)[4]。免疫数字孪生体能够模拟高度复杂的人体免疫系统,进而模拟特定患者在感染、受伤等条件下的免疫反应。对免疫系统构建数字孪生体可以在多个方面发挥作用,例如帮助医生为特定病人设计定制化的最优诊疗方案,或者在相关疾病治疗、药物研发等领域为研究人员提供实验支持。

由于免疫系统的复杂性,孪生体的构建需要更多地考虑具体应用场景来做针对性的设计。在构建孪生体之前,研究人员需要详尽地了解其所研究的病症或生理过程,患者免疫系统的基本状态、相关指标等,以针对免疫系统的特定器官、特定免疫环节来构建孪生体,进而围绕这一孪生体设计免疫实验,开展针对性研究。大体来说,构建免疫系统孪生体需要四大步骤,分别为构建通用免疫模型、免疫模型定制化、IDT 测试和评估、IDT 的持续改进(图 2.2)。

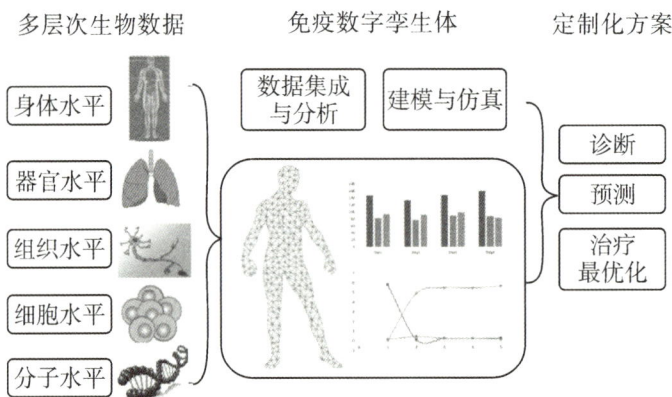

图 2.2　应用数字孪生技术构建 IDT 并用于诊疗(来源:参考文献[4])

1. 构建通用免疫模型

构建免疫系统孪生体的第一个步骤,是根据具体应用场景(如待研究的病症、器官)明确一个通用的免疫模型,确定将免疫系统的哪些部分引入到虚拟模型中。这将有助于精简模型,避免直接对复杂的免疫系统整体建模导致成本增加和孪生体的精确度降低。通常在这一步骤中,研究人员首先要明确构建 IDT 的用途。例如,针对特定患者研究如何在其体内产生足够的免疫反应用于清除特定病毒,同时又不致引发过度免疫,对机体带来损伤。明确了 IDT 的用途,也就明确了其作为一个虚拟模型,输入和输出的数据结构和类型。接下来,根据特定用途,研究者列出所有相关的免疫系统模块,以及相关的免疫反应,并根据它们之间的关系构建一张概念图。最后,在开发流程中实现这张概念图,我们就得到了一个通用且具体的免疫模型。利用相关依据,为这个免疫模型赋予合适的参数,虚拟的免疫模型就初步构建完成。

2. 免疫模型定制化

构建 IDT 的第二个步骤,是将通用模型针对特定患者的特定病症(或生理过程)做定制化。通常而言,只有将第一步构建的通用免疫模型与特定患者的数据结合,IDT 才可以称之为构建完成。在这一步里,研究人员首先根据使用场景,分别确定免疫模型的输入数据和输出数据的类型和测量频率。例如,虚拟免疫模型的输入可以是一次性测量的数据(如实施治疗时患者的免疫细胞浓度),也可以是以一定频率多次测量的数据(如患者的血液细胞因子水平)。输出数据可以是简单的二进制变量,用以指示当前状态是否是最佳治疗时机;也可以是一个动态的结构,用以模拟今后一段时间内患者的免疫水平变化。研究人员需要决定数据类型、数据范围,并整合进模型中。总之,明确数据类型并结合了患者数据后,IDT 才可以刻画出特定患者的免疫系统,有助于更精准地进行研究、治疗。

3. IDT 测试和评估

经过前两个步骤,IDT 已初步构建完成。然而,IDT 只是人体(部分)免疫系统的简化模型,需要对其功能和可靠性进行进一步测试并改进,才能真正应用。在这一步中,研究人员对 IDT 施加不同的外部条件,测试其反应(即输出)。这里的外部条件可以是不同的输入数据,也可以是不同参数代表的不同实验环境(如人体状态等)。这将有助于研究人员衡量 IDT 的功能表现,并针对性地做出修改,提升 IDT 作为模型的准确性。此外,IDT 需要有抵御不确定性的能力。此处的不确定性,通常指来自数据、参数、统计方法、实验设计等方面的不确定性,而这些可能会影响 IDT 的效果。因此,研究者通常要针对性地开发一套工具来评估 IDT 对这些不确定性的反馈,从而衡量出其能正常发挥功能的适用范围。

4. IDT 的持续改进

最后一步,研究者需要持续性地收集实际患者的身体数据,特别是免疫系统数据,并以此更新 IDT。进行这一步的主要原因是患者的身体状态是随时间(或病程)不断演化的,所以,IDT 必须不断收集新的数据并整合进模型,才能保证其功能和准确性。总的来说,基于数字孪生技术构建的 IDT 是一个随着患者身体状态变化而不断更新、改进的虚拟模型。研究人员可以针对患者病程的演进、症状的变化,始终利用 IDT 针对性地测试、更新不同的治疗方案。

2.1.4　IDT 研究和应用的关键挑战

构建 IDT 是一项复杂的系统工程。前面讲到,IDT 需要针对特定用途进行专门化的构建。如果不同的研究团队都从零开始设计 IDT,无疑会造成巨大的资源浪费。因此,通过整合资源,统一构建一个由不同 IDT 构成的库,将是合理的选择。这需要大量的专业知识和资源,是任何一个团队都无法独立完成的。所以,当前行业内的趋势是建立一个组织,整合相关的学术机构和商业机构的研究成果,从而构建统一的 IDT 库。这是推进IDT 研究和应用的首要挑战。此外,为了降低不同机构的合作门槛,研究人员需要建立统一的软件系统和数据管理系统。通过统一的软件系统,来自不同机构的研究者能够用同样的规范格式交流研究成果和数据,从而极大地降低合作研究的成本。通过统一的数据管理系统,相关人员可以高效地管理来自多家合作机构的海量数据,降低数据的获取和管理成本。所以,软件系统和数据管理系统的开发,也是推进 IDT 研究和应用的主要挑战。

2.2　生物安全与区块链

2.2.1　区块链系统简介

区块链技术是一种分布式账本技术,通过加密、共识和分布式存储等技术手段,实现了去中心化的数据存储和交易验证,是加密货币(如比特币)的背后关键技术。

区块链的核心特点是去中心化和不可篡改性。与传统的中心化系统不同,区块链将数据存储在称为"区块"的数据结构中,并通过密码学算法将这些区块链接在一起,形成一个不断增长的数据链。每个区块都包含着一批交易记录,而且这些区块是通过共识算法来验证和确认的。一旦区块被添加到链上,就很难修改或删除其中的数据,这保证了数据的安全性和完整性。

区块链的安全性主要基于密码学技术。每个参与区块链网络的节点都有一个独特的私钥和公钥对,私钥用于签署交易,公钥用于验证签名。通过使用非对称加密算法,可以确保只有私钥持有者才能对交易进行签名,而其他人只能使用公钥验证签名的有效性,从而防止伪造和篡改交易。

区块链技术具有广泛的应用前景。在金融领域,它可以用于实现跨境支付、智能合约和身份验证等功能,提高交易速度和安全性。在物联网领域,区块链可以提供设备身份认证、数据溯源和供应链管理等解决方案,确保物联网数据的安全和可信度。在政府和公共服务领域,区块链可以应用于选举投票、公共记录管理和社会福利分配等领域,提高透明度和效率。接下来,我们将介绍区块链技术在生物安全领域中的应用案例。

2.2.2　生物安全领域中的区块链技术

区块链技术在生物安全领域具有许多应用潜力。以下是一些可能的应用场景。

1. 物种溯源和防伪

区块链技术可以用于追踪和验证农产品、食品和药品的来源和质量。通过将生产和供应链数据记录在区块链上,消费者和监管机构可以追溯产品的生产过程,确保其安全性和合规性。区块链技术可以提供不可篡改的记录,防止伪造和欺诈行为。

2. 疫情溯源和预警

区块链技术可以用于追踪和监测疾病的传播路径。将疫情数据、患者信息和交通记录等数据记录在区块链上,可以实现疫情的溯源和监测。当发生疫情暴发时,可以更快速地追踪病源、预警和采取相应的防控措施,有助于减少疫情的扩散。

3. 生物资源管理

区块链技术可以用于管理和保护生物资源。通过将生物资源的信息、采集地点、采集时间等数据记录在区块链上,可以确保资源的合法性和可追溯性。这对于维护生物多样性、保护濒危物种和监管非法采集具有重要意义。

4. 知识产权保护

区块链技术可以用于保护生物技术和遗传资源的知识产权。通过将研发过程、创新成果和授权信息等记录在区块链上,可以确保知识产权的真实性和不可篡改性,防止盗取和侵权行为。

5. 供应链透明和质量控制

区块链技术可以用于改善生物产品的供应链管理和质量控制。通过将生产、加工、运输和销售环节的数据记录在区块链上,可以实现供应链的透明度和可追溯性。这有助于消费者了解产品的来源和质量,并促使供应商更加负责任地管理其供应链。

需要注意的是,区块链技术的应用需要与其他技术和数据共享平台相结合,以实现全面的生物安全解决方案。此外,隐私保护和数据共享的平衡也是在生物安全领域应用区块链技术时需要考虑的重要问题。

2.2.3 应用案例分析

Aggriweb 是一家澳大利亚家畜产品生产信息化服务提供商,为澳大利亚农户提供基于区块链的家畜产品生产和商品化全过程监测服务。Aggriweb 声称生产透明化的家畜产品在中高端市场上更受欢迎,为农户取得了更高的利润。目前,澳大利亚已有超过10%的家畜在 Aggriweb 的系统中被管理。

图2.3 来自 Aggriweb 官网,展示了其运用区块链系统实现了家畜产品在生产、储存、运输、零售、加工全过程的追踪和管理。在生产端,从家畜幼崽开始,区块链系统记录了幼崽在出栏前在何处喂养、喂养多久,经过几手交易,最终何时在何处被屠宰。在运输环节,该系统记录了产品何时在何处包装,何时在何处冷冻,何时由何工具完成冷链运输,最终何时到达何处冷藏;若产品出口,则还记录空中或海上的冷链运输环节。在到达消费者餐桌之前,系统记录产品的零售商或是以产品为原料进行再加工的食品商店。必须指出,以上描述仅是在大粒度下对家畜产品从生产到销售过程的简略描述,实际该过程经历的环节要复杂得多,相应地,追踪该过程的区块链系统也要复杂得多。

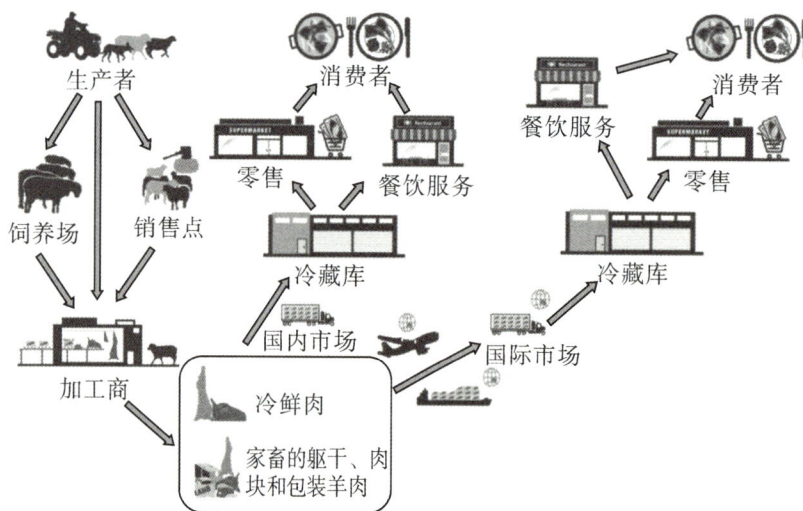

图 2.3 区块链应用于家畜产品从生产到销售的全过程追踪

这种由区块链系统"证明身世"的农产品,一方面在培育、收获、运输、上市的商品化过程中来龙去脉清晰可查,更能让消费者放心,在高端市场上更有竞争力;另一方面,在出现食品安全问题的场合,区块链系统可以高效地找出问题的来源。沃尔玛的一份报告显示,引入区块链管理供应链使它们的食品安全排查时间从数月缩短到数秒[5]。

(王绪亮　孙振宇　丁　峰)

参考文献

[1] Digital Twin：https：//www. gartner. com/en/information-technology/glossary/digital-twin#：~：text = A% 20digital% 20twin% 20is% 20a, organization% 2C% 20person% 20or% 20other% 20abstraction[EB/OL].

[2] CROATTI A, GABELLINI M, MONTAGNA S, et al. On the integration of agents and digital twins in healthcare[J]. Journal of Medical Systems, 2020, 44(9)：1 – 8.

[3] GRIEVES M. Digital twin：manufacturing excellence through virtual factory replication [J]. White Paper, 2014, 1(2014)：1 – 7.

[4] LAUBENBACHER R, NIARAKIS A, HELIKAR T, et al. Building digital twins of the human immune system：toward a roadmap[J]. npj Digital Medicine, 2022, 5(1)：1 – 5.

[5] XU B, AGBELE T, JIANG R. Biometric Blockchain：A Better Solution for the Security and Trust of Food Logistics[D]. Newcastle：Northumbria University, 2019.

第 3 章
生物安全核心支持数据库

2020 年 10 月 17 日,全国人大常委会通过了《中华人民共和国生物安全法》(简称《生物安全法》)[1]。立法明确了生物安全的重要地位和总体原则,确立了生物安全风险防控制度,并针对不同生物安全的危害形态建立了相应生物安全防控体系。《生物安全法》在其第二章生物安全风险防控体制中提出国家建立生物安全信息共享制度,国家生物安全工作协调机制组织建立统一的国家生物安全信息平台,有关部门应当将生物安全数据、资料等信息汇交国家生物安全信息平台,实现信息共享。为了实现这一目标,我们需要全面掌握生物安全数据特征,系统梳理国内外生物安全数据资源,为国家重要生物安全数据的整合提供依据和参考。

根据《生物安全法》第一章总则第二条内容,生物安全的危害形态体现在以下八个方面:

(1)防控重大新发突发传染病、动植物疫情;

(2)生物技术研究、开发与应用;

(3)病原微生物实验室生物安全管理;

(4)人类遗传资源与生物资源安全管理;

(5)防范外来物种入侵与保护生物多样性;

(6)应对微生物耐药;

(7)防范生物恐怖袭击与防御生物武器威胁;

(8)其他与生物安全相关的活动。

引起以上生物安全危害形态的因素主要可归纳为各种高致病性病原微生物、有害动物、有害外来物种等自然生物危害因子；人为合成的各类生物因子，有助于各类生物因子的繁殖、传播、扩散等技术的开发、滥用与误用；生物安全实验室危险材料外泄等。这些因素所涉及的生物安全数据类型可以概括为七类，包括病原微生物、动物病原微生物、植物有害生物和外来入侵生物、微生物耐药、生物毒素、人类遗传资源、两用性生物技术。

3.1　病原微生物

重大新发突发传染病是指我国境内首次出现或者已经宣布消灭再次发生，或者突然发生，造成或者可能造成公众健康和生命安全严重损害，引起社会恐慌，影响社会稳定的传染病[1]。近 30 年中，全球约有 40 多种新发突发传染病发生，我国有 20 多种，如 O139 霍乱、军团病、轮状病毒腹泻、埃博拉病毒病、肾综合征出血热、大肠埃希菌 O157:H7 引起的出血性肠炎、艾滋病、莱姆病、严重急性呼吸综合征（SARS）、小隐孢虫感染腹泻、H1N1 甲型流感、H5N1 禽流感、新型冠状病毒肺炎（COVID-19）等[2]。我国于 2006 年公布实施的《人间传染的病原微生物名录》（以下简称《名录》）是我国第一部涉及人间传染的病原微生物录[3]。根据国际上病原微生物和实验室生物安全的最新研究进展，以及新的人间传染的病原微生物的发现，为确保实验室生物安全，国家卫健委组织专家对 2006 年版《名录》进行修订。国家根据病原微生物的传染性、感染后对个体或者群体的危害程度，将病原微生物分为四类：第一类病原微生物，是指能够引起人类或者动物非常严重疾病的微生物，以及我国尚未发现或者已经宣布消灭的微生物。第二类病原微生物，是指能够引起人类或者动物严重疾病，比较容易直接或者间接在人与人、动物与人、动物与动物间传播的微生物。第三类病原微生物，是指能够引起人类或者动物疾病，但一般情况下对人、动物或者环境不构成严重危害，传播风险有限，实验室感染后很少引起严重疾病，并且具备有效治疗和预防措施的微生物。第四类病原微生物，是指在通常情况下不会引起人类或者动物疾病的微生物。第一类、第二类病原微生物统称为高致病性病原微生物（high pathogenicity microorganism）。修订后的《名录》更名为《人间传染的病原微生物目录》（以下简称为《目录》）其中病毒为 167 种、附录 7 种，其中危害程度第四类（原第一类）28 种、第三类（原第二类）48 种、第二类（原第三类）85 种和第一类（原第四类）6 种。2022 年修订版《目录》中细菌类病原微生物为 159 种，其中危害程度第三类 15 种、第二类 144 种。2022 年修订版《目录》中真菌类病原微生物为 166 种，其中危害程度第二类 7 种、第二类 159 种。2022 年修订版《目录》中收录的高致病性病原微生物总计 100 种，包含病毒第四类(原第一类)28 种,第三类(原第二种)50 种;细菌第三类(原第二种)15 种;真菌第三类(原第二种)7 种[4]。

目前很多国内外公共数据库涉及《目录》中病原体及相关信息,根据数据库收录病原体的范围可以分为综合性数据库、微生物数据库、病原微生物数据库和特定病原体数据库。

1. 综合性数据库

目前国际上有三个主要的核苷酸序列公共数据库,即 Genbank、ENA、DDBJ。Genbank 是由位于美国国家卫生研究院(NIH)的美国国家生物技术信息中心(National Center for Biotechnology Information,NCBI)建立和维护的。ENA(European Nucleotide Archive)是指欧洲核苷酸档案库,由位于英国剑桥的欧洲分子生物学实验室(EMBL)。DDBJ(DNA Databank of Japan)是日本 DNA 数据库,由日本国家遗传学研究所(NIG)维护更新。上述三个数据库形成了合作联盟,Genbank 每天都会与 ENA 和 DDBJ 交换数据,使这三个数据库的数据同步,所以三个数据库所拥有的序列信息是完全一样的。

目前测序数据增长的速度很快,截至 2022 年 12 月份,Genbank 已经拥有超过 24 亿序列数据和 20 万亿核苷酸数据。Genbank 里的数据来源于约 55000 个物种,其中 56% 是人类的基因组序列(所有序列中的 34% 是人类的 EST 序列)。每条 Genbank 数据记录包含了对序列的简要描述、科学命名、物种分类名称、参考文献,序列特征表,以及序列本身。序列特征表里包含对序列生物学特征注释,如编码区、转录单元、重复区域、突变位点或修饰位点等。所有数据记录被划分在若干个文件里,如细菌类、病毒类、灵长类、啮齿类,以及 EST 数据、基因组测序数据、大规模基因组序列数据等 16 类,其中 EST 数据等又被各自分成若干个文件。

近年来,由中国科学院北京基因组研究所国家生物信息中心(China National Center for Bioinformation,CNCB)维护的核苷酸序列数据库 GSA(Genome Sequence Archive) 日渐成为国际上第四个核酸序列公共数据库。

除此之外,基因组在线数据库(Genomes Online Database,GOLD)也是一个综合性数据库,它是由美国能源联合基因组研究所(DOE JGI)于 1999 年建立的,该数据库收录了基因组和宏基因组测序项目及其相关元信息。GOLD 是基于四级分类明确的系统构成的,用于区分不同组织,以及更好地实现元数据的跟踪和管理。这四个层级分别是科研项目,生物样品或有机体,测序项目(SP)和分析项目(AP)。每个层级都有自己一套独一无二的元数据字段,并可以链接到一个或多个层级上去。GOLD 数据库中的数据主要有三种来源:①研究者自己存储的项目数据;②来自公共数据库的资源,如 NCBI 的 Bio-

Project 和 BioSample 数据库;③来自 JGI 机构所测序的项目。用户需要对所存储的数据进行定期查看,从而确保存储数据的准确性和一致性。同时,GOLD 数据库作为一个开创性的集中式公共资源,可以用于监控测序项目及其相关元数据,促进项目的管理和序列数据的比较分析。GOLD 数据库提供免登录的方式对数据进行查询浏览,检索方式快捷方便,具有用户友好的网页设计。GOLD 数据库提供了与综合微生物基因组(IMG)系统的无缝对接,并支持和促进了基因组标准联合会(Genomic Standards Consortium,GSC)的最低信息标准。截至目前,GOLD 数据库已更新至第九版,GOLD 中包含超过 47 万条微生物基因组序列,包括 40.6 万条细菌序列、1.8 万条病毒序列、0.5 万条古菌序列和 4.6 万条真核微生物序列。GOLD 中包含的研究项目有超过 5.5 万个,其中宏基因组研究项目 4022 个。这些宏基因组样本的来源遍布全世界多地,如美国、澳大利亚、新西兰、巴拿马、马来西亚等,样本来源环境包括温泉、淡水、海洋、土壤、绿色肥料、人和动物身上的微生物群落等,其来源使用谷歌地图和谷歌地球来展示。

2. 微生物数据库

综合微生物基因库组数据库(Integrated Microbial Genomes,IMG)由美国能源部联合基因组研究中心(Joint Genome Institute,JGI)于 2005 年创立,基于 COG、Pfam、TIGRfam、InterPro、GO 和 KEGG 等数据库产生基因家族的注释信息,是一个综合的微生物基因组数据库及比较分析系统。IMG 收录了细菌、古菌、质粒、病毒以及少量真核生物基因组数据,包括物种的分类、生存环境、基因组序列长度、GC 含量、编码基因数目、数据质量以及研究项目信息等,目前仅细菌基因组收录的数目已超过 8 万个。其数据主要来源于 NCBI 的 RefSeq 数据库,但是增添了更加详细的注释信息,例如 CRISPR 序列、信号肽、非编码 RNA、功能基因等。查询搜索十分方便,且基因组信息可以很方便地输出。

国家微生物科学数据中心(National Microbiology Data Center,NMDC)由中国科学院微生物研究所牵头,联合中国科学院海洋所、中国疾病预防控制中心传染病预防控制所、中国科学院分子植物科学卓越创新中心、中国科学院计算机网络信息中心等单位共同建设。中心按照 2018 年国家发布的《科学数据管理办法》,承担微生物领域科学数据汇交管理、共享与服务工作,中心建立了微生物领域完善的数据体系,数据内容覆盖微生物资源、研究过程及工程、微生物组学、微生物技术、合成生物学等交叉学科以及微生物文献、专利、专家、成果等知识库,重点推进微生物领域科技资源向国家平台汇聚与整合,并将海量的微生物科学数据进行多层次数据划分和专业化类别归属,同时给科研用户提供便利的数据提交渠道和高速的下载通道,为科学研究、技术进步和社会发展提供高质量的科学数据资源共享服务。目前,平台已汇聚资源总量超过 4PB,数据记录数超过 52 亿条,重点数据库 794 个,年访问量逾 16573 万人次,数据来源覆盖中国科学院及国内其他科研院所、高校、企业等百余家单位,此外,中心还接收了全球 50 个国家 146 个单位的数据汇交和全球共享。

全球微生物菌种保藏名录数据库(Global Catalogue of Microorganism,GCM)集成了来自全球 50 个国家 133 个微生物资源中心 46 万微生物菌种资源数据,是目前最大的微生物实物资源数据平台,旨在引领国际上各机构同心协力来完成菌株序列类型并且缩小微生物基因组图谱的差距,目的是通过深入挖掘基因组数据来促进微生物研究。GCM 项目的第一阶段始于 2012 年,该项目侧重于从菌种保藏中分享应变目录数据。提出的模式菌株测序项目是 GCM 项目的延续暨第二阶段,简称 GCM 2.0。作为一个国际菌种保藏的合作网络,GCM 2.0 将会对以基因组为基础的微生物分类框架做出贡献,以建立高质量的完整的基因组序列作为新的黄金标准。通过这个项目获得的知识和工具不仅直接促进了微生物的识别,而且还将提高研究者预测新基因复合物及其从微生物群落中所带有的功能。因此,研究者将深入了解迄今未发现的微生物多样性,也将更加深入的了解对人类有益的微生物资源的可持续利用问题。

全球微生物保藏机构数据库(Culture Collections Information Worldwide,CCINFO)是全球所有保藏机构的注册中心,也是下属机构对自身资源进行统一管理和国际合作的平台。所有的保藏中心通过注册并且填报详细的元数据信息,通过世界微生物数据中心(The World Data Centre for Microorganisms,WDCM)的审核及在线发布数据后,保藏中心才可提供符合国际标准的对外共享资源和服务。该数据库是世界微生物保藏联合会的官方数据平台,截至 2021 年 10 月,已经有 78 个国家的 801 个微生物资源保藏机构在此注册,其中我国的微生物、藻类、细胞资源库馆共 48 个。

全球模式微生物基因组数据库(Global Catalogue of Type Strain,gcType)整合了 19443 个有效发表的原核生物的超过 18999 个基因组数据,是目前在模式微生物基因组方面数据最为全面、功能最为完善的数据平台,为用户提供一站式的数据管理和基因组注释、新种鉴定等分析。平台不仅集成了目前所有公共来源的模式微生物物种和基因组数据,还发布了大量自测模式微生物基因组数据,是目前国内外模式微生物基因组数据最为丰富的平台;并且集合了数据搜索下载、新种鉴定、基因组拼接与注释等在线分析工具,为全球各个保藏中心和广大分类学家提供一个分类学研究的利器。

全球微生物组数据平台(Global Catalogue of Metagenomics,gcMeta)集成了目前国际主要微生物组(人体微生物组、地球微生物组)项目以及中国科学院微生物组计划和国内重点研发等项目产生的微生物组数据。截至 2021 年 10 月,总集成数据量超过 150TB,总数据量超过 50 万条,其中,国内自有数据超过 2000 个样本,目前已经覆盖本领域国内外超过 80% 的公开数据。平台充分采用了国际通用的微生物基因组及宏基因组数据标准(MIGS/MIMS),并且使用了国际通用的环境信息概念系(ENVO)对元数据进行标准化,从而确保本数据库能与国内外相关数据进行无缝对接。该数据库不仅提供了数据存储、数据管理和数据发布的一条龙服务,还能利用平台提供的资源对数据进行在线分析、可视化并生成分析报告。目前,该数据库已经逐步发展成国内外微生物领域最具权威和影响力的数据库,将持续接收国内外相关数据并提供长期服务。

细胞多样性元数据库(The Bacterial Diversity Metadatabase,BacDive)是一个包含了已经分离纯化得到的细菌菌株的各种信息的数据库,内容涉及细菌和古菌的分类学、形态学、生理学、培养条件、来源、抗生素敏感性、基因序列信息等。目前数据库中包含 14091 类共 81827 株细菌或古菌的信息。数据库可以应用菌种名称和序列号进行搜索,从而查找目标菌株信息,也可以点击"Advanced Search"打开高级搜索界面,通过各种参数对搜索结果进行过滤。

EzBioCloud 是综合的细菌 16S 鉴定数据库,所有 16S 序列经人工校正,几乎全部为完整 27F－1492R 全长 16S 序列,而且全面覆盖 NCBI、JGI 的 16S 和细菌基因组,以及 PacBio 测序的 16S 全长序列。数据库每季度更新,近 10 年来被引用过万次。EzBioCloud 由 ChunLab 维护,是专门针对细菌、古菌 16S rRNA 基因的数据库,但与 Greengenes 数据库不同的是,该数据库以可培养的细菌、古菌 16S rRNA 基因序列为主,也包括了细菌基因组和宏基因组来源的 16S 序列。

国家基因库生命大数据平台(China National GeneBank DataBase,CNGBdb)作为国内最大的生物大数据中心之一,在生命科学步入大数据时代的背景下,汇集了国家基因库及全球其他重要数据源的公开数据,同时提供可信共享计算平台等多种应用工具,致力于为科研工作者提供生物大数据共享和应用服务。CNGBdb 整合了来源于国家基因库、NCBI、EBI、DDBJ 等平台的数据,包括文献、变异、基因、蛋白质、序列、项目、样本、实验、组装、物种 10 个结构的大量分子数据和其他信息,通过 CNGBdb 搜索建立索引,并将这些数据与样本甚至样本活体相关联,从而实现数据从活体到样本再到信息数据全过程的可追溯性,达到综合数据的全贯穿。截至目前,CNGBdb 已归档 3721 个研究项目,多组学数据量达 6612TB,支撑全球近 300 个科研单位的科研数据汇交和共享。

微生物基因组数据库(A Pathogen Genome and Metagenome Database,MPD)是由中国疾病预防控制中心传染病预防控制所创建和管理的。微生物基因组数据库旨在建立病原微生物领域专业的数据库,并提供基因组数据检索、下载和信息共享服务,为用户提供全面的公开可用的基因组和宏基因组数据,同时实现基因组数据的在线动态可视化展示,方便科研人员进行数据的分析和管理。微生物基因组数据库综合了细菌、古细菌的基因组,以及人、环境、动物、植物的相关样本的宏基因组序列信息。数据库的数据来源于研究者和研究机构测序数据的提交,公共数据的下载整合。所有数据通过统一标准进行收录整理,方便研究人员进行数据分析和共享。数据的检索方式多样,具有模糊搜索、高级搜索、分类搜索及热词搜索四种,便于用户对数据的查询浏览。序列信息提供可视化展示,通过鼠标的拖拽、放大和缩小功能,序列信息浏览更直观。同时,数据库具有充足的存储空间,并开发了相应的客户端,用于数据的上传和下载,以保证速度和稳定性。数据库的网站和客户端都具有友好的用户界面,使用简单方便。截至目前,该数据库注册用。

微生物目录(The Microbe Directory,TMD)是一项集体研究工作,旨在分析和注释来自 MetaPhlAn2 数据库的超过 7500 种独特微生物物种,其中包括细菌、古菌、病毒、真菌和原生动物。通过收集和汇总各种微生物的特征数据,该项目建立了一个数据库,可用于大规模宏基因组分类分析的下游,使人们能够解释和探索其分类,从而更深入地了解所研究的微生物生态系统。这些特征包括但不限于最佳 pH 值、最佳温度、革兰氏染色、生物膜形成、孢子形成、抗生素耐药性和 COGEM 类风险评级。该数据库由来自威尔康奈尔医学院和纽约市立大学亨特学院的训练有素的学生研究人员手动管理,其分析仍然是一项持续的工作,具有开源功能,以便其他人做出贡献。微生物目录提供 SQL、JSON 和 CSV(即 Excel)格式,可以通过微生物的分类法查询上述参数。除了原始数据库,微生物目录还有一个在线对应的网站,提供了一个用户友好的界面,用于存储、检索和分析,其他微生物数据库项目可以被纳入其中。微生物目录主要是作为研究人员进行宏基因组分析的资源而设计的,但它的在线 web 界面也对希望了解任何特定微生物的个人有用。

菌物名称注册信息库(Fungal Names,FN)是由国际菌物命名委员会(NCF)授权的三个菌物命名注册库之一,能为全球学者提供快速的真菌名称发表的注册,提供注册号,并用于文章发表。目前已收录 1596 年以来出版的 1 万多部期刊和书籍中的 56.7 万个分类单元名称,以及超过 5000 个保藏机构的 14.7 万份模式标本/插图记录。FN 同时还是一个综合性菌物知识信息库,它将菌物命名信息与标本、保藏机构、出版物和分类学家进行整合,为学者提供了多源、多角度信息来了解菌物分类学历史和最新研究进展。

3. 病原微生物数据库

细菌和病毒生物信息学资源中心(Bacterial and Viral Bioinformatics Resource Center,BV-BRC)是一个信息系统,旨在通过将病原体信息与丰富的大数据和分析工具相结合,支持生物医学研究界在细菌和病毒传染病方面的工作。BV-BRC 结合了两个长期运行中心的数据、技术和广泛的用户社区:PATRIC 数据库(细菌系统)和 IRD/ViPR 数据库(病毒系统)。

美国病原体系统资料整合中心(Pathosystems Resource Integration Center,PATRIC)是由美国国家过敏与感染疾病研究所和美国疾病预防控制中心等相关机构提供资助搭建的生物信息技术联盟和工作系统,致力于开发基因组数据分析算法,整合生物信息大数据资源,发展基于基因组数据分析的生物信息分析流程,提升基因组数据生物信息分析能力。PATRIC 细菌性病原收录较多,截止到目前,共收录 687832 个细菌基因组(65214 个种),9143241 个病毒基因组(24358 个种),14665 个古生菌基因组(2809 个种),10 个真核宿主基因组(10 个种)。

ViPR 数据库(Virus Pathogen Resource,ViPR)是由美国国立卫生研究院(NIH)资助克雷格·文特尔研究所、芝加哥大学及弗吉尼亚大学共同开发的病毒性病原数据库。在目前释放的公开数据中(2022 年 10 月 15 日更新),囊括了近 20 个病毒科,近 206 万毒株,包括单链 RNA 以及双链 DNA 基因组。除了 PATRIC 中的数十万个细菌基因组和 IRD/ViPR 中超过 200 万个病毒基因组外,这两个资源还包含蛋白结构和功能、临床研究、药物靶点和耐药性、流行病学和其他特征的数据,并提供开放的用于数据分析和基因组注释的源工具。

Pathogen Research Databases,该数据库包括很多病毒数据库,其中:HIV 和 HCV 数据库包含有关病毒基因序列、免疫表位、耐药性相关突变和疫苗试验的数据,HCV 数据库项目从 HIV 数据库项目衍生而来,由两个数据库——序列数据库和免疫表位数据库组成;丙肝病毒数据库,该项目由美国国家过敏症和传染病研究所(NIAID)微生物学和传染病部资助;HFV/埃博拉数据库,该数据库包含与埃博拉病毒相关的遗传和免疫学数据,包括搜索界面、基因组浏览器、精选的核苷酸和蛋白质序列比对(在属、种和暴发水平上)、T 细胞表位和抗体结合位点的列表和基因组图谱,重要功能域的列表,以及许多基于 Web 的分析工具。

整合病毒基因组数据库(integrated database for viral genomics,viruSITE),截至 2022 年 3 月,该数据库中包括了 11620 种病毒(14813 个病毒基因组序列)。这两个数据库包含了目前能够鉴定的所有病毒基因组,为研究各种环境样本中病毒的全貌提供了重要参考,同时也为病毒的分类研究奠定了数据基础。

Virus‒Host DB 是组织有关病毒与其宿主之间关系的数据,以病毒及其宿主的 NCBI 分类对应的 ID 形式。Virus‒Host DB 涵盖具有完整基因组的病毒,这些病毒存储在 NC-

BI/RefSeq 和 GenBank 中，其登录号在 EBI Genomes 中列出。主机信息是从 RefSeq、Gen-Bank、UniProt、ViralZone 收集的，并使用通过文献调查获得的附加信息进行手动管理。

GVD（Gut Virome Database，GVD）包含 57605 个 contigs 和 33242 个病毒种群，大部分是噬菌体（占 GVD 的 97.7%）。迄今为止，GVD 包含的病毒 RefSeq 中的全部噬菌体分离物比整个培养噬菌体分离物多 12 倍，因此，GVD 极大地扩充了人类肠道中已知噬菌体的功能。RVDB（Reference Viral DataBase，RVDB）由 FDA CBER 的 Arifa Khan 小组开发，用于使用二代测序（NGS）技术增强病毒的检测。RVDB 提供除细菌病毒（噬菌体）外所有的真核病毒、类病毒和病毒相关序列，如内源性非逆转录病毒元件、内源性逆转录病毒和逆转录病毒等。

真核病原体、载体和宿主信息学资源（Eukaryotic Pathogen，Vector & Host Informatics Resources，VEuPathDB）由 2019 年 VectorBase 与 EuPathDB 项目合并而来。作为由美国国立卫生研究院资助的生物信息学资源中心，以及 Welllcome Trust 的额外支持，VEuPath-DB 可查询超过 500 种生物，包括无脊椎载体、真核病原体、原生生物和真菌以及相关的自由生活或非致病性物种或宿主。

4. 特定病原体数据库

流感研究数据库（Influenza Research Database，IRD）是由美国过敏症和传染病研究所（National Institute of Allergy and Infectious Diseases，NIAID）建立，专门研究流感病毒的综合数据库。它提供了关于流感病毒的各种数据，提供了持续改进的分析可视化工具，用于流感病毒数据挖掘和假设生成，提供了用于数据存储、分享的个人工作空间，促进了流感诊断、治疗及疫苗研制与研究。IRD 可对用户提供的序列及其他相关数据进行分析和可视化，具有预测新变异蛋白、注释相关表型序列标记及表型效应、血凝素（hemagglutinin，HA）分支的分类、自动转换 HA 亚型编号等功能。

OpenFluDB（The OpenFlu Database）是一个开放式的流感病毒数据库，其包含了病毒基因组和蛋白序列数据，以及来自 25000 个分离物的流行病学数据。

埃博拉病毒知识库（an Ebola Virus-centered Knowledge Base，Ebola-KB）是一个专门收集埃博拉病毒相关信息的整合知识库。

乙肝病毒数据库[The Hepatitis B Virus（HBV）Database，HBVdb]是由法国 Christophe Combet 课题组开发的一个专门的乙型肝炎病毒（HBV）数据库，为研究人员研究乙肝病的遗传变异和病毒对治疗的耐药性提供丰富的资源。HBVdb 包含一组基于手工注释的参考基因组的计算机注释序列。该数据库可以通过 web 界面访问，该界面允许静态和动态查询，并提供集成的通用序列分析工具和专门的分析工具（例如注释、基因分型、耐药性分析）。该数据库更新周期为 1 个月。截至 2022 年 12 月,该数据库已包含 105229 个条目。

全球共享禽流感数据倡议组织（Global Initiative on Sharing Avian Influenza Data, GISAID）倡议促进快速共享所有流感病毒、新型冠状病毒、猴痘病毒、呼吸道合胞病毒等数据,包括人类病毒相关的基因序列、临床和流行病学数据,以及鸟类和其他动物病毒相关的地理和物种特异性数据,以帮助研究人员了解病毒在流行病和大流行期间如何进化和传播,GISAID 的数据来源于全球 14000 名研究人员和 1500 个机构,其独特的数据共享机制可以促进相关研究取得快速进展,例如推动对 COVID-19 认知和相关医疗对策的研发。GISAID 针对新型冠状病毒开发了 EpiCoV 数据库。国家基因库生命大数据平台（CNGBdb）是 GISAID 在中国的官方合作伙伴,通过该平台可访问 EpiCoV 数据库,该数据库具有最完整的新冠病毒基因组序列数据以及相关的临床和流行病学数据。利用该数据库的数据,科研人员可以进一步构建病毒系统发育树,以揭示病原体相关特征,为研究和分析新冠病毒的进化来源和病理机制提供有效参考。截至北京时间 2023 年 1 月 15 日午时,EpiCoV 合计收录 14593574 条病毒数据。

2019 新型冠状病毒信息库（2019 Novel Coronavirus Resource,2019nCoVR）,由国家生物信息中心（CNCB）/ 国家基因组科学数据中心（NGDC）建设。数据库整合了来自德国全球流感病毒数据库、美国国家生物技术信息中心、深圳（国家）基因库及国家生物信息中心（CNCB）/ 国家基因组科学数据中心（NGDC）等机构公开发布的 2019-nCoV 基因组和蛋白质序列数据、元信息、学术文献、新闻动态、科普文章等信息,开展了不同冠状病毒株的基因组序列变异分析并提供可视化展示。

全球冠状病毒组学数据共享与分析系统,由国家微生物科学数据中心发布。该系统通过集成冠状病毒基因与全基因组数据,并整合相似性比对、系统进化分析等工具,实现全球病毒组学数据集成与流程化的分析挖掘,帮助进行病毒的变异、溯源、进化等研究,并促进国内外冠状病毒数据汇集、综合分析及共享。COVID-19 数据库,是由国家基因库生命大数据平台通过整合已发布的 COVID-19 新型冠状病毒序列数据建立的数据库,这些数据仅为病毒数据,不包含人类数据。利用该数据整合的新冠肺炎数据库,科研人员可进一步构建进化树揭示该病原相关特性,为研究分析新型冠状病毒的进化来源、致病病理机制提供有效的参考依据。截至北京时间 2023 年 01 月 15 日午时,合计收录 14608877 条病毒数据。

COVdb 数据库（CORONAVIRUS ANTIVIRAL&RESISTANCE DATABASE,COVdb）,可用于 SARS-CoV-2 突变分析,可以使用文本输入每个 SARS-CoV-2 基因、Spike、RdRP、 nsp1-10(包括 PLpro 和 3CLpro)、nsp13-16、ORF3a、E、M、ORF6、ORF7a、ORF8、N 和 ORF10 的突变盒。键入或粘贴由一个或多个空格分隔的突变。突变应该以基因名开头,然后是一个冒号。对于 Spike 蛋白,基因名称和冒号是可选的。参考野生型和分隔逗号是可选的。如果在一个位置有多个氨基酸混合物,写下两个氨基酸(中间的斜线是可选的)。插入用"ins"表示,删除用"del"表示。

3.2　动物病原微生物、高致病性动物病原微生物、人兽共患病原微生物

根据病原微生物的传染性、感染人或动物的危害程度,世界动物卫生组织(Office International Des Epizooties,OIE)将动物病原分为 1～4 类。我国农业部于 2005 年颁布了《动物病原微生物分类名录》(中华人民共和国农业部令第 53 号令),其中一类病原微生物危害最大,依此类推,四类危害最小。有少数寄生虫也列在名单之中。一类动物病原微生物共计 10 种,包括病毒 9 种,支原体 1 种。二类动物病原微生物共计 8 种,包括病毒 6 种,细菌 2 种。三类动物病原微生物分为 10 个类别,包括多种动物共患病病原微生物 18 种(病毒 2 种,细菌 14 种,衣原体 1 种,螺旋体 1 种),牛病病原微生物 7 种(病毒 5 种,细菌 1 种,寄生虫 1 种),绵羊和山羊病病原微生物 3 种(病毒 3 种),猪病病原微生物 12 种(病毒 6 种,细菌 4 种,螺旋体 1 种,支原体 1 种),马病病原微生物 8 种(病毒 4 种,细菌 4 种),禽病病原微生物 17 种(病毒 14 种,细菌 1 种,支原体 1 种,寄生虫 1 种),兔病病原微生物 4 种(病毒 1 种,细菌 2 种,寄生虫 1 种),水生动物病病原微生物 22 种(病毒 22 种),蜜蜂病病原微生物 6 种(细菌 3 种,寄生虫 3 种),其他动物病病原微生物 8 种(病毒 8 种)。四类动物病病原微生物是指危险性小、低致病力、实验室感染机会少的兽用生物制品,疫苗生产用的各种弱毒病原微生物以及不属于第一、二、三类的各种低毒力的病原微生物[5]。

高致病性动物病原微生物 20 种,包括一类动物病原微生物 10 种(病毒 9 种,支原体 1 种),二类动物病原微生物 8 种(病毒 6 种,细菌 2 种)。

人兽共患病原微生物 18 种,均为三类动物病原微生物,包括病毒 2 种,细菌 14 种、衣原体 1 种、螺旋体 1 种。

核心数据库介绍如下。

1. AMDB 数据库

动物微生物组学数据库(Animal Microbiome Database,AMDB)由韩国首尔大学研究团队于 2022 年 1 月发布在 *Nucleic Acids Res* 杂志,基于手动管理方式当前版本 AMDB 数

据库整合 34 个研究项目的 2530 个样本测序数据,提供 467 种动物的 10478 个肠道微生物分布及群落结构信息,为基于肠道微生物角度探讨宿主健康与疾病诊疗相关研究提供极大便利。AMDB 数据库包括来自不同动物物种的细菌 16S 核糖体 RNA(rRNA)基因谱,可用于评估肠道微生物群和动物宿主之间的关系。AMDB 包含来自 34 个项目的 2530 个样本,共识别出 139375 个 asv,对应 81669682 个 reads。在分类学分析中,84.94% 的 reads 被分配到细菌类群,共 10478 个类群,AMDB 中宿主总数为 467 种动物,分别代表 9 个分类纲(哺乳纲、鸟类纲、色足纲、爬行纲、放线菌纲、两栖纲、超肢纲、昆虫纲和钩端纲)和 4 个营养类群(杂食纲、草食纲、食肉纲和菌食纲)。AMDB 可以分为四个主要部分,即 Taxa,Samples,Projects/Hosts 和 Visualization。Taxa 显示了与感兴趣的细菌分类群富集的样品;Samples 提供了感兴趣的样品的肠道菌群组成;Projects/Hosts 分别向用户提供关于项目和宿主的主要信息;Visualization 可视化地呈现宿主和肠道菌群之间关系的有价值的信息。AMDB 将帮助研究者通过用户友好的界面快速获取动物肠道微生物数据,将有助于更好地了解动物的肠道微生物群。

2. CRAMdb 数据库

CRAMdb(a database for Composition and Roles of Animal Microbiome),是动物宏基因组领域首个跨宿主、跨样本位点和跨表型比较的综合数据库,该数据库整理、收集和统一标准分析了世界范围内动物微生物组相关数据,实现了不同物种、不同样本位点和不同表型背景下宿主与微生物关联性的交互查询和联合比较分析。该数据库纳入了世界范围内的 516 种动物、43 种表型和 475 个项目的微生物组数据集,包含 9430 种细菌、278 种古细菌、2216 种真菌和 458 种病毒等共计 12382 种微生物。CRAMdb 是一个包含与动物相关的细菌、古细菌、真菌和病毒数据的综合数据库,用于探索各种动物物种中微生物的组成和作用,有助于生物学家从微生物的角度入手,审视动物宿主的性状,选择具有潜在重要作用的微生物开展深入分析和功能验证,为动物健康监测、疾病早期诊断、生产性能提升等方面的研究提供重要数据支持。例如,利用微生物名称,用户能快速获得不同宿主和样本位点下的相对丰度和流行度、相关联的表型和对应的丰度变化;利用动物名称,用户能够快速获得融合多数据集的微生物组成、多表型之间具有统计学差异的关联微生物;利用表型名称,用户能快速获得多物种多数据集下的关联微生物并进行比较分析。

3.3　植物有害生物和外来入侵生物

重大新发突发植物疫情是指我国境内首次发生或者已经宣布消灭的严重危害植物

的真菌、细菌、病毒、昆虫、线虫、杂草、害鼠、软体动物等再次引发病虫害,或者本地有害生物突然大范围发生并迅速传播,对农作物、林木等植物造成严重危害的情形[1]。简而言之,重大植物疫情通常是由植物检疫性有害生物传入和扩散蔓延导致的。我国植物检疫性有害生物进一步又细分为进境植物检疫性有害生物、农业植物检疫性有害生物和林业检疫性有害生物[6]。其中进境植物检疫性有害生物名单中共有446种(属)有害生物,农业植物检疫性有害生物名单中共有31种(属)有害生物,林业检疫性有害生物名单中共有14种(属)有害生物。2021年4月9日,农业农村部、海关总署第413号联合公告生效,在《中华人民共和国进境植物检疫性有害生物名录》中增补5种有害生物,使名录涵盖有害生物总数增加到446种,包括:昆虫148种,软体动物9种,真菌127种,原核生物59种,线虫20种,病毒及类病毒41种,杂草42种[7]。2020年11月,农业农村部发布修订的《全国农业植物检疫性有害生物名单》名单共计31种生物,包括:昆虫9种,线虫3种,细菌7种,真菌6种,病毒3种,杂草3种[8]。2013年1月9日,国家林业局第4号公告发布了新的《全国林业检疫性有害生物名单》。新的林业检疫性有害生物名单共计14种有害生物,包括:线虫1种,昆虫10种,真菌2种,植物1种[9]。根据《生物安全法》,农业农村部、自然资源部、生态环境部、住房和城乡建设部、海关总署、国家林草局组织制定了《重点管理外来入侵物种名录》,已于2023年1月1日起施行。该名录将外来入侵物种分为8个类群共59个物种,其中植物33种,昆虫13种,植物病原微生物4种,植物病原线虫1种,软体动物2种,鱼类3种,两栖动物1种,爬行动物2种[10]。

核心数据库介绍如下。

根据植物有害生物数据库收录物种的地理范围、类群范围和数据库的特色功能,其可划分为全球型、区域型、国家型、地区型、特定植物型、特定有害生物型、新发有害生物报道型等类别。特定植物型数据库即专门收录某些特定类群植物有害生物的数据库网站,如药用植物病虫害数据库、山东省林业有害生物信息管理和查询系统、Forest pest of North America等。特定有害生物型数据库重点收录某些特定类群的有害生物,如植物检疫性菌物数据库、Global Compendium of Weeds。部分免费开放的全球型植物有害生物数据库已经成为全世界植保行业从业人员广泛使用的重要工具。一些国家建立的国家型有害生物数据库在明确、监测、追踪本国有害生物种类、分布和扩散的本底情况上发挥了重要作用。国际植物保护公约(International Plant Protection Convention)及区域性植保组织均建立了新发病虫害的报告预警制度。表3.1列出了具有代表性的全球各类型植物有害生物数据库网站[11]。中国国家有害生物检疫信息系统的数据历史可追溯至20世纪原农业部植物检疫所情报室用卡片记录的国外有害生物信息[12],现由海关总署国际检验检疫标准与技术法规研究中心管理,提供有害生物信息查询、寄主病虫害查询、检疫法律法规查询、有害生物风险评估系统、疫情和检疫动态、各国植物检疫性有害生物名录查询等功能[13]。由中国检验检疫科学研究院建立的动植物检验检疫信息资源共享服务平台包含疫情动态、口岸截获、有害生物查询、风险分析等功能,供海关检疫部门和内部人员使用。该系统提供常被海关截获的重要有害生物的学名、中文名、英文名、分布、寄主、形态、危害、生物学、检疫方法和照片等信息。

外来入侵生物通常是指已于自然或半自然生态环境中建立稳定种群并可能进而威胁原生生物多样性的外来种[14]。目前我国从脊椎与无脊椎动物、陆生与水生植物、海洋与淡水生物到动物疫病、植物有害生物等,各种类型的入侵生物均有发生[15]。外来入侵生物数据库在入侵生物的研究工作与政策制定上起到了重要的支撑作用[16]。通过外来入侵生物数据库可以便捷地获取特定国家外来入侵生物的发生情况和具体某种入侵生物的详细信息。一些数据库网站对各国的入侵生物种类进行了汇总,如全球入侵种资料库、Global Register of Introduced and Invasive Species。如需查询具体某种入侵生物的基本信息与分布情况,可使用全球型数据库,如 Global Invasive Species Database、CABI Invasive Species Compendium。表 3.2 列出了全球具有代表性的各类型外来入侵生物数据库网站[11]。中国外来入侵物种数据库是国内唯一全面收录入侵物种的网站,包括 754 种入侵生物、2773 张物种图片。该数据库中包含多个子系统,如入侵生物安全性评价系统[17],入侵生物调查、空间分布与远程监控系统,蓟马、实蝇、蚧类、粉虱 DNA 条形码系统[18]。该数据库在支撑农业入侵生物的检测、调查、监测上起到了重要作用。

表3.1　全球各类型具有代表性的植物有害生物数据库网站

数据库名称	类型	主办单位	网址
EPPO Global Database	全球型	欧洲和地中海国家植物保护组织	https://gd.eppo.int
Pest Information Wiki	全球型	Biowikifarm	https://wiki.pestinfo.org/wiki/Main_Page
CABI Crop Protection Compendium	全球型	CABI	https://www.cabi.org/cpc
CABI Forestry Compendium	全球型	CABI	https://www.cabi.org/fc
Distribution Maps of Plant Diseases	全球型	CABI	https://www.cabi.org/dmpd
Distribution Maps of Plant Pests	全球型	CABI	https://www.cabi.org/dmpp

续表3.1

数据库名称	类型	主办单位	网址
Descriptions of Fungi and Bacteria	全球型	CABI	https://www.cabi.org/dfb
Global Pest and Disease Database	全球型	美国北卡罗来纳大学	https://www.gpdd.info
中国国家有害生物检疫信息系统	全球型	海关总署国际检验检疫标准与技术法规研究中心	http://www.pestchina.com/SitePages/Home.xdsm
动植物检验检疫信息资源共享服务平台	全球型	中国检验检疫科学研究院	https://info.apqchina.org
PaDIL (Pests and Diseases Image Library)	区域型	澳大利亚植物健康处	http://www.padil.gov.au
Plant Pests of the Middle East	区域型	以色列希伯来大学	http://www.agri.huji.ac.il/mepests
The Pacific Islands Pest List Database	区域型	太平洋植物保护组织	https://www.spc.int/pld
National Agricultural Pest Information System	国家型	美国普渡大学	https://napis.ceris.purdue.edu/home
Integrated pest management NC State Extension	国家型	美国北卡罗来纳大学	https://ipm.ces.ncsu.edu
Bugwood	国家型	乔治亚大学	https://www.bugwood.org
Bugwood Wiki	国家型	乔治亚大学	https://wiki.bugwood.org/Main_Page
Australian Plant Pest Database	国家型	澳大利亚植物健康处	https://appd.ala.org.au/appd-hub/index
Knowledge Master	地区型	美国夏威夷大学	http://www.extento.hawaii.edu/kbase/default.htm
EPPO Reporting	新发报道	欧洲和地中海国家植物保护组织(EPPO)	https://gd.eppo.int/reporting
CABI Country Pest Alerts	新发报道	CABI	https://www.plantwise.ong/KnowledgeBank/pestalert
ProMED	新发报道	国际感染病学会	https://promedmail.org
NAPPO Phytosanitary Alert System	新发报道	北美植物保护组织	https://www.pestalerts.org

续表3.1

数据库名称	类型	主办单位	网址
International Plant Sentinel Network	新发报道	国际植物园保护联盟	https://www. plantsentinel. org
Sentinel Plant Network	新发报道	美国农业部动植物检疫局（USDA APHIS）	http://www. sentinelplantnet-work. org
New Disease Reports	新发报道	英国植物病理学会	https://www. ndrs. org. uk
PestLens	新发报道	美国农业部动植物检疫局	https://pestlens. info
药用植物病虫害数据库 Medicinal Plant Diseases and Pests Database	特定植物	中国医学科学研究院药用植物研究	https://www. pests. com. cn
山东省林业有害生物信息管理和查询系统	特定植物	山东省野生动植物保护站和山东师范大学生命科学学院	https://pest. sdnu. edu. cn
Forest Pest of North America	特定植物	乔治亚大学	https://www. forestpests. org
植物检疫性菌物数据库 PQFUNGI	特定有害生物	中国科学院微生物研究所	http://www. casbrc. org/QFDB/index. jsp
Global Compendium of Weeds	特定有害生物	夏威夷生态系统风险项目组 HEAR	http://www. hear. org/gew/scientificnames

表 3.2　全球各类型具有代表性的外来入侵生物数据库网站

数据库名称	类型	主办单位	网址
Global Invasive Species Database	全球型	国际自然保护联盟入侵生物专家组（IUCN/SSC）	http://www. iucngisd. org/gisd
Global Register of Introduced and Invasive Species	全球型	国际自然保护联盟入侵生物专家组 ISSG	http://www. griis. org
Invasive Alien Species Indicator	全球型	南非斯泰伦博斯大学	http://academic. sun. ac. za/iasi/database. asp
CABI Invasive Species Compendium	全球型	国际农业和生物科学研究中心（CABI）	https://www. cabi. org/isc
Global Invasive Species Information Network	全球型	美国科罗拉多州立大学	http://www. gisin. org

续表3.2

数据库名称	类型	主办单位	网址
European Alien Species Information Network	区域型	欧盟联合研究中心	https://easin.jrc.ec.europa.eu/easin
European Network on Invasive Alien Species	区域型	冰岛自然历史研究所	https://www.nobanis.org
I3N Invasive Information Network	区域型	巴西霍鲁斯研究所、阿根廷国立南方大学	http://bd.institutohorus.org.br/www
Asian-Pacific Alien Species Database	区域型	日本国立农业环境科学研究所	http://www.naro.affrc.go.jp/archive/niaes/techdoc/apasd
INVASIVE.ORG	国家型	美国乔治亚大学	https://www.invasive.org
中国外来入侵物种数据库	国家型	中国农业科学院植物保护研究所	http://www.chinaias.cn/wjPart/index.aspx
入侵生物especies	国家型	中国科学院动物研究所	http://alien.especies.cn
Invasive Species in Belgian	国家型	比利时生物多样性平台	https://ias.biodiversity.be
Invasive Species of Japan	国家型	日本国立环境研究所	https://www.nies.go.jp/biodiversity/invasive
海南外来有害生物数据库	地区型	海口海关、海南示范大学	http://hniap.rdzw.net.cn
Invasive species information for Hawaii and the Pacific	地区型	夏威夷生态系统风险项目组	http://www.hear.org
TEXASINVASIVES.ORG	地区型	德克萨斯大学奥斯汀分校	https://www.texasinvasives.org
Global Naturalized Alien Flora	植物类	GloNAF团队	https://glonaf.org
中国外来入侵物种信息系统	植物类	中国科学院植物研究所	http://www.iplant.cn/ias
中国入侵植物物种库	植物类	国家标本资源共享平台	http://www.nsii.org.cn/2017/minglu/ruqin.html
入侵植物名录	植物类	国家标本资源共享平台	http://www.nsii.org.cn/Invasiveplants
压载水携带外来生物物种信息系统	水生类	江阴海关	http://www.alien-aquatic.com

续表 3.2

数据库名称	类型	主办单位	网址
NAS (Nonindigenous Aquatic Species)	水生类	美国内政部	https://nas. er. usgs. gov
AquaNIS	水生类	立陶宛克莱佩达大学	http://www. corpi. ku. lt/da-tabases/index. php/aquanis
FishBase	鱼类	鱼类数据库研究组	https://www. fishbase. in/search. php

3.4 微生物耐药

微生物耐药是指微生物对临床治疗使用的关键药物的敏感性减弱、丧失。抗生素耐药性(antibiotic resistance,AR)是微生物的一种自然进化过程。但自青霉素发现以来,由于抗生素在医疗和养殖领域的不规范使用,甚至滥用,这一进化过程被大大加快,导致抗生素耐药性不断发展,在人类致病微生物、动物致病微生物中都出现了抗生素耐药性,并且由单一耐药发展到多重耐药、泛耐药,甚至全耐药(超级耐药菌)。常见的耐药机制包括:主动外排、膜通透性降低、靶蛋白改变、产生灭活酶等。耐药基因在病原菌中的传播方式分为垂直传播和水平传播两种方式。第一种传播方式由于耐药基因位于菌株染色体上,耐药性仅能随着菌株的繁殖由亲代传给子代;而第二种传播方式由于质粒、转座子等可移动遗传元件的存在,使得耐药基因可在不同菌种、不同菌属、不同菌株间互相传播,导致耐药性的广泛扩散。

随着测序技术的发展,基因组的测序成本逐步降低,越来越多的微生物基因组和宏基因组测序完成。通过基因组测序,科研工作者可以快速了解目标微生物携带的耐药基因和可移动遗传元件等。而耐药基因的生物信息学分析有赖于各类耐药基因分析工具和耐药基因数据库。在当今时代,细菌的全基因组测序(WGS)不是很困难,但抗生素耐药相关信息的汇编和挖掘仍然是一个重大挑战。在过去的 20 年里,研究者已经开发了许多数据库、数据汇总工具和数据查询渠道,以研究细菌抗生素耐药中的机制,并预测细菌耐药基因和基因组。表 3.3 汇总了与耐药基因相关的数据库[19]。

表3.3 与耐药(AR)基因相关数据库列表

数据库名称及链接	描述	数据库状态	更新年份	参考文献
抗生素耐药基因通用数据库				
ARGO（http://bioinformatics. org/argo/beta/index. php）	第一个抗生素耐药基因数据库	不可用	未知	[20]
ARDB（http://ardb. cbcb. umd. edu/）	综合性抗生素耐药数据库	不可用	2009	[21]
CARD（https://card. mcmaster. ca/）	综合性抗生素耐药数据库	可用	2020	[22]
BARRGD（https://www. ncbi. nlm. nih. gov/bioproject/313047）	细菌耐药基因参考数据库	可用	持续更新	[23]
NDARO（https://www. ncbi. nlm. nih. gov/pathogens/antimicrobial-resistance/）	国家抗生素耐药性生物数据库	可用	2020	[24]
β-内酰胺酶特异性数据库				
LacED（http://www. laced. uni-stuttgart. de/）	TEM-β-内酰胺酶数据库	可用	2017	[25]
MBLED（http://www. mbled. uni-stuttgart. de/）	含有 B 类 β-内酰胺酶	可用	2012	[26]
BLAD	广为使用的 β-内酰胺酶数据库	可用	未知	[27]
CBMAR（http://proteininformatics. org/mkumar/lactamasedb/）	促进 β-内酰胺酶的分子注释	可用	2014	[28]
BLDB（http://bldb. eu/）	β-内酰胺酶的结构和功能信息	可用	2020	[29]
β-lactamase database（http://ifr48. timone. univ－mrs. fr/beta－lactamase/public/）	β-内酰胺酶的序列、结构、功能和系统发育树	可用	未知	—
特定病原耐药数据库				
TBDReaMDB	结核病耐药相关突变数据库	不可用	未知	[30]
MUBII-TB-DB （https://umr5558-bibiserv. univ-lyon1. fr/mubii/mubii-select. cgi）	结核分枝杆菌 AR 相关基因的蛋白质和 DNA 中存在的突变数据库	可用	2013	[31]
u-CARE（http://www. e-bioinformatics. net/ucare/）	大肠杆菌综合抗生素耐药数据库	可用	未知	[32]

续表3.3

数据库名称及链接	描述	数据库状态	更新年份	参考文献
NPBAR （https://www. pork. org/research/national-pork-board-antibiotic-resistance-database/）	研究数据库以了解抗生素对猪和人类 AR 细菌的使用	可用	未知	
其他数据库				
Patient Safety Atlas（https://www. cdc. gov/hai/data/portal/AR – Patient – Safety – Portal. html）	包含健康相关感染（HAI）进度报告、AR 数据、抗生素管理数据和抗生素使用数据	替换为 Antibiotic Resistance &Patient Safety Portal （AR&PSP）	未知	—
MEGARes2. 0 （https://megares. meglab. org/）	用于种群水平分析的抗生素耐药性数据库	可用	2019	[33]
EARS-Net（http://data. europa. eu/euodp/data/dataset/antimicrobial-resistance-data）	欧洲抗生素耐药性监测网络包含与欧洲 AR 细菌发生和传播相关的数据	可用	2020	—
Resistance Map（https://resistancemap. cddep. org/AntibioticResistance. php）	包含 2000—2009 年美国抗菌药物使用情况的地图和图表	可用	2020	—
INTEGRALL （http://integrall. bio. ua. pt/）	整合子、整合酶和基因盒等数据库	可用	2020	[34]
BacMet （http://bacmet. biomedicine. gu. se/）	抗菌剂和金属抗性基因	可用	2018	[35]
Mustard（http://mgps. eu/Mustard/）	微生物群中的 AR 基因预测	可用	2017	—
Noradab（Noradab. bi. up. ac. za）	非冗余 AR 基因序列	可用	未知	—
ABRES finder（http://scbt. sastra. edu/ABRES/index. php）	印度流行的 AR 基因	可用	未知	—
RAC	包含移动遗传元件的 AR 存储库	不可用	未知	[36]

续表3.3

数据库名称及链接	描述	数据库状态	更新年份	参考文献
PATRIC（https://www.patricbrc.org/）	以基因组为中心的关系数据库	可用	未知	[37]
ResFams（www.dantaslab.org/resfams）	蛋白质家族数据库和相关的轮廓隐藏马尔可夫模型（HMM）	可用	2018	—
FARME DB（http://staff.washington.edu/jwallace/farme/）	功能性抗生素耐药性数据库	可用	未知	[38]
MvirDB	基因、毒素和毒性蛋白质数据库	不可用	未知	[39]

下面介绍核心数据库。

3.4.1 抗生素耐药基因通用数据库

线上抗生素耐药基因（ARGO）是2005年开发的第一个列出AR基因的数据库。它包含了555个β-内酰胺酶耐药基因和115个万古霉素耐药基因的综合信息。此数据库截止到2005年便不再更新。2007年，MvirDB数据库被开发出来以分类AR基因、有毒蛋白质，该数据库包含的AR基因有限，在开发后也没有再次更新。2009年，抗生素耐药综合性基因数据库（ARDB）建立，用于表征和鉴定具有抗生素耐药性的基因。该数据库已不存在，但所有的数据都可以在2013年开发的综合抗生素抑制剂数据库（CARD）中找到。该数据库包含抗生素耐药性基因及其相关蛋白质和表型的分子和序列数据，还包含与抗生素及其靶点相关的信息，以及抗生素耐药性的理论，目前该数据库定期更新，截至2020年，该数据库包含了3057个参考序列、3103个抗生素（AMR）检测模型和1704个单核苷酸多态性（SNPs）。此外，数据库中还包含了许多预测和分析工具，以及新的残基和异构体的分析和统计总结。RGI等分析工具的存在，增强了该数据库在预测抗生素耐药性方面的效用。

还有一些用于维护AR基因的数据库，如国家生物技术信息中心（NCBI）生物数据，细菌抗生素耐药性参考基因数据库（BARRGD）、由NCBI维护的与AR相关的抗生素耐药性生物体国家数据库（NDARO）。NDARO数据库包含了关于抗生素耐药性基因的大量信息，该数据库包含ARMFinderPlus，便于用户找到AR基因和抑制突变点。抗生素耐药基因专用数据库

3.4.2　β-内酰胺酶特异性数据库

负责降解或修饰抗生素的重要酶之一是 β-内酰胺酶,这种酶水解了 β-内酰胺抗生素的 β-内酰胺环,从而消除了对细菌的伤害。β-内酰胺抗生素是用于治疗严重革兰氏阴性感染的广谱抗生素,如大肠杆菌、肠沙门氏菌和肺炎克莱伯氏菌是最常见的革兰氏阴性细菌,可导致人类的多种疾病,因此,β-内酰胺酶被认为是 AR 领域中最重要的酶,并且许多专门用于这些酶的数据库已被建立。历史上,β-内酰胺酶的第一个数据库由拉希诊所运营,随后这些数据被转移到 NCBI 并可以在 BAARGD 中被找到。在众多数据库中,乳酸乙酰胺酶工程数据库(LacED)包含 TEM 和 SHV-β-乳酸乙酰胺酶的信息,是最古老的数据库。2012 年开发的 β-乳酰胺酶工程数据库(MBLED)包含了关于 B 类 β-乳酰胺酶的信息。LacED 和 MBLED 都是乳酰胺酶工程数据库的一部分,分别包含关于 A 类和 B 类 β-乳酰胺酶的信息,但它们仅限于一类特定的 β-内酰胺酶。因此,2013—2014年研究者开发了甜乳胺酶数据库(BLAD)和综合甜乳胺酶分子数据库(CBMAR)。BLAD包含大约 2000 个基因序列,以及 200 个 β-内酰胺酶的三维晶体结构及其结合配体的理化性质,CBMAR 提供了关于 β-内酰胺酶的分子和生化功能的信息,并进行了详细的分类。β-乳酰胺酶领域最全面和最常更新的数据库是甜乳酰胺酶数据库(BLDB),它于2017 年开发,每月保持更新,包含所有目前已知的 β-内酰胺酶的序列以及生化和结构信息,该数据库包括各类 β-内酰胺酶,涉及它们的代表性突变体、动力学信息和三维结构。此外,还有一个未发表的 β-内酰胺酶数据库,其中 β-内酰胺酶是根据其活性位点上的残基来分类的,结构信息、动力学信息和最小抑制浓度等信息也包含在内。数据库中的分子标号直接与 NCBI 数据库链接,结构信息与蛋白质数据库链接,数据库中包含的结构和动力学信息可以帮助研究者掌握 β-内酰胺酶的活性位点残基,从而研究它们对不同抗生素的识别和特异性。

3.4.3　特定病原耐药数据库

结核病是致命的传染病,而病因细菌结核杆菌经常通过特定基因的突变来获得耐药性。为了提供关于细菌耐药性全面的信息,2009 年研究人员开发了结核病耐药性突变数据库(TBDReaMDB),该数据库在开发新的测试药物方面具有巨大的效用,可以帮助快速识别 M. 结核病菌株的敏感性特征。在此基础上更新的数据库 MUBII-TB-DB 于 2014 年开发,该数据库包含了一组 AR 相关结核基因的蛋白质和 DNA 中的突变信息,使用该数据库进行查询序列简单快捷,可用于识别结核杆菌突变体并帮助进行抗生素研发,此外,还可用于其他微生物突变体的鉴定,因此也可用于多种耐药微生物的监测和控制。为了研究大肠杆菌的耐药性,综合抗耐药库(u-CARE)于 2015 年被开发,它含有 52 种抗生素,以及大约 100 多个基因及参与大肠杆菌药耐药性的 SNPs 和转录因子。此外,2017 年建立的国家猪肉抗生素耐药性数据库,目的在于帮助了解某些抗生素对猪及其环境中存在的 AR 细菌的影响,以及这些细菌向其他猪和人类传播的渠道。

3.4.4　其他数据库

还有一些数据库可以以某种方式处理 AR 字段。其中,PSA 是一个有四个交互式数据集的 web 应用程序,包含 AR 数据(AR 数据描述了具有耐药表型的细菌)、医疗保健相关感染(HAI)数据、门诊抗生素使用数据和住院抗生素管理数据。对于病原体中出现的耐药性造成的治疗困境,应用 PSAweb 可以对这类抗药菌株进行研究。MEGARes 于 2017 年开发,对抗生素耐药性的人群水平分析非常有用。此外,欧洲抗菌药物耐药监测网络(EARS – Net)数据库包含与 AR 细菌相关的数据。ResFams 和 FARMEDB 是包含基因组的抗生素耐药性数据库。其中 ResFams 是 2015 年建立的具有 AR 功能及其相关特征的蛋白质数据库;FARMEDB 是功能抗生素耐药元件数据库,也被称为元基因组元件(FARME)数据库,包含来自元基因组数据的 DNA 和蛋白质序列。此外,INTEGRALL 于 2009 年开发,提供了 DNA 序列和基因排列的详细信息等数据,2011 年开发的 RAC(耐药盒存储库)数据库包含一组基因盒,这个基于 web 的平台上的数据有助于揭示整合子在细菌相互作用和适应性反应中的作用。此外,多重抗抗生素抗炎剂(MARA)是 2018 年 4 月开发出来的一个包含革兰氏阴性细菌的移动元素和移动 AR 基因的数据库,该数据库能够实现提交序列中抗性基因和相关移动元件的比较分析。除了抗生素之外,抗菌生物杀菌剂和金属还通过共同选择对细菌群落中 AR 的发展和维持做出了重要贡献,抗菌生物灭活和金属抑制基因数据库(BacMet)开发于 2014 年,最后更新于 2018 年,可通过共同选择促进 AR 的发展或维持。该数据库包含 753 个经实验证实的和 155512 个预测的耐药基因,以及 111 种化合物,包括 58 种抗菌生物杀菌剂和 23 种金属。抗生素耐药性领域相当广泛,生物信息学家还提供了其他一些不同的资源,如 ARGMiner 是一个基于网络的管理系统,包括其基因名称、耐药机制、抗生素类别、流动性证据和临床重要菌株。Mustard 是一个 AR 决定因素和策划基因集的数据库,该数据库于 2017 年开发,包含了来自人类肠道微生物群中 20 个家族的 6095 个 AR 决定因素。Noradab 抗生素耐药性数据库创建于 2018 年,它包含从 ARDB 和 CARD 数据库中收集的抗生素耐药基因序列;抗生素耐药性基因发现器(ABRESfinder)是一个在印度流行的 AR 基因联盟,它共包含 37 种抗生素、377 个基因家族和 36467 个基因。同样,PATRIC 是一个 2011 年开发的以基因组学为中心的关系数据库,包含了致病菌的所有基因组数据。另一个 MvirDB 数据库建于

2007 年,整合了其他数据库中管理的 AR 基因、DNA 数据、对于 AR 预测基因的工具,包含前文提到的一些工具,还有诸如 CARD 包括分析分子序列的工具,以及基于同源性和 SNP 模型的电阻预测的 RGI 软件等。

3.5 生物毒素

生物毒素,也叫天然毒素,是各种生物包括动物、植物、微生物等的代谢产物,这些产物对其他生物物种有毒害作用[40-41]。生物毒素污染可在全世界广泛传播,威胁人类和牲畜的健康甚至生命,影响国内和国际贸易,具有极高毒性的某些生物毒素还具备发展成潜在生物武器的可能性,从而威胁到国家公共安全。现已发现的生物毒素约有 2000 多种。根据产生的生物分类,毒素分为动物毒素、植物毒素、微生物毒素和海洋生物毒素[42]。

动物毒素大多是有毒动物毒腺制造的并以毒液形式注入其他动物体内的蛋白类化合物,包括蛇毒、蛙毒、蜘蛛毒、蝎毒、蜂毒等。其化学结构多种多样,包括碳氢化合物、杂环化合物、生物碱、生物胺、萜烯、甾配糖体、多肽和蛋白质等。许多动物毒素具有抗病毒、抗细菌、抗炎症、抗肿瘤及抗凝血作用[43-44]。

植物毒素是指由植物产生的物质,通常对植物生长有抑制作用或对植物有毒,并且往往对人和动物也具有毒性的物质。植物毒素主要包括 5 大类,即非蛋白质氨基酸、生物碱、蛋白质毒素、不含氮毒素和生氰糖苷类毒素。某些植物毒素如蓖麻毒素、相思子毒素和蒴莲根毒素具有剧毒,并且蓖麻毒素和相思子毒素是生物武器核查清单中仅有的两种植物蛋白毒素[45-47]。由于植物是百姓餐桌的主要组成部分,并且植物中存在的毒素可能由于人们的认知不足或是食物处理不当引发中毒或死亡,严重危害了人体健康,所以研发植物毒素快速检测技术迫在眉睫。但由于植物毒素中毒不易被人察觉,中毒机理复杂,所以国内外关于植物毒素的检验方法不多。

海洋毒素是海洋生物或其尸体腐败后产生的存在于海洋生物体内的、有强烈毒性的一类海洋天然有机化合物[48]。通常根据中毒症状不同,海洋毒素分为腹泻性贝毒(diarrhea shellfish poison,DSP)、麻痹性贝毒(paralytic shellfish poison,PSP)、神经性贝毒(neurogenic shellfish poison,NSP)、记忆缺失性贝毒(amnesic shellfish toxins,ASP)等。也有根据最初分离得到毒素的来源进行分类,如河豚毒素[49]、西加毒素、水母毒素、芋螺毒素等。

微生物毒素是危害性较大的生物毒素,其中细菌毒素和真菌毒素是引起食物中毒的罪魁祸首[50]。细菌毒素是由细菌分泌的产生于细胞外或存在于细胞内的致病性物质,分为内毒素和外毒素。内毒素有效激活成分是脂多糖[51]。外毒素的主要成分是蛋白质,危害性远远强于内毒素,热稳定性差,抗原性强,能转化成类毒素,毒性很强,微克水平就能引起动物死亡。通常来说,细菌毒素一般指细菌外毒素,它是构成细菌毒力的重要物质。具有代表性的细菌毒素有霍乱毒素、热稳定性大肠杆菌毒素、破伤风毒素、肉毒神经毒素、白喉毒素、金黄色葡萄球菌肠毒素等。真菌毒素是真菌在食品或饲料里生长所产生的代谢产物,对人类和动物都有害[52-55]。按其主要产毒菌种,真菌毒素可分为曲霉菌毒素(如黄曲霉毒素、棕曲霉毒素、赭曲霉毒素等)、青霉菌毒素(如展青霉素、桔青霉素等)、镰刀菌毒素(如脱氧雪腐镰刀菌烯醇、玉米赤霉烯酮等)及其他毒素(如孢子毒等)几大类。

毒力因子(virulence factor,VFs)指由细菌、病毒、真菌等代谢产生的带有侵袭力和毒力性质的分子,主要用于微生物感染宿主时,通过抑制或逃避宿主的免疫反应等出入宿主组织细胞,从宿主获得营养并自身增殖生长。毒力因子可编码在可移动遗传元件(比如质粒、基因岛、噬菌体等)上并进行水平基因转移(传播),使无害细菌变成危险的病原菌,所以在鉴定毒力因子时一般会考虑基因岛、分泌蛋白等。

核心数据库介绍如下。

1. VFDB 数据库

VFDB 数据库(virulence factors of pathogenic bacteria,VFDB)是由中国医学科学院研发的,用于专门研究致病细菌、衣原体和支原体致病因子的数据库。VFDB 数据库不包括寄生虫、真菌和病毒的毒力基因。该数据库目前已涵盖 74 个属,2000 多个致病因子,3万多条基因序列,是目前公开的、包含细菌致病因子最多的数据库。VFDB 数据库支持四种搜索方式:①菌株名搜索;②关键词搜索;③序列比对搜索;④热词搜索/关键词列表搜索。对于搜索得到的毒力基因,该数据库不仅提供了序列下载,同时还有背景信息介绍、结构特点、功能示例、相关文献等。

2. Victors 数据库

Victors 数据库(virulence factors,Victors)包含的物种种类比较多,除了细菌,还包括病毒和真菌的毒力因子预测。该数据库是由手工收集的数据,较好地保证了数据的准确性。在文章发表的时候 Victors 包含 5296 个 VFs,其中 4648 个来自 51 类细菌,179 个来自 54 种病毒,105 个来自 13 种寄生虫,364 个来自 8 个真菌种属。

3. PHI 数据库

病原与宿主互作(pathogen host interactions database,PHI)数据库,是一个免费开放的数据库,收录了经过实验验证或文献报道的能够感染植物、动物、真菌和昆虫的真菌、卵菌、细菌等病原菌的致病基因、毒力基因和效应蛋白基因。该数据库对寻找药物干预的靶基因研究有重要作用,同时该数据库还包括抗真菌化合物和相应的靶基因以及感染宿主过程中预测的蛋白功能的详细描述。

PHI 数据库信息很齐全,包括核酸序列、蛋白序列、功能注释、其他外部数据库的注释链接（Uniprot, Gene Ontology terms, EC Numbers, NCBI taxonomy, EMBL, PubMed and FRAC）。2022 年 11 月 1 日版数据库共收录 8993 个基因、19881 对互作关系、283 个病原菌、234 个宿主、542 种疾病。

4. BTXpred 数据库

BTXpred(Prediction of bacterial toxins)数据库一共包含了 185 条序列,非常清楚地分为了外毒素和内毒素因子,且提供了在线序列预测和提交的功能,是小而专的数据库代表。

5. T3DB 数据库

毒素和毒素靶标数据库(The Toxin and Toxin Target Database, T3DB)是一种独特的生物信息学资源,它详细地将毒素数据与全面的毒素靶标信息结合起来。T3DB 目前包含 41602 个同义词描述的 3678 种毒素,包括污染物、杀虫剂、药物和食品毒素,与 2073 个相应的毒素目标记录相关联。每个毒素记录(ToxCard)包含超过 90 个数据字段,包含诸如化学特性和描述符、毒性值、分子和细胞相互作用以及医疗信息等。这些信息来源于其他化学数据库、政府文件、书籍和科学文献。T3DB 旨在为每种毒素提供毒性机制和靶蛋白,用户可通过该数据库检索到相关的文本、序列、化学结构和相互作用。T3DB 还可供毒素代谢预测、毒素/药物相互作用预测以及公众对毒素危害的普遍认识,使其适用于各个领域。

6. DFVF 数据库

真菌毒力因子数据库(Database of Virulence Factors in Fungal Pathogens , DFVF)该数据库涵盖了 2058 个与各类真菌致病性相关的基因蛋白序列。该数据库提供了很清晰的分类,按照寄主(Host)分类,包括动物、植物,甚至还包括无脊椎动物、蔬菜、草药等;按照疾病 Disease 分类,如侵袭性念珠菌病、叶片斑点病等。所有数据可以按类别查询,也可直接下载。

3.6　人类遗传资源

人类遗传资源,包括人类遗传资源材料和人类遗传资源信息。人类遗传资源材料是指含有人体基因组、基因等遗传物质的器官、组织、细胞等遗传材料。人类遗传资源信息是指利用人类遗传资源材料产生的数据等信息资料。中国人类遗传资源是国家自然科技资源的重要组成部分,是维护公众健康、国家安全和社会公共利益的重要战略资源。2019年3月20日,《中华人民共和国人类遗传资源管理条例》在国务院第41次常务会议上通过,自2019年7月1日起开始施行[56]。该条例规定了人类遗传资源数据在采集、保藏、利用和对外开放方面的审批事项,为我国人类遗传资源数据的管理提供了指导思想。我国是一个多民族人口大国,全国人口总数占全球人口总数的比例高达22%。正是基于我国多民族、多人口的特征,我国人类遗传资源相较其他大部分国家都更为丰富,这也有助于研究者更好地对人类进化、基因多样性以及致病基因进行深入研究。同时,我国也是生物数据输出大国,我国大量人类遗传资源样本、数据流失至外国数据中心、外国生物实验室进行研究,产生潜在生物威胁。近年来,随着测序技术的发展和组学新技术的不断涌现,基因组、转录组、表观组、蛋白质组、代谢组等不同种类的组学数据呈指数级增长,随之产生了许多以人类基因组为主要内容的人类遗传资源数据管理系统与数据库。

核心数据库介绍如下。

1. dbSNP 数据库

人类单核苷酸多态性数据库(The Single Nucleotide Polymorphism Database,dbSNP),是由NCBI与人类基因组研究所合作建立的,收录了SNP、短插入缺失多态性、微卫星标记和短重复序列等数据,以及其来源、检测和验证方法、基因型信息、上下游序、人群频率等信息。dbSNP接受明显中性的多态性,对应于已知表型的多态性和无变异的区域。它于1998年9月创建,用于补充NCBI收集的公众可获得的核酸和蛋白质序列GenBank。从构建131(2010年2月)开始,dbSNP已经收集了超过1.84亿份提交文件,代表了55种生物的超过6400万种不同变种,包括智人、小家鼠、水稻和许多其他物种。NCBI在2017年逐步停止对dbSNP和dbVar中的所有非人类生物的支持。dbSNP数据库可查询千人基因组项目、gnomAD数据库等不同人群的变异频率的信息。

2. 1000 Genome 数据库

国际千人基因组计划(The 1000 Genomes Project,1000/1KGP)于2008年启动,它是由多个国家及研究所共同发起的、多家研究机构协作进行的一个国际合作人类基因组测序计划。该计划到2012年即获得了超过1000人的基因组数据,是科学界首次实现千人规模以上的基因组对比分析。1000G建立的人类遗传变异资源由国际基因组样本资源(The International Genome Sample Resource,IGSR)维护和共享。1000G旨在绘制当时

(2012 年)最为详尽、最有医学应用价值的人类基因组遗传多态性图谱,其后数据不断扩充,分析结果不断更新和迭代。目前最新版本包含了来自 26 个人群,共 2504 个样本的 SNP 分型结果。

3. gnomAD 数据库

基因组聚合数据库(Genome Aggregation Database,gnomAD)是由各国研究者联合发展起来的基因组突变频率数据库。其目的是汇集和协调来自众多大规模测序计划的全外显子组和全基因组测序数据,为广泛的科学研究团体汇总数据。该数据库提供的数据集包括 123136 个个体的全外显子组测序数据和 15496 个个体的全基因组测序数据,这些数据来源于各种疾病研究项目及大型人群测序项目。数据库包含基因的基本信息(基因名称、包含的变异位点个数、其他数据库的链接等);覆盖度信息(蓝色代表外显子测序的数据、绿色代表全基因组测序的数据);变异位点的详细信息(变异位点的注释采用的是 VEP 软件)。

4. WBBC 数据库

西湖(中国)生物样本库(Westlake BioBank for Chinese,WBBC)是一项基于人口的前瞻性研究,其主要目的是更好地了解遗传和环境因素对从青少年到老年人的成长和发展的影响。该数据集包括广泛的人口统计学和人体测量学措施、血清学测试、体育活动、睡眠质量、初潮年龄和骨矿物质密度。WBBC 被设计为前瞻性队列研究,将招募至少 10 万个中国样本。WBBC 的试点项目共招募了 14726 名参与者(4751 名男性和 9975 名女性),基线调查于 2017 年至 2019 年进行。

5. ChinaMAP 数据库

中国代谢解析计划(China Metabolic Analytics Project ,ChinaMAP),一期研究对中国不同地区和民族的 10,588 人 DNA 样本进行了 40×深度全基因组测序,完成了高质量的中国人群遗传变异数据构建、中国人群体结构分析、基因组特征比较以及变异频谱和致病性变异解析。在 ChinaMAP 一期数据库中,包含 1.36 亿个基因多态性位点单核苷酸多态性(SNP)和 1000 万个插入或缺失位点(In Dels),其中一半是在国际通用的多个数据库中均没有的新位点。

6. HuaBiao 数据库

华表计划数据库(HUABIAO project,HuaBiao)是国内首个以共享为主要目的的全外显子公共数据库。该计划从河南、江苏、上海和广西,四个有代表性的人群中共采集了 5000 个个体,通过对中国不同地区的汉族进行全外显子组测序和分析,生成了汉族全外显子组等位基因频率数据库。研究人员可以从该数据库快速检索相关遗传变异频率信息。

7. NyuWa Genome Resource

女娲基因组资源库(NyuWa Genome Resource)包括2999个中国不同样本的高测序深度的全基因组测序(WGS)数据。样本来自中国23个行政区域,包括17个省、2个自治区和4个直辖市。基于NyuWa数据资源,构建了包含7106万SNPs和819万InDels的中国人群遗传变异图谱,并对其进行全面注释。

8. ClinVar 数据库

ClinVar数据库是NCBI主办的与疾病相关的人类基因组变异数据库。它的强大在于整合了dbSNP、dbVar、Pubmed、OMIM等多个数据库在遗传变异和临床表型方面的数据信息,形成一个标准的、可信的遗传变异–临床相关的数据库。ClinVar同时支持在线和下载到本地两种方式。

9. OMIM 数据库

在线人类孟德尔遗传数据库(Online Mendelian Inheritance in Man,OMIM),是一个综合的、权威的研究人类表型和基因型关系的数据库,收录了所有已知的孟德尔疾病和超过16000个基因的信息(涵盖一大半人类已知的基因)。OMIM对已发表的研究结果进行了非常系统的整理与整合,并每日更新、免费获取。

10. HGMD 数据库

人类基因突变数据库(The Human Gene Mutation Database,HGMD)全面收集引起人类遗传疾病或与人类遗传疾病相关的核基因突变信息,对基因突变位点的收录更加全面和完全。HGMD可简单、快速确认实验得到的某种突变是否已被发现、是否是导致人类遗传疾病的原因,获得某个特定基因或疾病的致病突变谱,快速查询与人类遗传疾病相关的突变信息的文献。HGMD分为专业版和免费版。免费版需要提供相关的信息以申请许可证。在申请许可证时,提供的电子邮箱必须是学术机构或非营利性机构(如大学或医院)的邮箱才能通过注册。

11. SwissVar 数据库

SwissVar数据库通过一个独特的搜索引擎提供对UniProtKB/Swiss-Prot数据库中单一氨基酸多态性(SAPs)和疾病的全面收集。它包含近4160个带有疾病注释的基因和20412个人类蛋白质。SwissVar汇总了与特定变异有关的所有信息,包括:根据文献对每种特定变异的基因型–表型关系进行人工注释;预先计算的信息(例如保护评分和可用的结构特征列表),以帮助评估变异的效果。包括疾病信息、蛋白信息、结构或功能特征信息。

12. VannoPortal 综合数据库

VannoPortal 综合数据库是一个基于多个数据库的结果汇总形成的综合性数据库。其对于每一个 SNP 的分析都是基于其他数据库的结果,相当于在一个网站上就可以查询多个网站的数据。在 VannoPortal 当中除了可以查询 SNP 的发病频率之外,还可以查询这个 SNP 的基本功能,例如 SNP 的 QTL 特征或者 SNP 改变对于转录调控的影响等。

13. HaploReg 数据库

HaploReg 数据库是一个探索非编码基因组在单倍型块上的变异注释的工具,如疾病相关位点的候选调控 SNPs。对相关的变异位点进行来自 Roadmap Epigenomics 和 EN-CODE 项目的染色质状态和蛋白质结合位点注释、序列保守性、SNPs 对 motif 的影响和来自 eQTL 的相关 SNP 进行可视化和注释。

14. RegulomeDB 数据库

RegulomeDB 数据库是一个变异位点综合注释数据库,它将 SNP 与 H. sapiens 基因组基因间区域的已知和预测的调控元件进行注释,注释内容包括已知和预测的 DNA 调控元件:DNase 高敏区、转录因子的结合位点和已经被实验证实为调控转录的启动子区域。这些数据的来源包括来自 GEO 的公共数据集、ENCODE 项目和发表的文献。

15. 3DSNP 数据库

3DSNP 数据库是一个集成数据库,通过探索人类非编码突变在基因和调控元件之间的远端相互作用来注释突变。其整合了千人基因组计划中 3D 染色质的相互作用、不同细胞类型中的局部染色质特征以及连锁不平衡(linkage disequilibrium,LD)信息,同时也提供了信息丰富的可视化工具,以显示局部和三维的染色质特征以及突变之间的遗传关联。这个网站也将不同功能类别的数据集成到一个量化评分系统中,以便我们从大量数据中选择相对重要的突变。

16. UCSC 数据库

UCSC 数据库是生物领域里常用的数据库之一,由加利福尼亚大学圣克鲁斯分校创立和维护,主要包含了人类、小鼠、果蝇等多种常见生物的基因组信息。UCSC 里也包括了一系列分析工具,帮助用户浏览基因信息、查看已有基因组注释信息和下载基因序列等。

17. SNiPA 数据库

SNiPA(single nucleotide polymorphisms annotator)数据库是一个综合性的 SNP 注释和浏览工具。SNiPA 当中主要涉及 SNP 检测的结果、SNP 的注释以及 SNP 相关的 QTL 功能分析。其中 SNP 的注释主要来自于千人基因组计划,SNP 的位置注释则收集了包括

CADD、FANTOM5、StatBase 在内的多个数据库。关于 SNP 的 QTL 功能分析主要包括三个方面:eQTL 的数据、来自 GTEx 等数据、meQRL 来自开发者自己团队构建的其他数据库。

3.7 两用性生物技术

《生物安全法》中将生物技术研究、开发与应用定义为通过科学和工程原理认识、改造、合成、利用生物而从事的科学研究、技术开发与应用等活动。生物技术是典型的两用性技术。一方面,利用生物技术开展生命科学研究可对公共卫生、农作物、畜牧业和环境领域的发展起到积极推动作用;另一方面,当生物技术及利用生物技术开展的研究用于有害目的或被误用、谬用和滥用时,将对公众健康和安全、农作物和其他植物、动物、环境、材料或国家安全构成威胁。

近年来,以基因编辑技术、基因驱动技术、合成生物学、纳米生物技术、诱导性多能干细胞、转基因技术为代表的两用性生物技术发展迅猛,取得了一系列重大进展,已经在医药卫生、农业、工业及环保等领域发挥了重要作用,正在引领新一轮科技革命和产业变革的发生,但是生物技术的谬用和滥用,增加了生物恐怖、生物战剂及其泄露扩散的威胁,造成了严重的社会、环境和经济影响。因此,两用性生物技术将面临双重用途风险。当前,加强两用性生物技术安全风险监管已成为国际共识。关于两用性生物技术风险评估监管机制的研究已成为全球生物安全领域的一个重要课题,对两用性生物技术安全风险的科学评估是研究的热点。

当前两用性生物技术的安全风险评估以定性评估为主,主要依赖于领域专家的主观判断。通常来说,定性评估的最终结论是专业可靠的,可操作性强,但存在可重复性比较差、易受专家主观影响等问题,因此引入定量方法可以得到更为客观准确的结论。虽然定量评估优势显著,但也存在明显缺陷,主要体现在定量方法需要大量经验数据,而很多新兴技术的数据存在大量缺失,且数据收集较为困难,这为定量评估的推进造成了阻碍,因此,当前定量评估方法仍较少应用于两用性生物技术安全风险评估。近年来,生物信息学和大数据等新兴技术的发展为两用性生物技术风险数据的收集提供了新思路。研究人员通过风险模拟平台的设计,将历史生物监控数据、病毒传播动力学数据、环境数据、病毒适应度指标、危险人群流动信息等数据进行整合并建立风险模型,通过提供高度特异性的风险类型和发生时间等信息,为决策管理者提供参考。

目前国内外重要的公共卫生安全数据库概括如下。

1. 中国公共卫生科学数据中心

中国公共卫生科学数据中心是中华人民共和国科技部于 2004 年启动的国家科学数据共享工程项目,全称为中国公共卫生科学数据管理与共享服务中心,由中国疾病预防控制中心承担。该项目的建设目标是集成分布在公共卫生领域、高等院校、科研院所以及科学家个人手中的公共卫生数据资源以及科研项目所产生的数据,在此基础上进行数据整合、挖掘,并通过本项目建立的网络平台向社会发布,以推动中国科学数据的共享,促进科技进步。网站将数据资源划分为传染性疾病与慢性疾病、生命登记、健康危险因素和基础信息四个分类,并增加了大量的公共卫生数据资源,包括艾滋病、甲型 N1H1 流感、麻疹等传染性疾病专病数据库和多次营养调查数据等。

2. 国家人口与健康科学数据共享平台

国家人口与健康科学数据共享平台属于国家科技基础条件平台下的科学数据共享平台。2003 年作为科技部科学数据共享工程重大项目立项,2010 年通过科技部和财政部组织的平台认定转为运行服务,面向全社会开放提供服务。平台的总体目标是建立国家的人口与健康科学数据共享服务平台,为政府决策、人口健康、医疗卫生、人才培养、科技创新、产业发展和百姓健康提供权威、开放、便捷的数据共享和信息服务。平台提供大量元数据的查询,涉及基础医学、临床医学、公共卫生、中医药学、药学、人口与生殖健康及多个地方节点。

3. 全球卫生观察站

世界卫生组织全球卫生观察站(Global Health Observatory,GHO)发布关于全球重点卫生问题的分析报告,包括每年出版的《世界卫生统计》,其中汇总了主要卫生指标的统计数据。包括:用以监测整体卫生目标进展情况的卫生状况指标(死亡率和全球卫生估值,包括预期寿命);用以跟踪卫生指标公平性的指标;关于可持续发展目标下特定卫生和卫生相关具体目标的指标(涉及生殖、孕产妇、新生儿和儿童健康,传染病,非传染性疾病和精神卫生疾病,伤害和暴力,以及卫生系统等领域的指标)。GHO 的数据库为用户提供了交互性的界面。用户可以根据选定指标、卫生主题、国家和地区的数据进行自定义下载定制内容。

参考文献

[1] 第十三届全国人民代表大会常务委员会. 中华人民共和国生物安全法[EB/OL]. [2021 – 03 – 07]. www. npc. gov. cn/npc/c2/c30834/202010/t20201017-308282. html.

[2] World Health Data Hub [EB/OL]. https://data. who. int/.

［3］人间传染的病原微生物名录［EB/OL］.［2006 - 1 - 11］. http://www. nhc. gov. cn/wjw/gfxwj/201304/64601962954745c1929e814462d0746c. shtml.

［4］人间传染的病原微生物目录［EB/OL］.［2021 - 12 - 30］. http://www. nhc. gov. cn/qjjys/s3590/202112/94fcc4480ea2403e9c51c641645d6c20. shtml.

［5］动物病原微生物分类名录［EB/OL］.［2005 - 5 - 24］. http://www. moa. gov. cn/govpublic/CYZCFGS/201006/t20100606_1532718. htm.

［6］孙佩珊,刘明迪,严进,等. 植物检疫性有害生物名单相互关系研究［J］. 植物检疫,2017, 31(4):15 - 21.

［7］中华人民共和国进境植物检疫性有害生物名录［EB/OL］.［2021 - 4 - 9］. http://www. moa. gov. cn/govpublic/ZZYGLS/202104/t20210416_6366027. htm.

［8］全国农业植物检疫性有害生物名单［EB/OL］.［2020 - 11 - 4］. http://www. moa. gov. cn/govpublic/ZZYGLS/202011/t20201110_6356064. htm.

［9］全国林业检疫性有害生物名单［EB/OL］.［2013 - 1 - 9］. http://www. forestry. gov. cn/portal/main/govfile/13/govfile_1983. htm.

［10］重点管理外来入侵物种名录［EB/OL］.［2022 - 12 - 20］. http://www. moa. gov. cn/govpublic/KJJYS/202211/t20221109_6415160. htm.

［11］徐钦望,任利利,骆有庆. 全球外来入侵生物与植物有害生物数据库的比较评价［J］. 生物安全学报,2021,30(3):157 - 165.

［12］梁忆冰. 有害生物风险分析工作回顾［J］. 植物检疫,2019,33(6):1 - 5.

［13］梁忆冰,黄静,孙双艳,等.《中国国家有害生物检疫信息系统》建设和应用概况［C］//中国植物保护学会生物入侵分会会议论文集. 中国植物保护学会. 乌鲁木齐:第五届全国入侵生物学大会——入侵生物与生态安全,2018:26.

［14］印丽萍,梁忆冰,薛华杰,等.浅议外来生物(种、物种)［J］.植物检疫,2014,28(4):1 - 5.

［15］XU H, QIANG S, GENOVESI P,et al. An inventory of invasive alien species in China［J］. NeoBiota,2012,15：1 - 26.

［16］GROOM Q J,DESMET P,VANDERHOEVEN S,ADRIAENS T. The importance of open data for invasive alien species research,policy and management［J］. Management of Biological Invasions,2015,6(2):119 - 125.

［17］钟艮平,谢明,万方浩. 农林外来入侵生物安全性评价系统［C］//中国植物保护学会.广州:第二届全国生物入侵学术研讨会,2008:128.

[18] 冼晓青,陈宏,赵健,等.中国外来入侵物种数据库简介[J].植物保护,2013,39(5): 103 – 109.

[19] LUBNA M, SALMAN S U, GAJENDRA P S. Computational resources in the management of antibiotic resistance: Speeding up drug discovery[J]. Drug Discov Today, 2021,26(9):2138 – 2151.

[20] SCARIA J, CHANDRAMOULI U, VERMA S K. Antibiotic Resistance Genes Online (ARGO):a database on vancomycin and beta-lactam resistance genes[J]. Bioinformation,2005,1(1):5 – 7.

[21] LIU B, POP M. ARDB-Antibiotic Resistance Genes Database[J]. Nucleic Acids Res, 2009,37(Database issue):D443 – 7.

[22] ALCOCK B P,RAPHENYA A R,LAU T T Y,et al. CARD 2020: antibiotic resistome surveillance with the comprehensive antibiotic resistance database[J]. Nucleic Acids Res,2020,48(D1):D517 – D525.

[23] Bacterial Antimicrobial Resistance Reference Gene Database(BARRGD)[EB/OL]. https://www.ncbi.nlm.nih.gov/bioproject/313047.

[24] National Database of Antibiotic Resistant Organisms (NDARO)[EB/OL]. https://www.ncbi.nlm.nih.gov/pathogens/antimicrobial-resistance/.

[25] THAI Q K,BÖS F,PLEISS J. The Lactamase Engineering Database: a critical survey of TEM sequences in public databases[J]. BMC Genomics, 2009,10:390.

[26] WIDMANN M,PLEISS J,OELSCHLAEGER P. Systematic analysis of metallo-betalactamases using an automated database[J]. Antimicrob Agents Chemother,2012,56(7): 3481 – 3491.

[27] DANISHUDDIN M,BAIG M H,KAUSHAL L,et al. BLAD: a comprehensive database of widely circulated beta-lactamases[J]. Bioinformatics, 2013,29(19):2515 – 2516.

[28] SRIVASTAVA A,SINGHAL N,GOEL M,et al. CBMAR:a comprehensive b-lactamase molecular annotation resource[J]. Database(Oxford), 2014,2014:bau111.

[29] NAAS T,OUESLATI S,BONNIN R,et al. Beta-lactamase database (BLDB)-structure and function[J]. J Enzyme Inhib Med Chem, 2017,32(1):917 – 919.

[30] SANDGREN A,STRONG M,MUTHUKRISHNAN P,et al. Tuberculosis drug resistance mutation database[J]. PLoS Med,2009,6(2):e2.

[31] FLANDROIS J P,GÉRARD L,OANA D. MUBII-TB-DB: a database of mutations associ-

ated with antibiotic resistance in Mycobacterium tuberculosis[J]. BMC Bioinformatics. 2014,15:107.

[32] SAHA S B,UTTAM V,VERMA V. u-CARE:user-friendly Comprehensive Antibiotic resistance Repository of Escherichia coli[J]. J Clin Pathol, 2015,68(8):648 −651.

[33] DOSTER E,LAKIN S M,DEAN C J,et al. MEGARes 2.0:a database for classification of antimicrobial drug, biocide and metal resistance determinants in metagenomic sequence data[J]. Nucleic Acids Res, 2020,48(D1):D561 − D569.

[34] MOURA A,SOARES M,PEREIRA C,et al. INTEGRALL:a database and search engine for integrons, integrases and gene cassettes[J]. Bioinformatics, 2009,25(8):1096 −1098.

[35] PAL C, BENGTSSON-PALME J, RENSING C,et al. BacMet:antibacterial biocide and metal resistance genes database[J]. Nucleic Acids Res,2014,42 (Database issue): D737 −743.

[36] TSAFNAT G,COPTY J,PARTRIDGE S R R A C. RAC:Repository of Antibiotic resistance Cassettes[J]. Database (Oxford),2011: bar054.

[37] GILLESPIE JJ,WATTAM A R,CAMMER S A,et al. PATRIC:the comprehensive bacterial bioinformatics resource with a focus on human pathogenic species[J]. Infect Immun, 2011,79(11):4286 −4298.

[38] WALLACE J C,PORT J A,SMITH M N,et al. FARME DB:a functional antibiotic resistance element database[J]. Database (Oxford), 2017:baw165.

[39] ZHOU CE, SMITH J, LAM M,et al. MvirDB − a microbial database of protein toxins, virulence factors and antibiotic resistance genes for bio-defence applications[J]. Nucleic Acids Res,2007,35(Database issue):D391 −394.

[40] GARDINER D M, WARING P, HOWLETT B J. The epipolythiodioxopiperazine (ETP) class of fungal toxins:distribution, mode of action, functions and biosynthesis[J]. Microbiology,2005, 151(4): 1021 −1032.

[41] BRADLEY K A, MOGRIDGE J, MOUREZ M, et al. Identification of the cellular receptor for anthrax toxin [J]. Nature, 2001, 414(6860): 225 −229.

[42] ZHANG Z, YU L, XU L, et al. Biotoxin sensing in food and environment via microchip[J]. Electrophoresis. 2014, 35(11): 1547 −1559.

[43] TAMBOURGI D V, BERG C W D. Animal venoms/toxins and the complement system[J]. Molec Immunol,2014, 61(2): 153 −162.

［44］ GERON M, HAZAN A, PRIEL A. Animal toxins providing insights into TRPV1 activa-tion mechanism［J］. Toxins,2017, 9(10): 326 – 330.

［45］ OLSNES S, KOZLOV J V. Ricin［J］. Toxicon,2001, 39(11): 1723 – 1728.

［46］ TUMER N E. Introduction to the toxins special issue on plant toxins［J］. Toxins,2015,7(11):4503 – 4506.

［47］ GREEN B T, WELCH K D, PANTER K E, et al. Plant toxins that affect nicotinic ace-tylcholine receptors: a review［J］. Chem Res Toxicol,2013, 26(8):1129 – 1138.

［48］ VILARIÑO N M, CARMEN L, ABAL P, et al. Human poisoning from marine toxins: unknowns for optimal consumer protection［J］. Toxins,2018, 10(8): 324 – 331.

［49］ VALE C. First toxicity report of tetrodotoxin and 5,6,11-trideoxyTTX in the trumpet shell charonia lampas lampas in Europe［J］. Anal Chem,2008,80(14): 5622 – 5629.

［50］ VOTH D E, BALLARD J D. Clostridium difficile toxins: Mechanism of action and role in disease［J］. Clin Microbiol Rev,2005, 18(2): 247 – 263.

［51］ CHENG J Y W, HUI E L C, LAU A P S. Bioactive and total endotoxins in atmospheric aerosols in the pearl river delta region, China［J］. Atmosph Env,2012, 47(2): 3 – 11.

［52］ HEDAYATI M T, PASQUALOTTO A C, WARN P A, et al. Aspergillus flavus: human pathogen, allergen and mycotoxin producer［J］. Microbiology, 2007, 153 (6): 1677 – 1692.

［53］ KRSKA R, BECALSKI A, BRAEKEVELT E, et al. Challenges and trends in the deter-mination of selected chemical contaminants and allergens in food［J］. Anal Bioanal Chem,2012,402(1):139 – 162.

［54］ MARAGOS C M. Biosensors for mycotoxin analysis: recent developments and future pros-pects［J］. World Mycotoxin J,2009,2(2): 221 – 238.

［55］ SAPSFORD K E, NGUNDI M M, MOORE M H, et al. Rapid detection of foodborne contaminants using an array biosensor［J］. Sens Actuat B Chem, 2006,113(2): 599 – 607.

［56］ 中华人民共和国人类遗传资源管理条例［EB/OL］.［2019 – 5 – 28］. http://www. gov. cn/zhengce/content/2019 – 06/10/content_5398829. htm.

第4章
生物安全监控网络

4.1 监控网络运行机制

4.1.1 系统总体结构

监控网络的整体框架是确保生物安全防范系统有效运行的基础。该框架涵盖了硬件设施、软件平台和数据流动路径等多个方面,以实现对生物安全相关信息的实时监测、分析和响应。

在硬件设施方面,监控网络包括了分布在不同地理位置的生物安全传感器节点和监测设备。这些设备涵盖了生物安全各种关键领域,如疾病监测、环境监测、生物样本采集等。传感器节点通常包括生物传感器、环境传感器、视频监控设备等,用于实时感知和采集生物安全相关数据。

在软件平台方面,监控网络依托先进的信息技术和数据处理技术,构建了一个高效的数据处理和管理系统。这个系统包括数据采集、存储、处理和分析等多个模块,通过数据处理算法和模型对采集的数据进行实时分析和处理,从而实现对生物安全状况的准确监测和预警。

数据流动路径是监控网络中至关重要的组成部分,它确保了监测数据的流动和共享。监控网络的数据流动路径通常涉及数据采集、传输、存储和共享等环节。数据从传感器节点采集后,通过网络传输到中央数据处理中心进行存储和处理,然后再根据需要共享给利益相关方,如政府部门、研究机构、公众等。

在整体架构的设计中,应该注重系统的稳定性、实时性和可扩展性。为了确保系统的稳定性,需要采用高可靠性的硬件设备和网络设施,并建立完善的数据备份和恢复机制。同时,通过合理的软件架构和算法优化,提高系统的实时性和响应速度。此外,应该设计灵活可扩展的系统架构,以满足未来系统功能扩展和业务需求的变化。

综上所述,监控网络的整体框架应该是一个高度集成和协调的系统,涵盖了硬件设施、软件平台和数据流动路径等多个方面,以实现对生物安全状况的有效监测和预警,保障人民的生命安全和健康[1]。

4.1.2 数据库结构设计

在生物安全监控网络中,数据库结构设计至关重要,它直接影响数据的存储、管理和分析效率。一个合理的数据库结构应该具有良好的可扩展性、高效的查询性能和可靠的数据完整性。

针对监控网络的特点和需求,数据库结构可以采用分布式,将数据分布存储在多个节点上,以提高系统的并发处理能力和容错性;同时,需要设计合适的数据模型和索引结构,以优化数据的存储和检索性能。在数据安全方面,应该采用严格的权限管理和加密技术,以确保数据的机密性和完整性。

此外,为了支持监控网络的实时监测和预警功能,数据库应该具有高速写入和实时查询的能力;可以采用内存数据库或者缓存技术,可提高数据的读写性能。此外,为了方便数据的分析和挖掘,可以采用数据仓库和数据湖等技术来实现对海量数据的存储和处理。

综上所述,数据库结构设计是生物安全监控网络中至关重要的一环,它直接影响到系统的性能和可靠性。通过合理的设计和优化,可以提高监控网络的数据管理和分析能力,为生物安全防范工作提供强有力的支持[2]。

4.1.3 系统实现的关键功能

4.1.3.1 实时数据采集

生物安全监控网络通过分布在不同地理位置的传感器节点,实现对生物安全相关数据的实时采集。这些传感器节点覆盖了多个关键领域,包括但不限于疾病监测、环境监测、生物样本采集等。传感器节点所采集的数据包括环境参数(如温度、湿度、气压等)、生物体征(如病原体浓度、动物行为等),以及疾病传播情况等。采集到的数据通过网络传输到中央数据处理中心,为后续的数据分析与处理提供了基础。

4.1.3.2　数据分析与处理

监控网络利用先进的数据处理算法和模型,对采集到的数据进行实时分析与处理。这包括数据清洗、特征提取、模式识别等多个步骤,以从海量数据中提取有用的信息。通过数据分析,监控网络能够识别出潜在的生物安全风险,如疾病暴发趋势、环境污染情况等,为预警系统提供支持。

4.1.3.3　预警系统

基于数据分析的结果,监控网络构建了预警系统,用于及时发现生物安全风险并向相关部门和公众发布预警信息。预警系统具有高度敏感性和准确性,能够在疾病暴发、环境污染等突发事件发生前提前预警,从而采取及时有效的控制措施。预警信息通过多种渠道传播,包括手机短信、网络平台、电视广播等,以确保信息的及时性和广泛性。

4.1.3.4　实时监测与追踪

监控网络实现对生物安全状况的实时监测与追踪。通过持续监测,系统能及时发现生物安全异常情况,并对异常事件进行追踪与溯源。监控网络采用先进的追踪技术,如地理信息系统(GIS)和遥感技术,实现对疫情和污染源的精准定位和跟踪,为相关部门提供决策支持和应对策略。

4.1.3.5　智能决策支持

监控网络提供智能决策支持功能,通过分析数据和模拟预测,为政府部门和决策者提供科学、准确的决策建议。这些决策建议基于对实时数据和历史数据的分析,能够指导政府部门和公众采取相应的生物安全管理措施,最大限度地减少生物安全风险。

4.1.4　数据库的检索功能

生物学中多组学集成数据库系统的主要功能是数据的存取、数据的浏览和数据的检索。数据网站的主要功能是为数据读者提供多种阅读途径,例如以图形形式显示数据,便于读者查阅数据;数据的平文格式主要参照了诸如 GenBank 等国际上的几种基因序列显示格式,以满足读者对数据序列的阅读习惯。在数据检索方面,实现了元数据的检索、跨库检索和位置检索;数据库的四种检索方法是为了满足数据信息资源的多元化需要。以下简要地介绍一下数据的各个检索方法。

1. 元数据检索

元数据的检索是以元数据登记功能为基础,在中国科学院信息技术研究中心的网上资源登记平台上实现的。该系统为各子库登记元数据资料,登记资料包括:数据库建设目的、数据分类、数据范围、数据来源、数据数量、联系人等。元数据的查询,可以通过该系统服务界面中的"查询数据"功能进行。在该界面中输入检索关键字,可以在数据子库中检索到数据中的相关内容,包括作者、题名、关键词等,并将查询结果以表格形式呈现。

2. 跨库检索

跨库检索的初衷是基于物种的同源分析,生物学中涉及的基因同源问题越来越多,所以跨库检索对于物种的同源研究有着重要的意义。该系统对基因进行跨库检索,仅限于对基因名称的查询,属于数据中较为低级的跨库检索。在跨库检索接口中,使用者可以在不同种类间进行跨库检索,并输入检索关键字,系统就会自动进入数据库,并将查询结果反馈给读者。未来,系统根据数据挖掘的相关信息,将进一步挖掘出更深层的跨库查询功能。

3. 位置检索

由于基因组序列是以长度为基础的,所以在地理位置上进行搜索是最常见的方法。基于位置的检索并非为特定种类的数据类别,而是要在这一区域内展示数据中的全部资料,有时还包括多种种类。为了满足这一需要,许多数据图书馆都利用了 GenomeBrowser 等的数据。该系统使用一个开放源码的 GenomeBrowse 来展示基因组序列数据,并结合 GBrowse 实现了地理位置定位搜索的 Genom 视图。用户可以在界面中选取物种,并键入染色体的位域或基因进行搜索,而搜索的结果会显示在 GBrowse 的显示界面中。

4. 数据库表检索

数据库的检索功能主要是根据数据库中的关键字段设定查询条件,实现对数据的细粒度要求。数据库的检索功能支持多个领域的查询条件,用户可以根据特定的子库选取多个域进行联合查询,从而实现模糊查询;检索的结果通常用表格表示。

4.1.5　数据库结构设计

数据库的结构设计是建立生物安全监控网络的重要环节。根据不同的生物种类和亚种,数据库被分为多个子库,并采用不同的分类方法,以满足数据管理和检索的需求。在设计过程中,特别考虑了数据的分类、元数据管理以及数据库的整体结构。针对不同的生物种类和亚种,数据库采用种类编号(taxid)和亚种名称的区分方式。每个种类或亚种的子库以数据库名称和年份的组合形式命名,以便进行统一管理和检索。在数据库的元数据管理方面,中央数据库起着关键作用,用于管理各个子图书馆的元数据。元数据包括数据库的编号、可用性标识、版权信息等,为用户提供了获取数据库基本资料的重要途径。

此外,为了便于数据的管理和检索,数据库采用文档形式保存大量资料,如基因序列等。为了描述这些文档的内容,必须建立相应的元数据,以确保数据的准确性和可追溯性。中心数据库作为数据库的门户,为用户提供便捷的查询和检索服务。

未来,数据库的扩充工作将更加便捷,通过对新数据资料的补充和更新,不断完善生物安全监控网络的数据库结构和功能,因此,数据库结构设计是生物安全监控网络建设的重要组成部分,合理的结构设计和有效的管理机制将为生物安全防范提供可靠的数据支持和保障。

4.1.6 系统实现的关键问题及解决方法

生物安全监控网络的建设基于 JSP 和 SSH 框架,并借助 MySQL 技术对数据进行存储。这一架构下,前端网页采用 JavaScript、Ajax 等技术以提高用户界面的交互性。本节聚焦以下几个在系统的具体实施中的关键核心问题。

4.1.6.1 数据源动态设置

对于多个数据库而言,关键问题在于如何根据数据需求动态获取数据,即数据资源的动态建立。在 Web 应用中,SSH 框架的实施对此更为突出。Spring 框架要求用户首先指定数据来源的参数和数据源(DataSource),然后在数据库存取类中指定。然而,数据源的动态配置可能无法满足数据资源的需求。为解决此问题,我们开发了一种名为 MultiDataSource 的数据库动态源类,它能根据数据源参数动态获取数据来源。MultiDataSource 用于配置数据的来源,并在控制层接收用户请求时,对数据库参数进行分析,导入到业务逻辑层。业务逻辑层调用数据存取层的数据库操作功能(系统采用 JDBCTemplate),数据存取层在执行 SQL 语句之前调用 MultiDataSource,获取对应数据的来源,并通过数据源连接数据库图书馆,再通过 SQL 语句获取数据。

4.1.6.2 跨库检索实现

多数据库的跨库检索能够集成数据库中的多种信息资源,并将其呈现给用户。跨库检索中普遍存在的问题是数据库表结构不一致,这对数据的统一检索有影响。映射表格在数据库设计阶段中解决了不同基因表结构的差异,方便系统扩充。在查询时,首先通过映射表检索各个数据库中的基因片段,然后通过相应基因数据库进行检索。利用 Ajax 技术进行多个数据库的交叉检索,并对其进行深入研究。当用户提出要求时,后台网页的 JavaScript 会自动生成检索关键字,并通过 Ajax 发送到多个数据库。每个数据库完成检索后,通过 Ajax 的回调功能对网页标签进行局部更新,将检索结果嵌入到网页中。这种方法改善了用户的使用体验,无须等待全部库完成检索即可进行查询。

4.2　数据为基础的生物安全监控网络

本节旨在结合当前数据资料,借鉴国内外研究成果,介绍符合中国实际的、显著改进中国生物安全大数据共享环境的生物安全大数据平台。这类平台的重点在于整合生物安全相关的多种异质数据资源,促进数据的公开与共享,并深入挖掘大数据,从而推动基于数据的生物安全监控网络研究取得重大进展[3]。本节主要包含以下五个部分。

4.2.1　古生物与古环境综合数据集构建及其在生命演化中的应用

本部分集成了各种古生物学和古环境学相关数据库,包括但不限于 GBDB(地球生物多样性数据库)、VPPDB(中国古脊椎动物、古人类与古 DNA 数据库)、DFFP(中国古植物与古孢粉数据库)、PPDB(中国古气候古环境数据库)、OneMorph(生物形态特征数据库)等。国内研究者们成功整合了南京地质古生物研究所和古脊椎动物与古人类研究所的标本馆数据库,同时纳入各大高校的馆藏标本数据库。通过这些数据资源的整合,初步建立了中国化石综合数据库,并推出互动性的古生物科普网络互动系统。此外,借助云计算技术的力量,大数据挖掘工具被相继开发,为地层对比、生物多样性演替、古地理重建、古环境模拟等方面的研究提供了强有力的支持。

基于大数据的云存储平台的建设,采用了定量地层方法、大量化石记录和高效运算技术,构建了生物地层的高分辨率对比序列,具有万级别的对比精度;构建海陆生物多样性的高解析度,结合化石和岩层记录,探索了生物的生态与环境的相互关系;发展具有自主知识产权的古地理再现与古环境仿真软件,加强对现有生物多样性的可视化作用,并研究生物期刊的地理分布和迁移规律。以上技术挑战的解决,将为生物多样性的变迁规律、生物与地球的协同演化提供重要支持和历史参考。

4.2.2　物种多样性及其分布数据的整合与分析展示

生物安全监控网络需要整合物种资源及其分布数据,对物种基本资料进行更新和补充,包括物种名录、图像、声音、数字化文献、数字化标本记录等内容。这些数据的整合不仅为生物多样性研究提供了重要支持,也为生物安全监测和预警系统提供必要的数据基础[4]。

1. 建立专题库

专题库的建立是为了满足不同部门对特定物种的需求,以便深入研究和监测特定物种的相关信息。这些专题库不仅包含了物种的基本信息,还汇集了各种相关数据,如生态环境、分布范围、繁殖习性等,为生物安全领域的决策和应对提供详尽的参考。

2. 利用人工智能技术

利用人工智能技术,特别是图像识别和声音识别技术,建立了物种识别和识别体系。通过对物种图像、声音和特征等进行分析,可以快速准确地识别物种,为生物安全监测和管理提供高效便捷的手段。

3. 开发数据挖掘软件和知识发现模型

基于安全大数据开发的数据挖掘软件和知识发现模型等工具解答了许多重大科学问题。这些工具不仅能够回答"有什么""是什么""在哪里""怎么样"等问题,还能够为科学研究、科学决策和科普教育提供丰富的信息产品和支持。

4. 主要核心技术问题

在生物安全监控网络中,面对当前数据来源广泛且格式不统一的情况,当务之急是制定统一的数据标准,并设计综合管理工具,以支持数据的可持续使用。不同研究对象需要不同的模型工具和数据,如何将各种模型工具整合,并根据数据特点设计特定模型,是当前需要解决的问题。引入大数据和人工智能技术,如何将大数据中的智能模型与传统方法有机结合,推动学科发展,为决策提供更好的支持,是当前信息学领域的重要实践。数据产品的可视化与结果运用,数据产品的可视化程度将直接影响到其在决策和科学发现中的应用,因此,如何更好地利用可视化技术,提高数据产品的可视性,将是未来的发展方向。

4.2.3　生物遗传资源信息整合与服务平台

生物遗传资源信息整合与服务平台是一个致力于整合和利用生物基因资源数据的系统,旨在提供高效、准确的数据服务,促进生物多样性保护、生态环境监测、疾病控制等领域的发展。通过该平台,用户可以访问并分析不同来源的生物遗传资源数据,包括植物资源、微生物资源、DNA 条形码等数据,从而为科学研究、决策支持和公共教育提供有力的支持。

该平台的建设基于多种关键技术,包括数据加工与分析标准的设计与开发、数据品质管理系统的优化、人工智能技术在物种识别和识别体系中的应用等。平台通过标准化界面,如遥感数据集成等方式,收集和整合海量高质量的生物基因资源大数据,为用户提供全面、深入的研究和分析工具。通过与生态、环境、气候等因素结合,平台为用户提供了更广泛的数据视角,帮助用户更好地理解和利用生物遗传资源[5]。

在平台的具体实施中,主要解决以下关键问题。

1. 数据资源的动态设置

平台可通过数据库动态源类来实现根据数据源参数动态获取数据来源的功能,如

MultiDataSource。这样,平台可以根据用户的需求,从不同的数据源中获取数据,并将其整合为统一的数据服务。

2.跨库检索

为了实现多数据库的跨库检索,平台采用了一种映射表格的方式,解决了不同基因表结构上的差异。通过 Ajax 技术进行多个数据库的交叉检索,平台为用户提供了更广泛的数据检索功能。

3.数据可视化与结果运用

平台不仅通过 GIS 技术构建了大数据生物基因资源服务网站,实现了数据的可视化显示,还集成了决策分析模式,为用户提供了高效、实时、动态的支持。平台的可视化将被更多地应用于决策和科技发现中,为用户提供更好的使用体验和决策支持。

通过以上关键问题的解决和技术的实现,生物遗传资源信息整合与服务平台为生物多样性保护、生态环境监测、疾病控制等领域的研究和应用提供了重要的数据支持和决策参考。

4.2.4　中国植被图更新与在线服务平台

中国植被图更新与在线服务平台是一个旨在利用新技术和数据源更新和提升中国植被地图的项目。传统上,中国植被地图使用的数据主要来自中华人民共和国成立后至 20 世纪 80 年代之前的资料,采集方式以大规模的区域资源勘测为主,地图制作则主要依赖手工绘制,这导致了目前中国植被地图在现实性和斑块边界的一致性等方面存在一些问题,迫切需要进行新一代植被地图的制作。

近年来,随着遥感卫星数据源的不断丰富,以及深度学习等分析手段的出现,研究人员对地观测数据的空间、时间和分辨率都得到极大提升,为植被地图的更新提供了新的机遇。该项目通过整合气候数据、数据长期序列遥感和植被资源数据等多种数据,并运用面向对象分割技术,将中国植被按均匀斑块进行分类;依据1∶1000000中国植被图、地表覆盖图、同时期多类型植被图等资料,利用数据等同质斑块进行了大量土地调查,利用深度学习技术生成了新的植被类型地图。

针对中国典型生态脆弱区、自然保护区、生物多样性保护优先区、生态红线控制区等重要地区的植被斑块特征不统一的问题,采用了近地面遥感与现场调查相结合的方法,通过"众包""公民科学"等方式进行植被斑块数据的采集,并逐步进行植被地图的验证与鉴别,建立了分省校正机制,生成了新一代植被图。

利用全国样本共享平台(NSII)和自然标本库等多个采集植被图像的网络平台,对具有地理坐标的植物图像进行采集,这有助于实现对植物分布的精确绘图。创建中国植物生态网络的目标是建立一个覆盖中国植物生态领域的综合性网站。利用 WebGIS 技术,完成了新一代的植物地图与主题资源的展示。此外,还将各个植物的描述、图片、视频等资源进行综合,便于用户进行全方位的植物资源检索。

关键核心技术问题包括利用卫星遥感长程数据,整合众源数据、深度学习与遥感技术相结合,绘制 1∶500000 中国新一代植被地图。这不仅可以解决目前植被地图的草图时效性差、边界模糊等问题,而且为我国的生态学、地学、资源利用、资源保护等领域提供了重要的基础图件,为生态环境保护和资源管理提供了强大的支持。

4.2.5　生态系统变化与生态安全格局评估

生态系统变化与生态安全格局评估是针对我国生物安全多样性的现状、变化、保护情况以及生态系统安全模式建设的实际需求。这一评估采用地面监测、近地面遥感和卫星遥感技术相结合的方式进行。通过将地面监测数据与区域和国家生态系统的数据相结合,并以航空遥感技术为基础,动态获取生物多样性各项指标,评估生物多样性各组分的状况和趋势,生物多样性的威胁因素,生态系统的完整性和服务功能,以及资源的可持续使用情况。评估从多种角度(如生态系统服务分享状况等角度)出发,选择适当的生物多样性指数,并为生物多样性区域评价数据和生物多样性区域评价制度提供依据[7]。

此外,通过开展国土覆盖和生态指标的遥感监测,构建了我国典型生态系统的生态修复效果评估平台、国家尺度生态系统评估平台,以及安全生态环境模式仿真与分析平台。这些平台为生态保护效果评估、生物安全监测与保护、生态效益评估、安全国家生态格局的构建等方面提供了技术支持,为我国生态文明的发展做出了贡献[8]。具体而言,生态修复效果评估平台通过监测植被覆盖度、土壤侵蚀程度等关键指标,评估生态修复项目的成效;国家尺度生态系统评估平台则基于遥感影像分析,评估生态系统的健康状况和服务功能;安全生态环境模式仿真与分析平台利用模拟技术,预测未来生态安全的变化趋势。

在技术问题上,重点包括安全生态模式的构建方式系统,建立生态系统与生态指标的动态监测技术体系、区域生态承载力评价技术方法、生态服务评价体系,以及安全生态模型的建立和模型的动态分析。另外,还涉及生物安全地区的监测和评价技术,通过建立标准化、时空可比的生物多样性区域评价系统,从生物多样性政策、生物多样性的应激、生物多样性组分的状况、生物多样性的服务职能等方面进行监督和评价,以改进生物多样性的监测和评价方法的准确性和区域适用性。最后,对区域生态环境影响进行评价,提出了一种评价指标体系和技术手段,并对评价方法进行了评价。评估工作不仅为我国生态环境保护提供了科学依据,还为我国生态文明建设和可持续发展提供了重要支持和指导。

4.3　网络整合

4.3.1　数据集成与交互

生物安全监测网络需要整合不同来源和不同形式的数据,包括地面监测、遥感数据、卫星数据、实验测试数据等。数据集成的过程需要解决数据格式不一致、数据质量差异、数据量大等挑战,可以通过采用统一的数据标准和规范,建立数据仓库或数据湖,实现数据的集中存储和管理。同时,需要建立数据交互机制,使不同数据之间能够相互联系和共享,以便进行综合分析和应用。这包括使用 API 接口、数据交换协议等技术手段来促进数据的交互,还需要实施严格的数据安全和隐私保护措施,确保敏感数据的安全。

4.3.2　平台互联与合作

生物安全监测网络应当与其他相关监测平台进行互联互通,实现数据和资源的共享与交流。这种互联可以是国内的不同监测平台之间的连接,也可以是与国际监测平台的互联。通过建立标准化的数据交换接口和协议[如使用 FHIR(Fast Healthcare Interoperability Resources)、SOAP(Simple Object Access Protocol)等标准],不同平台之间可以实现数据的互通和共享。此外,与相关机构的合作也是网络整合的重要部分,包括政府部门、科研机构、行业协会等。通过建立合作机制,可以共同开展监测工作、共享资源和技术,提高监测网络的效能和水平。

网络整合是生物安全监测网络建设中的关键环节[10],只有通过数据的集成和交互,以及与其他平台和机构的互联合作,才能实现对生物安全的全面监测和有效管理。例如,北京基因组研究所建立了一个多组学集成数据库,目前以水稻、家蚕、家鸡为研究对象,提供了流感病毒、人类 dbSNP 数据(dbSNP)等信息。该数据库为数据的浏览、检索和下载提供了数据的服务,并为用户免费开放,用户无须登录即可访问。用户选定了检索品种,键入检索关键词,系统就会显示该关键词在各个数据库中的查询结果数量。单击结果数量链接,就可以查看详细的数据记录。

随着北京基因组研究所的发展,今后将会有更多的基因组与转录组数据产生,如何对这些数据进行更有效的整合,并挖掘出这些数据的关联关系,提供更有科学价值的数据,是该多组学集成数据库在今后的建设过程中需要关注的内容。

（陈　挚）

参考文献

[1] 王伟.环境生物安全的法治化应对[J].农业环境科学学报,2022,41(12):2642-2647.

[2] 卢昊,杨文祥,唐利军.基于国家生物安全法的实验动物生物安全风险管理探讨[J].畜牧兽医科技信息,2022(11):13-17.

[3] 刘建妮,冯筠,李忠虎,等.多学科交叉新秀:古生物信息学的兴起与发展[J].西北大学学报(自然科学版),2023,53(06):886-899.

[4] 王昕,张凤麟,张健.生物多样性信息资源.Ⅰ.物种分布、编目、系统发育与生活史性状[J].生物多样性,2017,25(11):1223-1238.

[5] 魏健馨,熊文钊.人类遗传资源的公法保护[J].法学论坛,2020,35(06):122-130.

[6] YANJUN S, QINGHUA G, TIANYU H, et al. An updated vegetation map of China (1:1000000) [J]. Science Bulletin,2020,65(13):1125-1136.

[7] 莫国柱,钟建栩,朱磊,等.基于多维度的元数据检索算法研究与实现[J].电子设计工程,2020,28(19):89-92.

[8] CORCORAN E, HAMILTON G. The future of biosecurity surveillance [J]. Routledge Handbook of Biosecurity and Invasive Species, 2021,12: 261-275.

[9] MARSHALL, MADELINE. Implementing biosecurity in live plant trade networks[D]. 2022.

[10] MANFRED LENZEN, MIMI TZENG, OLIVER FLOERL, et al. Application of multi-region input-output analysis to examine biosecurity risks associated with the global shipping network [J]. Science of The Total Environment, 2023, 854: 158758.

第 5 章
生物安全分析和预警模型

5.1 人工智能与生物安全

随着国际格局深刻演变和中华民族复兴步伐加速迈进,在生物安全领域,我国面临复杂的形势:一是新突发传染病暴发扩散和传播威胁难以即时感知;二是外来生物入侵不断扩大,带来经济上的巨大损失。因此,生物安全成为国家安全的重要组成部分,也是大国博弈的战略工具。新冠肺炎引发的全球性公共卫生危机,从短期看将带来破坏性影响,从长期来看,却是中国医疗卫生事业变革的"分水岭"和"催化剂"。为了有效地预测、控制和管理此类低概率(即难以先发制人地发现)和高影响(即难以控制和遏制)的生物安全事件,需要先进的科学技术[1]。虽然许多新兴技术可以应对与生物安全相关的危险和破坏,但两类基于先进技术的解决方案显示出特别的前景,即人工智能技术和 6G 技术,越来越多的"人工智能""智慧医疗"模式与成果开始为大众熟知[2]。

人工智能可以促进"计算机执行传统上被认为需要智能才能完成的任务"的技术[3]。有了人工智能技术,机器可以识别过于复杂的、人类无法快速识别和处理的模式。人工智能技术被广泛应用于自然语言处理、语音识别、机器视觉、定向营销和医疗保健等领域。虽然虚拟现实、智能传感器、无人机和机器人等技术可以在支持卫生保健专业人员应对大流行方面发挥积极作用,但人工智能技术可以说在解决卫生专家和政府官员面临的一些最突出的问题方面发挥了最大的作用[1]。人工智能技术不断提升其技术进步和应用的速度，经常被用作其他新兴技术的核心组件[4]，例如，将人工智能与生物医学结合而开发的微生物和病毒自动化检测设备，可以将人类从具有安全风险的生物环境中解放出来。一直以来，生物安全风险是人工检测面临的最大变量之一，而基于人工智能的病毒自动化检测设备，从样本处理、反应体系构建、核酸提取、样本离心、核酸扩增、病毒报告输出，全部由机器全流程完成，人员只需将样本送入机器，远程查看报告即可，有效避免了生物安全风险。人工智能的应用，不仅有效保障生物安全，更实现高效检测能力。

人工智能和机器学习技术的价值在于能够迅速和经济有效地识别大量数据中的趋势和模式；例如，识别或搜索特定模式。通过使用自然语言处理，可以从临床记录中回顾性地提取数据，或者实时地前瞻性地提取数据，并进行统计处理以获得见解，这反过来又可以补充现有的结构化数据以丰富可操作的信息[1]。在新冠肺炎大流行期间，自然语言处理模型被用于分析公开可用的信息，如推文、推文时间戳和地理位置数据，以经济高效地识别和绘制潜在的新冠肺炎病例图，而无须使用涉及卫生保健专业人员的检测设备或其他医疗资源[5]。此外，还出现了 AI 驱动三体平台技术，该技术能够使抗原抗体实现空间上精准的动态匹配，从而实现一些难以实现的生物学功能。AI 技术不仅可以改变位点构象，实现和靶点构象动态匹配，还可以获得跨物种的交叉性以及做到无缝的药物开发，进一步提高药物的安全性和有效性。

AI 与生物安全有天然的结合契机。AI 之于人类、AI 之于医疗已经迎来了新的发展阶段，行业发展变化快，机遇与挑战并存。目前，数字化已经得到了广泛的关注，使得互联网医疗发展进程被不断压缩，以数字化为代表的新技术拥有广阔的发展空间。基于"网络爬虫"等技术的智能疫情信息监测系统，应用关键词筛滤、自然语言处理、人工智能等技术，自主搜索指定网站的指定主题信息，结合人工审查，实现了疫情信息智能采集、筛选、整理、翻译等功能，有利于提升疫情监测质效[6]。利用大数据、区块链、人工智能等技术，对全球传染病疫情、舆情信息等进行科学分析，结合疫情的危害性、传播性、人群易感性等特征，以及其他社会学、经济学因素等，构建科学、准确的多维多元风险评估模型。分析研判疫情发生、发展及流行趋势，编制输入性风险指数。研究建立多点触发指标体系和标准流程，开发信息化平台，快速、智能判别潜在性、苗头性风险并自动触发预警，减少人为干扰和工作失察，有助于提高生物安全预警的敏感性、准确性、客观性和及时性[6]。

5.2 生物安全大数据分析

5.2.1 生物安全大数据的必要性

2015 年,党的十八届五中全会公报提出要实施"国家大数据战略",这是大数据第一次写入党的全会决议,标志着大数据战略正式上升为国家战略。五中全会开启了大数据建设的新篇章。抗击新冠肺炎疫情是对国家治理体系和治理能力的一次大考,促进了我们将生物安全纳入国家安全体系,重视生物医学大数据安全问题,加强前瞻性治理和基础设施建设,系统规划国家生物安全风险防控和治理体系建设,全面提高国家生物安全治理能力。生物大数据安全之于国家安全的重要性,就像粮食安全一样不可或缺,非常时期更显重要。

我国拥有巨大的人类遗传资源、疾病样本资源。自开展人类基因组研究以来,我国已产出大量的与人类及医学相关的基因组及其他组学研究数据,是名副其实的"数据大国"。经历此次疫情,更凸显提升数据资源管理、生物安全信息获取和集成分析能力的紧迫性,更需加快国家生物医学大数据基础设施的建设。

建立基于大数据的全国生物安全智能预警平台,有利于加快我国生物安全风险预警体系建设[7]。基于大数据的全国生物安全智能预警平台可以充分利用物联网、云计算、大数据等技术,融合相关数据,进行安全管理及智能预警。进一步完善应急平台体系,完善指挥协调和情报信息共享机制,将散落在不同行业区间的生物安全信息集中共享,提高使用率和安全性,健全建设标准规范,保障互联互通和信息共享规范和安全。统筹物质、信息和智力资源,发挥科学技术这把"双刃剑"在实践中的"利"用[7]。

5.2.2 生物安全大数据数据库的建立

在传染病疫情发生之后,传统的处理方式包括分离鉴定可疑微生物,确定病原体,而后展开传染源、动物宿主、传播途径、诊断治疗等,但这样的处理方式使得治疗、预防走在了传染病发生发展的后面。2020 年 1 月 27 日香山科学会议第 673 次学术讨论会上,中国工程院院士、中国疾病预防控制中心研究员徐建国提出,应当建立病原组国家数据库,将样本的分离部位、发现地点、种类等数据信息及基因组数据等全都录入库中,以便在出现新疫情时,快速溯源、鉴定。首先发现、分离、命名新的微生物,评估其潜在致病性,提出未来可能引起突发传染病疫情的微生物目录,在此基础上研究检测、诊断、治疗、防控的措施,从而预防发生或早期扑灭疫情。

目前,我国的病原组数据库都是以病原种类或研究单位为基础建立的,比较零散,没有国家层面统一的数据库。建设病原组国家数据库,整体思路分为三个层面。

(1)病原体的分离培养和保存。

(2)对病原体的致病性、耐药性等表型进行鉴定,并对其基因组进行测定。

(3)将病原体的基因型与表型对应分析,达到通过基因组序列确认病原体致病性、耐药性、来源的目的,从而实现传染病的早期预警和预防,为国家生物安全提供全面保障。

然而目前,建设病原组国家数据库存在两大难点。首先是样本和数据标准化的问题,其次是样本量的问题。如何解决这两个难点仍有待进一步研究。发展实时在线监测预警系统,提高维护日常安全能力,需要加强生物威胁预警的信息获取数字化、信息传输网络化、信息处理高效化和信息分发自动化等技术研究,重视生物安全大数据挖掘和信息整合技术研究[8];同时,发挥多学科交叉优势,组织优势单位开展创新研究,提高生物安全监测数据的整合与转换技术,监测数据的筛选与甄别技术,监测数据信息实时获取、整合与分析技术,生物安全相关大数据采集、挖掘和分析技术等[8]。

5.3 生物安全大数据关键技术的研究与应用

生物案例大数据领域中的关键技术包括以下几点。

(1)生物大数据标准化和集成、融合技术:研究组学数据、医疗数据和健康数据集成融合关键技术,研究开发组学、医疗和健康数据信息模型与集成引擎,研究基于国内外标准规范的消息、文档等接口实现技术,基于下一代互联网技术的网络安全技术和高吞吐量传输技术。

(2)生物大数据表述索引、搜索与存储访问技术:重点突破生物大数据资源描述和并行访问技术,构建生物大数据高效索引和可靠可扩展存储管理系统,基于语义的生物大数据资源检索、生物医疗数据关联搜索等关键技术,建立生物大数据资源搜索与获取服务系统。

(3)心血管疾病和肿瘤大数据处理分析与应用研究:分别针对心血管疾病和肿瘤,集成电子病历、图像影像、临床检验数据等多类型数据(覆盖50万以上个体人群,总数据量50TB),开展医疗大数据的处理、存储、分析、应用研究,为提高重大疾病的诊治水平提供大数据支撑。

（4）基于区域医疗与健康大数据处理分析与应用研究：选择覆盖 100 万以上个体人群，总数据量不少于 100TB 的区域医疗与健康数据，通过处理、存储、分析、整合，构建面向健康服务的知识库及支撑平台，并提供应用服务。

（5）组学大数据中心和知识库构建与服务技术：集成包括基因组、蛋白质组等组学数据，总数据量不少于 100TB，至少 60% 以上的数据提供对外访问，重点突破个人基因组可视化技术、组学注释与疾病风险评估技术，建立组学大数据知识库及搜索引擎、数据挖掘和可视化分析平台。

（6）生物大数据的存储与管理：包括生物大数据的存储结构、存储标准、管理技术等，生物大数据数量大、结构复杂、存储标准多样，存在非结构化数据、半结构化数据和结构化数据等多种数据结构，如何选择分布式文件系统、分布式数据组合、分布式并行数据库系统也是生物大数据存储与管理技术的主要问题之一。

（7）生物大数据可视化：生物大数据由于数量巨大，具有普遍生物意义，合理的可视化可以帮助生物学家快速理解和分析生物数据。

（8）生物大数据的分析与处理：整合多组学数据进行计算分析以解决实际的生物问题。

5.4　基因组大数据在生物安全中的应用

面对海量的基因组大数据，如何将其应用于创新探索未来的生命科学和医学，乃至其他科学和产业领域，以及如何在庞大的数据资源中快速获取信息以提升人类生物安全能力，是亟待探讨的现实问题。近几年来，随着科研工作者和相关产业人士的共同努力，基因组大数据的应用对生命科学、医学和相关产业的推动效应已初见端倪，并成功地助力病原体进化溯源分析、微生物领域科学突破、精准医学新检测方法和治疗药物开发等方面，为提高生物安全防护能力研究提供了重要的基础[10]。

1. 大数据助力病原体进化溯源分析研究

禽流感爆发时期，通过监控数据的分析，能够提前预知禽流感暴发的潜在风险，从而做出有效预警；通过对在几内亚流行的埃博拉病毒株进行基因组测序，追踪了病毒的传播，并监测了这一国家的病毒进化情况；对巴西暴发的寨卡病毒进行基因组分析，提供了关于这种病毒如何和何时可能进入美洲地区的新信息[10]。

2. 助力微生物领域科学突破

人类的发展、迁移与扩张进化历史就是人类不断适应环境的历史[10]。世界各地的地理位置、环境气候、疾病流行情况不同,不同人群文化发展如饮食习惯、农业形式、人口密度等风格迥异,人类在适应各自不同的地理、文化环境过程中必然导致不同人群所特有的遗传变异,即适应性突变和相应的特征性表型(如肤色、发质、体型等)的出现,因此适应性突变通常具有明显的人群特异性。开展适应性突变或不同人群特有遗传变异的研究,对于揭示人类进化历史、不同人群对疾病(遗传性、感染性)的易感性及相关防治,特别是群体特异性甚至个体化医学的发展意义重大[10]。此外,此类研究在生物安全与反恐方面更具有非常重要的现实意义,人群特异性遗传、表观遗传标记的存在及其相继被系统生物学的不同层面所揭示,为生物安全的研究带来了更大的挑战[10]。

例如,美国能源部联合基因组研究院的研究人员利用来自世界各地最大规模采集的组装宏基因组数据集,揭示了 125000 个部分及完整的病毒基因组,其中大多数病毒感染微生物。这一研究将已知的病毒基因数量提高了 16 倍,构建出第一个全球病毒分布图,为研究人员提供了独特的病毒序列信息资源[11]。

3. 助力精准医学发展

精准医学是以个体化医疗为基础,伴随基因组测序技术快速进步以及生物信息与大数据科学的交叉应用而发展起来的新型医学概念与医疗模式,最终将实现对特定疾病和特定患者的个性化精准治疗的目的,提高对疾病的诊疗与预防[10]。即使在清楚所有基因功能之前,也可以通过连锁分析确定基因组的哪一部分与人类遗传特性及疾病有关,随后的深入研究就会发现与疾病有关的特定基因。突变分析以及基因多态性和等位频率的确定将有助于了解疾病的易感性,掌握外源物质(如药物、环境、病原体等)对基因表达的调控机理,促进药物研发与疾病治疗[10]。

基因组学领域已步入大数据时代。据相关统计,全球每年产生的生物信息数据量已达到 EB(Exabyte)级别。人类基因组包含大约 30 亿个碱基对,而个体间的基因组差异可达 600 万个碱基对。这种基于个体遗传背景的数据差异产生了庞大的数据量,有效地利用这些大数据,无疑会为生命科学行业带来前所未有的机遇。生命科学正面临从实验驱动向数据驱动转型,而加快生物大数据应用必将进一步促力生命科学、医疗临床、生物安全等更多领域更快更好的发展,也将成为国防事业和生物安全领域的研究重点[10]。

5.5　生物安全预警

5.5.1　生物安全问题的严峻性

近年来,随着全球新发突发传染病、外来物种入侵、生物恐怖事件和生物技术缪用风险的上升,生物安全已成为国际重大安全问题之一,各国纷纷采取多种手段加强生物安全防御体系的建设[8,12]。为了更好地应对日趋严峻的生物安全威胁,中国应开展病原生物监测及重大传染病跨区域传播风险等生物安全预测预警研究[12]。当今,在世界范围内新发突发传染病层出不穷,实验室感染事件时有发生,生物恐怖威胁愈显突出,生物安全已成为严重影响人类生活、国家安全和经济发展的重要问题,中国面临生物安全形势日趋严峻[12]。

目前,国际新发突发传染病流行态势严峻,突出呈现以下特点。

(1)流行的种类日益增多。几乎每年都有新发突发传染病流行,且病原体致病性强,病死率高。

(2)扩散的范围更广,传播更加迅速。全球人流、物流日趋频繁,各类致病微生物及医学媒介生物等借助现代先进快捷的交通,传播变得愈来愈容易。

(3)缺乏特效预防控制手段。绝大部分新发突发传染病缺乏有效的疫苗,也没有特效药物和针对性治疗技术手段,一旦发病只能被动应对、对症治疗,病死率高,容易引起社会恐慌[12]。

与其他"小概率,高危害"型突发事件类似,早期监测预警是有效减控危害的重要条件。针对生物恐怖袭击的早期监测预警能力建设是各人口、经济大国提高其生物安全抗逆力的优先选项。当前,我国已将生物安全能力建设提升到国家安全的战略高度,应对生物恐怖袭击的监测预警能力作为主要建设内容纳入国家生物安全战略[13]。

5.5.2　生物安全预警的必要性

2020 年 6 月 2 日举行的专家学者座谈会上,习近平总书记发表了《构建起强大的公共卫生体系,为维护人民健康提供有力保障》重要讲话,明确指出要把增强早期监测预警能力作为健全公共卫生体系当务之急。要完善传染病疫情和突发公共卫生事件监测系统,改进不明原因疾病和异常健康事件监测机制,提高评估监测敏感性和准确性,建立智慧化预警多点触发机制,健全多渠道监测预警机制,提高实时分析、集中研判的能力[6]。

生物安全是国家核心利益的保证,是国家战略目标的重要支柱,是国民生命安全和民族繁荣复兴的重要保障[7]。生物安全领域存在着生物安全风险来源多样、生物威胁形式多样、生物事件后果的灾难性等重大风险[7]。与传统安全威胁相比,生物安全危害可能在 24 小时内跨区域、远距离传播,及时感知和有效预警是应对生物威胁的关键[12]。由于生物安全危害传播的迅速性,传染病潜伏期、生物安全风险发生的隐匿性,以及新发病原体等原因导致的生物安全问题识别、确认滞后的特点,当发现和确认暴发疫情时,往往生物安全问题已经发生,不良后果已经产生[12]。从目前来看,我国对于生物安全的重视程度和采取措施并不能完全应对当前日益复杂的形势发展,生物安全如果得不到重视,那么我国受到生物安全影响的风险将会加大[7]。鉴于我国面临的生物威胁形势,加强我国生物安全监测预警能力不仅意义重大,而且势在必行[8]。生物安全监测预警能力是生物安全的重要组成部分,不仅是发现险情危情的"哨兵",更是应对威胁的第一道"盾牌",是实施积极防御的首要依托,也是国家生物安全能力先进性的重要体现[8]。

5.5.3　生物安全预警在生物安全监测的应用

随着国家海外利益不断拓展和中国"走出去"战略的深入推进,在海外部署生物监测哨点已成为我国面临的现实问题,对于提升全球生物威胁感知和早期风险预警能力意义重大[12]。

构建海外生物安全监测预警网络,有利于及时、动态掌握海外利益攸关区域生物危害的本底状况,明确生物威胁的时空分布、潜在来源、传播方式及其种类,而且当海外利益攸关区域出现生物危害时,有利于我国采取针对性的、及时有效的预防控制措施,防患于未然,将生物危害防御于国门之外[12]。生物安全预警在海外生物安全监测当中的主要应用包括以下几方面。

(1)布设疫情监测哨点和联合实验室:以生物安全监测哨点和联合实验室为平台,合作开展相关区域传染病及病媒生物的本底调查和动态变化,明确生物威胁的分布特征、传播机制、威胁来源及其动态变化特征[12]。

(2)重点开展烈性传染病监测和研究工作:完善国内外疾病监测的战略布局,打造全球性生物安全防护体系。构建生物安全医学地理信息系统平台,动态评估其传入我国的风险及其预防控制策略[12]。

(3)建立多国监测实验室标准体系,建立统一实验室监测标准。

此外,还有基于情景模拟的生物恐怖事件预警时间需求评估方法,对于我国生物安全能力体系构建具有一定的参考价值。基于复杂系统建模仿真的情景模拟思想可产生与突发事件演化及干预相关的多维数据甚至全维数据,以弥补认知不足,通过分析模拟数据作出相对科学客观的判断和决策,提升国家安全能力体系规划设计的科学水平。

5.5.4　生物安全预警模型

生物安全预警模型是一套用于早期识别和评估生物安全威胁(如传染病暴发、生物恐怖主义事件或农作物疾病)的风险和影响的工具和方法。这些模型依靠数据分析、统计预测、机器学习等技术,从而能够在生物威胁成为公共健康危机之前提供预警,以减少或防止生物威胁对人类健康、农业、经济和社会的负面影响。

生物安全预警模型具备数据驱动、多学科融合、实时监测和分析、预测和决策支持能力等关键特点,在全球范围内对于提高公共卫生应急反应能力、预防生物恐怖主义事件、保护农作物和食品安全等方面都具有极其重要的作用。随着技术的进步和数据获取能力的增强,这些模型的准确性和实用性将进一步提高,对于全球生物安全防护体系的建立和完善起到关键作用。

目前常见的预测模型主要包括传播动力学模型、新时滞动力学模型、逻辑增长模型、自回归积分滑动平均模型、指数平滑预测模型、机器学习模型等。

传播动力学模型中最常用的 SEIR 模型是一种经典的传染病动态模型,用于模拟易感者(S)、暴露者(E)、感染者(I)和移除者(R)在人群中的传播过程,已有多个研究采用 SEIR 模型对 COVID-19 疫情进行预测。传统的 SEIR 模型中感染率是恒定的,但在特殊情况下如新冠病毒传播,接触率随时间而变化,进而预测结果受到影响。因此多个 SEIR 模型的变种模型被不断开发,例如将动态 SEIR 模型用于小规模疫情预测。

随着人工智能和机器学习技术的兴起,各类型的机器学习模型被不断开发,其利用大数据和机器学习技术,如随机森林、支持向量机(SVM)和深度学习网络,预测疾病的发生和传播。例如通过卷积神经网络(convolutional neural networks, CNN)和长短期记忆神经网络(long short-term memory, LSTM)来实现的时序预测方法,可分别通过单步预测和多步预测提供整个疾病传播过程中的预测情况,方便对后续步骤进行优化,已有研究通过基于 LSTM 架构的 SEIR 模型来对 COVID 疫情的发展进行模拟。此外,基于 Temporal Fusion Transformer(TFT)架构的 SEIR 模型对 COVID-19 疫情的发展进行了预测,效果有明显提升。

预测高风险人群的感染风险已经成为现代预警模型开发的关键目标之一。高风险人群指的是在特定健康威胁,如传染病、慢性病或环境危害等,面前具有较高感染或发病风险的人群。这些人群由于各种因素,包括生物学特性、环境暴露、社会经济状况、行为习惯等,相比一般人群更容易受到疾病的影响。在公共卫生管理和疾病预防策略中,识别和保护高风险人群是重要的一环。针对高风险人群的预测对于早期识别可能的疫情暴发、实施针对性的预防措施、以及优化资源分配至关重要。这些模型通过分析多种数据源,可以提供数据支持和决策支持,有效地应对传染病威胁。例如 ICU 患者普遍存在免疫功能低下、住院时间长、长期大量使用抗生素的现象,是中心静脉导管置入及导管本身引起的感染风险较高,有研究为此类人群开发感染风险评估工具,为护理人员筛选 ICU 中心静脉置管感染高危患者提供参考依据。针对特定的空间所开发的预警模型也有诸多发展,例如针对医院候诊空间或大型邮轮等特殊空间,有研究者采用数据分析、贝叶斯网络建模、传染病动力学 SEIR 模型等针对感染或新冠肺炎进行风险评估及预警。

(包义君)

参考文献

[1] SU Z, MCDONNELL D, BENTLEY BL, et al. Addressing biodisaster x threats with artificial intelligence and 6g technologies: literature review and critical insights[J]. Journal of medical Internet research,2021,23(5):e26109.

[2] YANG S,PAN X,ZENG P,et al. Spatial technologies to strengthen traditional testing for SARS-CoV-2[J]. Trends in microbiology,2021,29(12):1055 – 1057.

[3] CHENG X,MANANDHAR I,ARYAL S,et al. Application of artificial intelligence in cardiovascular medicine[J]. Comprehensive Physiology,2021,11(4):2455 –2466.

[4] JIA P,YANG S. China needs a national intelligent syndromic surveillance system[J]. Nature medicine,2020,26(7):990.

[5] KLEIN A Z,MAGGE A,O'CONNOR K,et al. Toward using twitter for tracking COVID-19: a natural language processing pipeline and exploratory data set[J]. Journal of medical Internet research,2021,23(1):e25314.

[6] 周李承,文哲,罗伟权,等.建立全球传染病疫情监测、预警及应对的 3M-SPR 体系防范和应对国门生物安全风险研究[J].口岸卫生控制,2021,26(05):27 – 30,34.

[7] 温志强,高静.生物安全风险识别与智能预警[J].江苏科技信息,2019,36(19):25 –29.

[8] 郑涛,叶玲玲,李晓倩,等.美国等发达国家生物监测预警能力的发展现状及启示

　　　［J］.中国工程科学,2017,19(2):122 - 126.

［9］ KAHN S D. On the future of genomic data［J］.Science (New York, NY),2011,331
　　　(6018):728 - 729.

［10］朱联辉,李京京,曹诚.基因组大数据在生物安全中的应用［J］.生物技术通讯,
　　　2018,29(1):94 - 99.

［11］PAEZ-ESPINO D, ELOE-FADROSH E A, PAVLOPOULOS G A, et al. Uncovering
　　　Earth's virome［J］.Nature,2016;536(7617):425 - 430.

［12］孙宇.构建海外生物安全监测预警网络的思考［J］.中国公共卫生管理,2018,34
　　　(4):461 - 464.

［13］张斌,许晴,陈晶宁,等.基于情景模拟的生物恐怖事件预警时间需求评估方法［J］.
　　　军事医学,2018,42(10):766 - 772.

［14］沈世敬,崔晓鸣,曹务春.传染病预测模型的应用及研究进展［J］.中华医院感染学
　　　杂志,2023,33(16):2550 - 2554.

［15］李瑞沂,王瑞,冯和棠,等.基于动态 SEIR 模型的小规模疫情预测［J］.现代信息科
　　　技,2023,7(23):146 - 150.

［16］张亦弛.医院候诊空间感染风险下的主被动设计及风险预测模型［D］.天津:天津大
　　　学,2023.

［17］张君辉.大型邮轮新冠肺炎疫情风险评估及扩散仿真研究［D］.武汉:武汉理工大
　　　学,2023.

第6章
生物安全决策科学

6.1 数据为依据的生物安全决策科学

2020年2月14日,中央全面深化改革委员会第十二次会议上提出,要把生物安全纳入国家安全体系。当前生物安全管理方面存在生物安全意识淡薄、数据资源利用率不高、信息共享能力不足、生物技术的"两用性"以及生物安全预警不足等问题。生物安全威胁监测和态势感知能力不足,渠道的沟通性、决策的及时性以及队伍的职业化亟待提升[1]。现如今,生物安全的决策越来越离不开先进科学技术提供的安全存储、快速匹配的优势[1]。在大数据时代,生物安全数据和信息是生物安全决策(safety decision-making,SDM)最宝贵的资产。对大规模、快速移动、复杂的安全数据集流的访问有可能从根本上改变制订生物安全决策的方式[2]。特别是借助区块链技术、5G、人工智能和大数据分析技术产生的一系列决策变革,通过数据化健全风险评估、监测预警、应急管理和决策支持体系,可以实现生物安全决策的精准化、智慧化和高效化[1]。

传统的生物安全决策方法有四种类型,即人工检查、统计工具、专家系统和数学建模方法。然而,这些传统的生物安全决策方法存在相当的不足之处[2]。

(1)人工检测方法主要依靠安全决策者的感官和经验,还涉及直觉和直觉启发式方法。因此,这类方法面临着主观因素带来的不确定性。此外,它既耗时又耗费人力[2]。

(2)专家系统方法的可靠性和准确性往往相对较低,因为安全决策通常是利用长期积累的相关专门知识作出的,而且只使用了有限的安全信息。此外,不同专家获得的各种安全决策难以统一,从而影响决策和行动的效率[2]。

(3)生物安全决策中的统计方法和工具在适用性和可靠性方面表现不佳,原因是收集的安全数据规模较小,难以提取有效的安全信息,安全数据集分散分布和无效整合,缺乏有效的安全数据分析工具,缺乏重要安全数据的及时收集和更新[2]。

(4)数学建模方法存在缺陷。首先,由于社会技术系统安全问题日益复杂,很难建立准确的数学模型。其次,建模过程往往涉及人的假设,从而降低了安全理论模型的实际复杂性。第三,需要大量的计算时间和执行时间,这使得这些方法难以满足实际 SDM 的实时和动态需求[2]。

传统的生物安全决策方法不能满足大数据时代对生物安全决策的复杂要求[2]。以新冠肺炎疫情为例,最初的非计算机流程化管理使得疫情信息报送缺少网络化数据支撑,没有统一报送口径,疫情联防联控信息不通畅和资源调度指令下达慢,而且无法及时有效地对风险进行自动预警。疫情风险评估过度依赖人员经验判断,疫情风险因素权重设计缺乏科学依据,无法自动快速形成风险要素评估结果,更无法实时掌握疫情态势变化,从而影响疫情早期决策和预警[3]。由此可以看出,拓宽数据信息平台功能,提升生物安全监测预警水平和生物安全决策能力至关重要[3]。新兴的数据科学领域,也被称为数据驱动科学,结合了数学、统计学、信息科学和计算机科学等学科,从无处不在的、不断产生的结构化或非结构化形式的数据中提取有价值的知识或见解。为此,大数据驱动已成为一种新的、受欢迎的和有前途的科学研究范式,由于其在多个学科中的广泛影响力和潜力,几乎所有的学科和研究领域都纳入了大数据这种正在传播的计算文化中。同样,大数据带来的创新正在改变传统生物安全科学研究的范式[2]。

在生物安全领域,随着新兴信息技术的快速发展,人们生活的方方面面都积累了大量的多源、异构的生物安全相关数据,其中隐藏的内在细节和模式需要被提取和利用。从安全决策者的角度来看,生物安全数据的意义在于它能够提供安全信息和安全价值知识,以此作为安全决策的基础[2]。基于大数据的方法可以解决传统生物安全决策面临的挑战。与传统方法相比,大数据驱动的方法在基于可靠数据证据的生物安全漏洞提取中具有更高的准确率,而不是仅仅依靠人的直觉和经验。大数据分析和数据挖掘技术可以对生物安全数据进行深入分析,发现更加有价值的安全漏洞,从而做出更恰当的安全决策[2]。生物安全决策作为安全科学理论研究和实践的重要领域之一,也在很大程度上受到大数据新技术浪潮和思维模式的影响。其次,生物安全大数据处理需要决策科学的支持,决策科学的重点是寻找方法、技术和工具来确定诸如价值、不确定性、合理性和最终的最优决策等主题[2]。

如今,生物安全科学、数据科学、决策科学和应用学科不再相互独立。大量可用的生物安全数据和先进的大数据分析技术结合在一起,触发了一个新的跨学科研究领域的形成。具体地说,生物安全科学、数据科学、决策科学和应用学科相互交叉,建立了一个新的跨学科领域:大数据驱动的生物安全决策。大数据驱动的生物安全决策是一种新的跨学科方法,涉及多个学科,在大数据技术的帮助下,以前所未有的气息、深度和规模分析和应用安全相关数据。大数据驱动的生物安全决策的中心问题已从计算转移到数据,以及由此产生的数据驱动的思维[2]。大数据驱动的生物安全决策包括下列四个过程[2]。

(1)安全数据传感、捕获和存储:许多安全数据,如文本数据、音频数据、视频数据和社交媒体数据,都是从不同的生成源感知和捕获的,并以结构化、半结构化或非结构化的形式存储[2]。

(2)安全数据清理、整合、转化、精简:由于其独有的特征,如异质性、噪声积累和虚假相关性,需要对捕获的安全数据进行清理、整合和聚合,以便将选定的数据集转换为机器可读的安全信息[2]。

(3)安全数据挖掘和安全信息抽取(安全信息识别和安全知识发现):为了充分发挥SBD的优势,有必要将安全数据转化为有价值的、可操作的安全信息,即从安全大数据集中提取隐藏的安全信息和安全知识。数据挖掘是安全知识发现的关键步骤,它涉及用于处理和分析各种应用的生物安全大数据的各种模型、技术和算法。生物安全数据收集发挥着至关重要的作用,因为如果没有一种高效和有效的方法来获取安全数据,就不可能进行大数据驱动的生物安全决策。在生物安全决策领域,描述研究人员想要调查的复杂组织安全机制的分类生物安全大数据不能从单一学科的角度得到充分理解。例如,在安全科学中有大量的数据可用于研究人类的不安全行为,但如果没有数据科学的数据挖掘和机器学习方法,就无法对其进行分析[2]。

(4)生物安全漏洞的解释和应用:在较后的阶段,屋宇发展链将纳入运作程序。提取的生物安全漏洞需要被表示(如解释安全现象)和应用(如做出实时安全决策),从而有助于提高组织的安全绩效。数据分析包括一系列集成的聚合技术、分析技术和解释技术,以及描述性、探索性、推断性、预测性、因果和机械性技术,使决策者能够将数据转化为基于证据的决策和知情行动[2]。

实际上,生物安全决策存在于大数据驱动的生物安全决策的每个阶段。这些决策的范围从要获取和记录的安全数据,到表示提取、清理和与其他来源整合后用于分析的分类安全数据的方法,以及基于分析结果做出安全决策的策略[2]。例如,新冠肺炎疫情期间,在原有国家传染病自动预警系统平台基础上,通过重构数字化、结构化、标准化的数据集并结合人员身份信息,收集传染病控制关键节点基线数据,建立起"跨数据库存储"—"数据整合清理与验证"—"远程云平台计算"—"实时统计预警展示"为层次结构的智能化大数据预警平台[3]。这一平台首先基于 Face + + 的深度学习算法,智能识别出临时身份证、复印件、护照、人脸,帮助快速判断证件真实性及个人基本信息;其次,运用大数据挖掘相关的技术,重点对传染病染疫嫌疑人员信息、相关医学排查措施的实施、样本的采集及检测、确诊病例及其密切接触者的追踪、诊治与控制等数据进行统计汇总,选取特异关联指标,采取计算机神经网络算法构建智能分析模型,快速判断疑似传染病的分类及危害程度,提高对传染病疫情的判断能力。第三,采用网络爬虫等技术,从固定网站按照一定规则自动获取所需要的数据信息,建立知识库、事件库、案例库等数学模型,再运用 ArcGIS 技术,对接入的流数据进行实时处理和智能诊断,并且动态展示出来。最后,结合 WHO 疫情预警、环境数据等外部接入数据,综合分析和展示防控信息,并根据累积和控制图(CUSUM)、指数加权移动平均(EWMA)等标准方法设置预警阈值,警戒、提示主管部门和上级单位及早采取措施、评估影响疫情发生的相关风险、进行风险早期预警预测和早期决策[3]。在生物安全情报搜集系统的实时疫情数据支持下,生物安全治理者进行情报加工、利用与传递,保证生物安全情报的有效发挥,对疫情进行跟踪、评估与总结,并做出相应的治理决策。各相应部门对生物安全情报识别系统传递而来的情报流进行科学的解读,积极响应,协同合作,致力于新冠病毒传染病的规避工作。疫情逐渐出现好转趋势,依据生物安全情报应用系统的运行效果,储备疫情经验,持续提升疫情防控能力[4]。

　　然而,数据驱动的生物安全决策同样有一些限制。通常,人们认为生物安全大数据的规模越大(涉及的安全数据量越大),可能会产生越合理的生物安全决策,但这可能是一个过于简单化的假设。事实上,有许多相互关联的因素影响着大数据驱动的生物安全决策。例如,如果捕获的安全数据相对不完整、不准确和不及时,则基于这些数据的安全决策将是不合理的、无法执行的和不可展示的。如果决策者对生物安全依据的质量问题和随之而来的问题没有很好的了解,这种类型的安全决策可能会导致偏颇或错误的结果[2]。另外,通过使用数据分析方法生成的安全决策取决于它们所基于的数据。如果生物安全大数据存在质量问题,如权威性问题、信息完整性问题、噪声问题、代表性问题、一致性和可靠性问题以及道德问题,则很可能会发生有形和无形的错误,并可能通过大数据链传播而不被发现,这最终对安全决策是有害的。因此,生物安全大数据的使用程度在很大程度上取决于其本身的质量[2]。

6.2　生物安全的多组学

生物安全的多组学有利于助力病原体进化溯源分析研究、助力微生物领域科学突破、助力精准医学发展[5]。随着基因组测序技术快速进步以及生物信息与大数据科学的交叉应用而发展起来的新型医学概念与医疗模式,最终将实现对特定疾病和特定患者的个性化精准治疗的目的,提高疾病诊疗与预防的效益[5]。此外,基因组学中的适应性突变或对不同人群特有遗传变异的研究,对于揭示人类进化历史、不同人群对疾病(遗传性疾病与感染性疾病)的易感性及相关防治,特别是群体特异性甚至个体化医学的发展,意义重大。此外,在生物安全与反恐方面其更具有非常重要的现实意义。人群特异性遗传、表观遗传标记的存在及其相继被系统生物学的不同层面所揭示,为生物安全的研究提出了更大的挑战[5]。在埃博拉病毒和新冠肺炎流行期间,生物安全的多组学得到了广泛的应用。

在埃博拉病毒(EBOV)在西非传播的两年半时间里,至少有超过2.8万例病例和1.1万例死亡被归因于埃博拉病毒的Makona(马科纳)变种。埃博拉疫情早在2013年12月已在几内亚发生,但直到2014年3月才被发现和报告。在几内亚,最初控制疫情所做出的努力是成功的,但在2014年初,该病毒越过国际边界进入了邻国利比里亚(3月下旬诊断出首例病例)和塞拉利昂(5月7日确诊首例病例)。对疫情早期几内亚三名患者的EBOV基因组测序表明,Makona变种的祖先起源于中非,并在过去15年内到达西非。对塞拉利昂第一批报告病例的快速测序证实,EBOV是从几内亚越境而来,不是独立的人畜共患病的结果。通过在疫情期间收集的1610个基因组序列,重建埃博拉病毒在受影响最严重的三个国家内和国家之间移动的详细系统发生历史,科学家使用系统地理学方法,整合了空间分布的协变量测试每个区域的特征,包括行政、经济、气候、基础设施和人口,对塑造EVD的空间动态具有重要作用[6]。

6.3　生物安全大数据应用场景

生物安全的相关研究已在医学、生物学、化学、环境科学等学科开展,涵盖医药卫生、农业、军事、科技、教育、环境等领域和监测、预测、检测、溯源、防控、诊断、治疗等关键技术领域[7]。2022年4月15日起正式施行的《中华人民共和国生物安全法》,为应对包括新发突发传染病、动植物疫情在内的生物安全风险提供了有力法治保障,强调了要提高生物安全意识和专业治理能力[8]。随着现代信息技术迅猛发展,人类已步入大数据时代,数据成为重要生产因素之一,对全球社会发展和国家治理产生重要影响[9]。大数据是指从不同的来源连续产生的极大量的结构化、半结构化或非结构化数据,通过从杂乱无章的数据中挖掘有洞察力的信息来影响决策[2]。随着大数据时代的到来,生物安全大数据作为获取生物安全情报的宝贵资源,对国家生物安全治理具有深远影响[10]。生物安全大数据是指与生物安全相关的所有数据,具有大数据的一般特征。工作人员可通过相关工具和技术收集、分析和整合生物安全大数据,对生物安全状态进行科学描述。

生物安全大数据来源一般包括:各类生物实验室、生物安全检测技术、动植物疫情、国家生物资源、生物武器与恐怖袭击、人类遗传基因、农业生物安全事件、生物性公共卫生安全事件、生物安全法律法规和生物安全研究成果等。生物安全大数据主要涉及生态类生物安全数据、资源类生物安全数据、科技类生物安全数据、军事类生物安全数据、信息类生物安全数据、经济类生物安全数据、社会类生物安全数据与其他生物安全数据等[10]。国家生物安全数据资源的大数据特征日益突出,相较于以往规范的学术资源和各类数据库资源,生物安全大数据更零散和复杂,表现出明显的碎片化特征。就国家生物安全而言,凡涉及国家生物安全但不局限于生物安全领域,且可能对国家安全产生不利影响的因素,都包括在生物安全大数据范围内[9]。

生物安全大数据的数据获取主要包括三个方面,以突发公共卫生事件为例,一是物联网数据,如门禁体温数据,多由传感器采集获取,经过筛选分析,反馈并储存在信息系统中;二是互联网数据,包括用户足迹和点击数据等,通过网络爬虫等大数据技术抓取分析;三是移动终端设备,如行动轨迹数据,信息系统通过移动终端设备获取用户行为信息和地理位置等数据。多源化和全面化的生物安全数据资源体系,实现多源数据有序处理和深度融合,保障生物安全情报服务的客观性和精准性,有利于后续生物安全工作开展[9]。就大数据发展趋势来看,国家生物安全情报研究所缺乏的并非是生物安全大数据本身,而是发现数据间微弱联系和规律的技术和方法,当传统情报方法与技术面临无法解决的数据难题时,相应的数据处理技术革新需求也就随之产生[9]。具体来说,生物安全大数据应用场景主要包括以下方面。

1. 生物安全情报的应用

大数据技术导致生物安全信息呈"井喷式"增长,有价值的生物安全信息被淹没,难以被准确获取。因此,生物安全治理需借助生物安全情报[4]。信息技术的发展使得大数据分析成为可能,基于大数据和信息分析技术的生物安全开源情报展示出更高的价值潜力,逐步成为国家战略决策、科研活动的重要情报来源,在生物安全情报研究领域同样有广泛的应用前景[11]。立足生物安全治理内容,生物安全情报是对生物安全治理有价值的生物安全信息集合。其包含的内容主要有以下几方面。

(1)以解决生物安全治理过程中生物安全情报缺失(生物安全相关信息不完备、失真等现象)为目标,持续主动地去搜集、处理和分析更有价值的生物安全信息,做好早期识别工作,以便制定生物安全问题的应对措施[4]。

(2)通过利用有价值的、可操作性的生物安全信息,实现及时获知已有的生物安全风险和准确预测新兴风险的重要作用[4]。

(3)实现生物安全治理有关数据信息的监测、存储、共享和协调等有效管理与应用,从而提升和拓展生物安全治理能力[4]。

生物安全情报系统的设计与研究紧跟科学技术发展的步伐,随着大数据技术的不断发展,大数据成为生物安全情报系统的底层驱动力[10]。大数据驱动的生物安全情报系统具备以下特点。

(1)系统的数据更加丰富和多样化[10]。

(2)系统对数据的处理模式更加先进和全面[10]。

(3)系统规模更加庞大,应用领域更加广泛,融合程度更高[10]。

围绕生物安全治理的情报需求,在情报工作中引入大数据、人工智能、云计算等前沿新兴技术的集成应用,加强了生物安全数据库等关键领域和生物监测等核心技术的研发[10]。大数据时代给生物安全情报研究实践与应用带来的影响主要体现在有效消除情报工作主体间的信息交流屏障、促进多维度情报融合和增强情报风险预测能力三个方面。

(1)大数据环境能有效消除情报工作主体间的交流屏障。国家生物安全情报工作涉及多个部门主体,在传统情报工作中,各情报主体间存在交流屏障,部门间的信息孤岛导致数据共享与融合应用受阻;大数据参与的国家生物安全情报很好地解决了这一问题,在存在部门硬隔离的情况下,充分利用现代信息技术实现软关联,逐渐消除情报主体间的交流屏障,各部门工作目标统一、分工明确,部门协作能力得以提升[9]。

(2)大数据环境促进多维度情报融合。数据是情报工作得以开展的基础要素,为实现情报工作的最终目的,顺利完成情报服务,需要分析、处理多方面的数据信息。传统的安全情报多关注单一领域的数据获取和分析,最终提供的情报服务囊括多个维度情报结果,对情报工作效率和情报质量产生不利影响。大数据环境下的安全情报相比传统情报领域,拓展了相关数据获取分析的深度和广度,对生物安全大数据的获取是动态的、全方位的,促使生物安全情报实现智慧化发展,这将有利于国家生物安全情报工作的开展和情报质量的提升[9]。

（3）大数据环境增强情报风险预测能力。虽然生物安全事件的发生往往具有不可预测性，但相比于传统情报实践，大数据环境下的情报实践具有更强的风险预测功能。传统的情报研究局限于固定模式，关注情报本身而忽视外部环境变化，情报工作受制于经验思想，不利于风险预测，情报实践的全面性、准确性难以保障。大数据参与的情报实践在数据搜集、处理以及情报分析模式方面得到空前发展，大幅提高风险预测速度和预测准确度[9]。

2. 生物安全智能预警平台的应用

基于大数据的全国生物安全智能预警平台能够加快我国生物安全风险预警体系建设，充分利用物联网、云计算、大数据等技术，融合相关数据，进行生物安全管理及智能预警[12]。例如，针对生物入侵，人们提出了一种生物安全触发机制[13]。有害生物的全球扩散不仅给被入侵地区造成了严重的经济损失和生态危害，也在一定程度上对全球的贸易、文化等交流造成了负面影响[14]。因此，提高有害生物的风险评估、识别监测和防控检疫等水平，对防范外来有害生物入侵和流行具有重要意义[14]。针对生物入侵，生物安全智能预警平台可以根据港口的入侵风险和作为垫脚石的能力来估计港口的生物入侵风险。利用自动识别系统数据、压载水数据和海洋环境数据，计算入侵风险；再根据港口的入侵风险，构建物种入侵网络。从入侵风险数据中提取入侵生物的入侵风险，并通过 SIN 的 s-core 分解来评估每个端口的入侵风险扩散能力，并进而达到预警的目的[13]。

将生物安全监测网络技术平台应用于生物威胁监测预警实践，有助于将各类生物安全监测信息数据进行综合集成，从而使分散孤立的生物安全监测数据有机地统一起来，相互之间可以互联互通，能够被统一调用和分析，并由此建立国家生物安全监测网络集成与预警平台。通过生物安全监测网络集成与预警平台的应用，有助于提高我国应对突发生物安全事件的快速反应和高效应急处置能力，提高国家应对生物安全危害与风险的分析预判、征兆识别和预测预警能力，最大程度避免危害发生或将损失减少到最低程度，有助于形成生物安全威胁全天候一体化监测预警能力，系统增强国家防范和处置生物威胁的能力[15]。

3. 网络生物安全的应用

数字时代获得生物技术更方便，但也带来了对安全的担忧，并最终催生了网络生物安全这一新学科，其中包括网络安全、网络物理安全和网络生物安全。网络生物安全旨在了解和减少使用生物科学领域的先进技术进行研究的相关风险。科学探索越来越依赖云服务、网络物理设备、联网机器、远程数据库和许多其他易受网络攻击的技术。科学和网络安全的这种融合为该领域打开了新的威胁图景[16]。

4. 生物库的开发和应用

生物库在世界各地正变得越来越流行。生物库的目的是充当研究储存库,从而收集、存储和处理生物样本及相关的医学数据和信息。美国国立卫生研究院计划收集 100 多万志愿者的医疗和健康数据,以"加快健康研究和医学突破,实现个性化的预防、治疗和护理"。中国商业生物库张江生物库寻求收集 1000 万个样本,而由公共资金资助的中国嘉道理生物库已经收集了超过 50 万个样本,类似于英国和芬兰的公共生物库。而如今最大的生物库位于奥地利格拉茨,存储了 2000 多万个生物医学样本。生物库的开发在欧洲尤其典型,那里不仅有无数的大型生物库,而且其间的合作也很密切,特别是在 BBMRI-Eric(生物库和生物分子资源研究基础设施 – 欧洲研究基础设施联盟)的影响下。BBMRI-Eric 是生物库领域的主要国际参与者,由欧盟委员会资助,致力于为欧洲生物医学研究的协调和全球化建立一个研究基础设施[17]。

5. 生物安全区块链技术的应用

区块链为 5G 提供安全的生物数据保护。5G 为区块链提供交易速度快、网络稳定性高的数据采集,它们融合的巨大前景已日益凸显[1]。在多源数据共享模式下,区块链内的不同机构共享数据摘要信息,利用区块链建立机构间的信任。成员节点包括防疫部门、医疗系统、传染病检测机构以及生物个体等,而数据来源于多个部门的跨域多源数据。通过多源数据共享架构,可在保证数据库数据安全的前提下,打通外部数据的相融性,进一步挖掘生物数据的潜能。生物数据存于中心数据库。数据的摘要信息上传到区块链,需经过广播、同步、共识和保存。专家团队和政府机构要查询数据,需向区块链提出请求,获取摘要信息,然后传送到中心数据库申请元数据,获得加密后的数据后进行数据分析,从而生成评估报告[1]。生物安全区块链技术的优势主要体现在如下几个方面。

(1)区块链将数据按序存储在链式存储结构,随着节点的增多,篡改数据的难度将会增大,实现了生物安全数据一旦上链将无法修改的目的[1]。

(2)元数据安全的前提下利用智能合约实现多元生物数据融合分析,确保数据共享中的数据安全[1]。

(3)分布式账本的功能解决了生物数据共享和传递过程中的所有权问题,解决了长期困扰数据资产的所有权不清晰问题[1]。

(4)利用 5G 的灵活性,与 4G、WiFi 等整合,用户无须手动操作,系统就会根据网络质量情况连接到最佳网络中实现无缝切换,可满足各种生物安全场景的需要[1]。

(5)5G 的到来降低了物联网的维护成本,利用 5G 的快速性和精确性拓宽了精确管理的范围,为离散程度高、中间环节多、监管曲线长的多方主体的有效合作提供了技术支撑[1]。

(6)结合区块链技术,充分发挥 5G 终端设备机器视觉智能分析和高清图像传输功能,实现终端的可信互动[1]。

"5G + 区块链"给生物安全提供了一种全新的体验,借助于 5G 实现快速定位和应急指挥调度,从而助力生物安全服务[1]。

6. 大数据分析有助于快速确定生物安全研究的热点和趋势

生物安全研究涵盖了广泛多样的主题,通过大数据分析快速确定生物安全研究的热点和趋势非常重要[7]。通过大数据分析,有助于发现当前生物安全研究的前沿信息,并不断完善现有体系的不足。

7. 生物安全大数据应用的限制

生物安全大数据表现出数据总量大、数据类型丰富和价值密度低等特点,给国家生物安全工作带来的是机遇也是挑战:一方面,大数据的确为国家生物安全情报研究提供了丰富的数据资源以及技术支持;另一方面,生物安全大数据体量大、来源广,涉及多领域、多部门,仅靠大数据技术难以做到有效融合,给生物安全工作带来挑战[9]。

大数据环境是国家生物安全情报研究面临的客观环境,国家生物安全大数据是国家生物安全情报的最原始状态,大数据环境下的国家生物安全情报研究是从海量低价值密度的大数据中发现、处理、储存、利用生物安全相关信息进行情报服务[9]。在生物安全大数据中,海量的生物安全数据庞博繁杂,有价值的生物安全情报常常被埋没在无用的生物安全数据中。

(包义君)

参考文献

[1] 刘宗妹. 系统论视域下"区块链 + 5G"生物安全战略分析[J]. 通信技术,2021,54(03):732 - 737.

[2] HUANG,LANG,WU,et al. Big-data-driven safety decision-making:A conceptual framework and its influencing factors[J]. Safety Science,2018:109.

[3] 张建兵,严晓. 从应对近年发生疫情来谈国门生物安全防控对策[J]. 口岸卫生控制,2020,25(05):24 - 28,39.

[4] 云妙婷,刘琼,王秉. 面向生物安全治理的生物安全情报支持体系研究[J]. 图书馆杂志,2022,41(09):12 - 20.

［5］朱联辉,李京京,曹诚.基因组大数据在生物安全中的应用[J].生物技术通讯,2018,
　　29(01):94-99.

［6］DUDAS G,CARVALHO L M,BEDFORD T,et al. Virus genomes reveal factors that spread
　　and sustained the Ebola epidemic[J]. Nature,2017,544(7650):309-315.

［7］GUAN R,PANG H,LIANG Y,et al. Discovering trends and hotspots of biosafety and bios-
　　ecurity research via machine learning[J]. Briefings in Bioinformatics,2022,20,23(5):
　　bbac194.

［8］十二届省委理论学习中心组第一次集体学习发言摘要[N].湖南日报,2022-01-
　　02(002).

［9］王秉,朱媛媛.大数据环境下国家生物安全情报工作体系构建[J].情报杂志,2021,
　　40(06):82-88,155.

［10］李顺求,王渊洁,王秉.大数据驱动的生物安全情报系统:一个理论框架[J].情报杂
　　志,2021,40(11):62-66,38.

［11］王侠,汤琳,于千策,等.基于大数据的生物安全防护开源情报工作探讨[J].海军医
　　学杂志,2022,43(03):259-262.

［12］温志强,高静.生物安全风险识别与智能预警[J].江苏科技信息,2019,36(19):
　　25-29.

［13］WANG S,WANG C,WANG S,et al. Big data analysis for evaluating bioinvasion risk[J].
　　BMC Bioinformatics,2018.

［14］王聪,张燕平,邵思,等.国境生物安全体系探讨[J].植物检疫,2015,29(01):
　　12-18.

［15］韩辉.生物安全监测系统应用模拟与示范推广[D].北京:中国检验检疫科学研
　　究院.

［16］SCHABACKER D S,LEVY L A,EVANS N J,et al. Assessing Cyberbiosecurity Vulnera-
　　bilities and Infrastructure Resilience[J]. Frontiers in Bioengineering and Biotechnology,
　　2019(7).

［17］RYCHNOVSKÁ D. Anticipatory Governance in Biobanking:Security and Risk Manage-
　　ment in Digital Health[J]. Science and engineering ethics,2021(3):18.

第 7 章
生物安全大数据应用场景

7.1 助力病原体进化溯源分析研究

7.1.1 H7N9 分子的进化与溯源

2013 年 3 月末,中国爆发了一场新的 H7N9 流感[1],该病毒在随后蔓延至华东和华北多个省份,因其传染性极强,引起了社会各界的极大重视。研究人员通过对最早流感病毒序列的分析,建立了一个系统发生树。结果显示,H7N9 病毒的 HA 片段与 2011 年浙江 H7N3 型病毒的 HA 片段在演化上一致;NA 片段与韩国野生鸟类 H7N9 流感病毒 NA 片段相同;另外 6 份基因片段与我国家禽中普遍存在的 H9N2 型流感病毒有相同的来源,因此将 H9N2 病毒列为"三重重组"。

中国科学院、国家流感研究中心等机构共同研究了该病毒的形成和演变,并指出该病毒经历了一个复杂的重组和变异过程。H7N9 型禽流感病毒是一种复杂的组合型病毒,经过多次的重组,在不同的宿主环境中发生了从禽类到人类的交叉感染。这种演化路径是从野禽到家鸭,再到家鸡,再到人类。通过追踪 H7N9 型禽流感病毒的源头,可以在禽类中加强监测,准确判定 H7N9 型禽流感病毒的来源,并阻断其交叉感染和传播。在一些地区,由于禽类可能是其中间宿主,因此,关闭禽类交易市场可以有效控制疫情。同时,通过数据监测,可以预测可能出现的禽流感疫情,并对其进行有效预警。

因此,其病毒的分子进化与溯源研究对于理解病毒的来源、传播途径以及预防控制具有重要意义。生物安全大数据在这一领域的应用提供了许多有价值的案例和研究成果。

7.1.1.1　H7N9 型禽流感病毒的起源和传播路径

H7N9 型禽流感病毒最初被发现于中国的湖北省和河南省等地,随后在中国其他省份和市区也陆续出现病例。通过对病例的流行病学调查和病毒基因组序列分析,科学家们得出了以下关于 H7N9 型禽流感病毒起源和传播路径的重要结论。

1. 病毒的起源

H7N9 型禽流感病毒起源于禽类动物,特别是家禽。通过对病毒基因组序列的分析发现,H7N9 型禽流感病毒是由不同禽类流感病毒基因片段重新组合而成的,可能存在野生鸟类和家禽之间的病毒传播和基因重组。

2. 人类感染途径

人类感染 H7N9 型禽流感病毒主要是通过与感染禽类或禽类环境接触后导致的。一些研究表明,市场中的活禽贸易是 H7N9 型病毒传播的重要途径之一,而不同地区之间的活禽贸易也可能促进了病毒的传播和扩散。

3. 传播途径

除了直接接触禽类或禽类环境外,H7N9 型禽流感病毒还可以通过空气和污染的水源传播给人类。在一些家庭或聚集性病例中,存在家庭内部或密切接触者之间的人传人传播现象,尽管这种传播方式并不常见。

7.1.1.2　生物安全大数据在 H7N9 型病毒进化溯源中的应用案例

生物安全大数据在 H7N9 型禽流感病毒的进化溯源中发挥了重要作用,主要体现在以下几个方面。

1. 基因组学分析

通过对 H7N9 病毒基因组序列的高通量测序和比较分析,科学家们可以了解病毒的遗传演化规律,揭示病毒传播和变异的途径和规律。例如,不同地区和时间的 H7N9 病毒株之间的基因变异和基因型分布情况。

2. 传播动态研究

利用生物信息学和传播学模型,可以对 H7N9 型禽流感病毒的传播动态进行建模和预测,分析病毒在人群中的传播速度和传播路径,为疫情防控提供科学依据。

3. 变异与致病性关系

生物安全大数据还可以帮助科学家们研究 H7N9 病毒的基因变异与致病性之间的关

系。通过对病毒毒株的基因型和表型特征进行综合分析,可以更好地理解 H7N9 病毒的病原学特性和致病机制。

4.病毒溯源与监测

利用生物信息学和生物统计学方法,可以对 H7N9 型禽流感病毒的溯源和监测进行精准分析,帮助确定病毒的来源和传播路径,为疫情监测和预警提供科学依据。

生物安全大数据在 H7N9 型禽流感病毒的分子进化与溯源研究中发挥了重要作用,为科学家们深入了解病毒的传播规律和致病机制提供了有力支持,也为预防、控制疫情提供了重要参考。

7.1.2　西非埃博拉病毒的起源与传播

埃博拉病毒是一种致命的病原体,引发的埃博拉病毒病常常导致高死亡率的疫情。西非埃博拉疫情(2014—2016)是迄今为止最严重的埃博拉疫情之一,造成了数万人死亡。大数据分析在这场疫情中扮演了重要角色,帮助研究人员追溯病毒的起源和传播路径,同时为制定应对措施提供了重要参考。

2014 年年初,西非爆发埃博拉病毒。[2] 最初的报告显示,这场爆发源于几内亚南部,之后,该病毒蔓延至几内亚的科纳克里、塞拉利昂、利比里亚、尼日利亚、马里,等等。美国科研小组对 2014 年西非埃博拉疫情的早期分子演化进行了初步的研究,他们从塞拉利昂 78 名患者中分离出 99 个病毒,并对其整个基因组进行测序分析,结果显示,该病毒于 2014 年 5 月从几内亚向塞拉利昂扩散;埃博拉病毒的演化速度比上一次大爆发的速度快了两倍,因此必须继续监控病毒的演化。我国原军事医学科学院等机构也对塞拉利昂 175 份阳性样品进行了测序分析,结果显示,埃博拉病毒的变异速度约为 1.23×10^{-3} 位点/年,比以前的变异速度稍提高了一些,但是与以前报告的两倍还差得很远。该研究已在 2014 年发现 440 个新的基因突变,对埃博拉疫苗及药物的开发具有一定的指导意义。同时,研究表明,埃博拉病毒在塞拉里昂西部的 3 个主要传播区域是该流行病的主要路径节点,是该病毒变异和遗传变异的重要地点。*Nature* 上刊登了有关的研究结果,其中一篇论文名为《最近数据中埃博拉病毒的快速变异》对研究进行了评价。科学家跟踪了几内亚埃博拉病毒的基因序列,跟踪了该病毒的蔓延,并监控了该国家的病毒演化。这项研究发现,几内亚出现了 3 种不同的病毒变种,特别是在首都的市区和邻近的城镇。

7.1.2.1　西非埃博拉疫情的大数据分析

西非埃博拉疫情的大数据分析主要集中在以下几个方面。

1.病毒基因组学分析

研究人员对埃博拉病毒的基因组进行了广泛的测序分析,以了解其在传播过程中的变异和演化。通过对不同病毒株的比较,可以确定病毒的起源地和传播路径。

2. 病例数据分析

收集和分析大量的病例数据,包括患者的年龄、性别、症状、接触史等信息,以确定疫情的传播规律和高风险人群,为制定隔离和治疗策略提供依据。

3. 社交网络分析

利用社交网络数据分析病毒在人群中的传播路径,找出疫情传播的关键节点和影响因素,指导疫情防控工作的重点。

4. 医疗资源管理

基于大数据分析,优化医疗资源的分配和利用,确保疫情期间医疗机构的有效运作。

7.1.2.2 生物安全大数据在西非埃博拉疫情中的作用和意义

生物安全大数据在西非埃博拉疫情中的作用和意义主要体现在以下几个方面。

1. 病毒溯源

大数据分析帮助确定了埃博拉病毒的起源地和传播路径,为制定疫情防控策略提供了重要参考。

2. 疫情监测预警

大数据分析可以实现对疫情的实时监测和预警,帮助及早发现和控制疫情的蔓延。

3. 医疗资源调配

基于对疫情数据的分析,可以更好地调配医疗资源,提高救治效率,减少病亡率。

4. 科学研究

大数据分析为科学家研究埃博拉病毒的传播规律和病毒学特性提供了数据支持,推动了相关科学研究的进展。

因此,生物安全大数据在西非埃博拉疫情中发挥了重要作用,为疫情防控提供了科学依据和技术支持,也为未来类似疫情的防控工作积累了宝贵经验。

7.1.3 寨卡病毒的进化与溯源

英国牛津大学、巴西艾凡德罗·查加斯研究所的研究者们第一次对巴西发生的寨卡病毒进行了基因组分析,为该病毒将怎样以及什么时候侵入美洲提供了新的资料。基因序列分析已经使人们对巴西寨卡病毒的蔓延有了一个更为清楚的认识,但是,关于美洲和巴西的病毒起源、空间扩散和演化,还亟须大量的数据。

寨卡病毒是一种由黄病毒科寨卡病毒属的病毒引起的疾病[3],其主要通过伊蚊叮咬传播。寨卡病毒最早于1947年在乌干达的猴子中首次发现,后来在1952年在人类中被确认。近年来,寨卡病毒引发了一系列疫情,引起了全球关注。

7.1.3.1　寨卡病毒起源地的生物信息学分析

寨卡病毒的起源地一直是研究人员关注的焦点之一。通过生物信息学分析,科学家们尝试追溯寨卡病毒的起源地,并探究其传播途径。研究表明,寨卡病毒最早可能源自非洲,后来通过蚊虫传播到其他地区。利用生物信息学工具,研究人员分析了不同地区和时间的寨卡病毒株的基因组序列,通过比较基因组序列的相似性和差异性,可以揭示病毒传播的路径和演化过程。

7.1.3.2　寨卡病毒进化溯源对疫苗研发的启示

寨卡病毒的进化溯源对疫苗研发具有重要启示。病毒的进化过程可能导致其抗原性发生变化,从而影响疫苗的效果。因此,研究人员需要密切监测寨卡病毒的进化过程,及时调整疫苗设计和研发策略。利用生物信息学工具对不同时期和地区的寨卡病毒株进行基因组分析,可以帮助研究人员了解病毒的变异规律,为疫苗的设计和研发提供科学依据。

在寨卡病毒疫苗的研发过程中,生物信息学分析也发挥了重要作用。通过对病毒蛋白结构的预测和模拟,研究人员可以设计具有高效抗原性的疫苗候选物。此外,生物信息学分析还可以帮助研究人员评估疫苗的安全性和有效性,并指导临床试验的设计和实施。

综上所述,生物信息学在寨卡病毒进化溯源和疫苗研发中发挥了重要作用,为我们深入了解病毒的传播规律和演化过程提供了有力工具,也为疫苗的设计和研发提供了科学依据和技术支持。

7.1.4　新型冠状病毒(COVID-19)溯源与演化

新型冠状病毒(COVID-19)的溯源与演化是当前疫情研究的重要方向之一[4]。研究 COVID-19 病毒的源头对于了解病毒的传播途径、动物宿主和人类之间的传播链条以及病毒的演化具有重要意义。同时,生物安全大数据在 COVID-19 病毒演化研究中的应用也引起了广泛关注。

7.1.4.1　COVID-19 病毒源头的追踪与分析

COVID-19 病毒的源头一直是研究的焦点之一。最初的病例被追溯到中国武汉的华南海鲜市场,但具体的源头仍然存在争议。通过对不同地区和时间的病毒株进行基因组学分析,科学家们试图确定病毒的起源和传播路径。研究表明,COVID-19 病毒与一种在蝙蝠中广泛存在的冠状病毒具有高度相似性,但其具体传播途径和可能的中间宿主仍需进一步研究。

7.1.4.2　生物安全大数据在 COVID-19 病毒演化研究中的应用

生物安全大数据在 COVID-19 病毒演化研究中发挥了重要作用。通过对病毒基因组序列的分析,科学家们可以追踪病毒的变异和演化过程。生物信息学工具可以帮助研究人员比较不同病毒株之间的基因组序列,揭示病毒的演化路径和变异规律。这些信息对于制定疫苗和抗病毒药物的研发策略具有重要意义。

此外,生物安全大数据还可以用于分析病毒在不同人群中的传播动态,帮助研究人员预测疫情的发展趋势,指导公共卫生政策的制定和实施。通过整合不同来源的数据,包括临床病例数据、流行病学调查数据和基因组学数据,可以更全面地了解疫情的传播规律和影响因素,为应对疫情提供科学依据。

COVID-19 病毒的溯源与演化研究以及生物安全大数据在其中的应用对于我们更好地理解和控制疫情具有重要意义。这些研究为未来类似疫情的防控工作提供了宝贵经验。

7.1.5　人类免疫缺陷病毒(HIV)的进化与溯源

HIV(human immunodeficiency virus)是导致艾滋病的病原体,已经感染了全球范围内数百万人。了解 HIV 病毒的进化和传播对于制定有效的防控策略至关重要。生物信息学在 HIV 病毒进化与溯源研究中,特别是在病毒基因组变异的分析和研究方面发挥了重要作用[5]。

7.1.5.1　HIV 病毒基因组变异的生物信息学分析

HIV 病毒的基因组非常容易发生变异,这是由于其复制过程中缺乏校对机制。这种高度变异的特性使得 HIV 在宿主体内形成了非常多的亚型和变种,这些变异不仅影响了病毒的毒力和耐药性,也对疫苗和治疗药物的研发造成了挑战。

生物信息学分析可以帮助研究人员理解 HIV 病毒的基因组变异规律。通过比较不同 HIV 病毒株的基因组序列,可以揭示出病毒的进化路径和演化过程。此外,生物信息学工具还可以帮助研究人员预测 HIV 病毒未来可能的变异趋势,为疫苗和抗病毒药物的设计提供重要参考。

7.1.5.2　生物安全大数据在 HIV 病毒溯源研究中的贡献

生物安全大数据在 HIV 病毒溯源研究中扮演着重要角色。通过对全球范围内不同地区 HIV 病毒株的基因组序列进行比较分析,研究人员可以追踪病毒的传播路径和演化历程。这种溯源研究有助于确定 HIV 的起源地和传播途径,为预防和控制 HIV 传播提供科学依据。

　　生物安全大数据还可以帮助研究人员了解 HIV 在不同人群和地区的传播动态,帮助制定更加精准的防控策略。此外,生物安全大数据还可以用于评估 HIV 病毒株的耐药性和毒性变化,为临床治疗提供个性化的治疗方案。

　　综上所述,生物信息学和生物安全大数据在 HIV 病毒的进化与溯源研究中发挥了重要作用,为我们更好地了解和控制 HIV 疫情提供了重要支持。这些研究不仅有助于改善 HIV 病毒的防控策略,也为疫苗和治疗药物的研发提供了科学依据。

7.2　助力微生物领域科学突破

　　人类的发展、迁移和扩张是人类不断适应的过程。不同的地理位置、气候、疾病的流行情况,以及不同的文化发展,如饮食、农业、人口密度等,在适应不同的地理文化环境的过程中,必然会产生不同的基因变异,比如皮肤、头发等,所以适应性变异往往是人类特有的[6]。对不同人群的遗传变异进行研究,对揭示人类进化历史、不同人群的易感(遗传性、感染性)和相应的治疗,尤其是群体特异性甚至个体化药物的发展具有重要的作用。另外,对生物安全和反恐怖主义也有很大的参考价值。群体特异性遗传、表观遗传标志的出现以及它们的先后顺序,都被生物学杂志的各个层次所揭示,给生物安全的研究带来了新的挑战。

7.2.1　新型微生物种类发现与分类

　　生物小组的人类微型研究项目是为了揭露生物中与健康发生的变化有关的微变化。由生物小组项目的 200 多位科学家在五年的时间里,从 300 个健康的成年人身上收集了 18 个不同的部分(包括口腔、鼻子、小肠);对耳背和肘部的样品进行了取样。密歇根大学的研究者们在 Nature 上发表了这项发现,他们从一个全新的视角确认了人类生物群体中存在着大量的不同,这些不同的群体来自个体的生活经验,以及他们与环境、饮食和用药的关系。比如,一个人的性别、教育程度,甚至是不是哺乳,都会影响到他们的某些部分的微生物。

7.2.2　微生物群落结构与功能研究

　　华南理工大学、深圳华大遗传学研究所、丹麦哥本哈根大学等机构共同完成了人体肠道微生物中的高品质参考基因集合。这项研究的基础是 249 份新的人体肠道宏基因组,1018 份先前发表的序列,再加上 511 份与人类肠道有关的基因组序列,构成了一个高质量、近乎完整的生物杂志数据,包括 9879896 个基因,是人类肠道微生物的一个重要参考基因。我们通过对宏基因组、宏转录组和宏蛋白质的分析,可以定量地了解不同人的肠道微生物菌群的差异,了解它们对人类的健康和疾病的影响。从 2005 年起,世界科学界已完成了 8 个生物组的人体微型项目,其中包括美国生物组的生物组项目,加拿大的微型生物组的项目,以及日本的人的细胞基因组项目。

7.2.3　微生物与宿主相互作用机制探究

近年来,中国科学家还在中法的肠元基因组研究、十万食源性病原微生物基因组计划、万种微生物基因组计划等方面发挥了重要作用[7]。美国于 2016 年 5 月 13 日宣布了"国家微生物组计划"。近十年来,人类的健康问题(如肥胖、糖尿病、哮喘等),以及从农业生产到气候变迁,都与生物杂志有关。*Science*、*Nature* 等权威期刊在 2016 年发表了有关肠道微生物的研究成果。美国能源部门联合基因研究所的科学家们使用数据集收集了全球范围内最大规模的合成宏基因组,发现了 1.5 万个片段和完整的病毒基因组,这些病毒大部分都是由生物杂志所著。这项工作使已知的病毒基因数目增加了 16 倍,从而建立了首份全球性的病毒分布地图,为研究者们提供了独一无二的病毒序列资料。比利时鲁汶大学和荷兰格林宁根大学的两支科研队伍在 *Science* 上发表了两篇文章,他们发现了肠道微粒生物,这为生物分子标记系统的构建和评价肠道菌群的正常与否提供了重要的线索。在数据和其他英美国家的两项研究中,我们发现了人类的核心微生物,包括 664 个属,也就是说,95% 的人体内存在着这种细菌。北卡罗来纳州立大学的一份研究报告刊登在 *Ecosphere* 上,科学家们画出了引起人体患病的致病细菌的图表。研究人员发现,根据与传播媒介有关的人类疾病(如由昆虫引起的疟疾),可以将全球划分为七大类;根据非致病性传播疾病(比如霍乱),可以将整个世界分成 5 个大领域。同时,地图也表明,并非所有的地区都是连续的,例如不列颠群岛和它的前身,因为类似的疾病,而将其分为同一病原体和非致病媒介。然而,在非洲和亚洲,原英国的殖民地由于感染了各种疾病,所以被分成了不同的地区,这说明殖民地化就像天气和政治状况一样,仅仅是因素之一,对特定地区的传染病有一定的影响。这项研究发现,气候、历史、地理等都是影响疾病发生、发展和扩散的主要因素,了解这些影响因素与疾病的关系,对全球公共卫生事业的发展有着重大的影响。

7.3　助力精准医学发展

人类基因工程上的巨大成就促使了一个新的研究课题——精确医学的诞生。精准医学是基于个体化的医疗,在基因组测序技术飞速发展、大数据与生物杂志等学科交叉运用后,形成的一种全新的医学理念和模式,它将会为某些疾病、某些病人提供个性化、精确的治疗,从而增加对疾病的诊断和防治效果。甚至在基因的作用尚未完全明确以前,基因的哪个部位与人体的基因特征和疾病相关,后续的进一步的研究将会揭示出与该疾病相关的具体基因。通过对基因变异的分析、基因多态性和等位频率的测定,可以帮助我们更好地理解病原体、药物、环境等因素对药物的影响,从而推动药物的研制和对疾病的治疗。在新的疾病诊断和新的治疗药物开发方面,已经有了一些新的发展。

7.3.1　疾病早期诊断

2014 年,Broad 研究所和麻省综合医院的研究者在 ExAC 数据库(数据库)中公布了大约 1000 万个基因变异。研究者们收集了欧洲人、非洲裔美国人、东亚人、南亚和拉美人的外显子测序数据,通过序列分析,发现了 3200 种与人类遗传疾病发生有关的基因。美国宾夕法尼亚大学的研究者们研制了一种 Canopy 软件,可以从不同部位、不同时间收集到的不同部位的多个标本进行全外显子序列分析,并将数据录入 Canopy,从而获得"进化树"。利用 Canopy 软件,癌症专家可以更好地理解肿瘤的发展趋势,从肿瘤标本中发现可能存在的生物标记。生物标记与耐药性、侵袭性恶性肿瘤等相关,可为早期病人提供精确的诊断及预后。葡萄牙里斯本 Champalimaud 临床试验中心的 Car. do so 及其同事利用 MammaPrint 对 6693 名早期乳腺癌病人进行了 70 个标记基因的检测,结果发现 6693 名乳腺癌病人中,1550 名有更高的临床恶化危险,但基因表达谱分析表明,这类病人的临床恶化危险更小,仅为 23.2%。该发现显示,MammaPrint 可以识别出早期乳腺癌的高危人群,而无需接受化学治疗。英国剑桥大学的一份由 120000 位妇女参与的国际研究发现 5 种可能会影响到乳腺癌发生的基因变异,而这些变异可能会影响到乳腺癌的细胞对雌激素的响应。这项研究结果将帮助医生预测乳腺癌的危险,并帮助识别某些类型的乳腺癌。科学家对长达 14.9 年的 620 万丹麦人进行了数据的系统性分析,追踪了丹麦全境的病情发展。他们把数据中的大量资料分为 1171 种,包括糖尿病、COPD、癌症、关节炎、心血管疾病等。据此,医生可以预测某人是否患有某种病症,是否需要医学干预。

7.3.2　新药物靶标发现

布朗大学的研究者们研制出一种名为 HotNet2 的新电脑程序,它可以用来对 TCGA 中 12 种不同类型的肿瘤进行数据的分析。这一研究重点放在了体细胞的变异上,即我们将在整个生命中都携带着这种基因突变。他们在 3281 份样本中找到了 16 种关键性的遗传网络,而其中一些基因在以前的研究中并没有被证实。Hotspot3D 是美国华盛顿大学的一项技术,它可以利用蛋白质的三维结构来确定基因突变与基因突变的相关性,以及与基因突变、结构域和蛋白的相关性。科学家们在对 19 种癌症的基因图谱中的 4000 个肿瘤组织进行检测,发现了超过 6000 种不同的细胞之间的交互作用,其中大部分都是传统的方法所不能探测到的。另外,研究还发现了 800 个可能的突变,这些突变基因在药物和基因突变之间的相关性,对于将来的肿瘤治疗有着重要的意义。旧金山加州大学的科学家研制出数据分析软件 ClusterFinder,并根据生物杂志(BGC)对人体微生物数据项目进行了系统的分析,结果显示,人类身体里的细菌能够制造出许多药物分子,从而为新药的研发提供了一种非常丰富的资源。根据新一代测序方法,建立病原菌和抗生素的快速识别方法,可决定合理的治疗方法,也可防止医院感染性疾病的发生,并且识别新的感染;不同的药物在不同的受体之间存在着不同的选择,通过模拟三维结构的改变可以引导科学家们研制出更有效的药物;可能会抑制病毒的繁殖,这是因为药物的研发,防止了外壳的装配和分解,从而造成了外壳的机能紊乱;通过程序可以将 DNA 分子移植到患者的身体中进行传递和诊断。Drugable 网上平台能让药物研究者根据药物的化学结构,来预测新药品在体内的功能和在哪里起作用,从而为药品的开发提供了一条捷径。

7.3.3　疾病治疗

生物安全大数据对前列腺癌的精确治疗进行剖析[8]。美国洛杉矶加利福尼亚大学的肿瘤研究者们研制出一套精密的分析工具,分析了前列腺癌的转移率,并绘制出了一个复杂的基因和蛋白网络,这些基因和蛋白网络有助于促进肿瘤的生长和抵抗(基因组、转录组,以及数据)。研究者们也发展出一套对患者进行个性化数据分析的方法,以便为每个患者提供最好的治疗方案。上海交通大学生物医学研究院与美国 IBM 沃森研究院、哈佛大学、伯克利大学、加州大学等大数据领域的顶尖科研人员合作,在大数据上建立了一套药物交互检索系统,为个性化用药研究带来了新的突破。

7.3.4　肿瘤精准医学规划

为尽快解决肿瘤疾病带来的健康与社会经济威胁,亟须在肿瘤疾病的研究和防治方面探索一个新的有效模式。在当前科技发展的前沿水平下,肿瘤精准医学可能是有效改善上述情况的一个最佳切入点[9]。肿瘤精准医学基于肿瘤患者个体的遗传与疾病特征,通过精准诊断为患者提供一种"量体裁衣"的治疗方案,不但"对症下药",而且治疗方案因人而异,即针对每一个肿瘤患者个体特征而定制和实施医疗决策。肿瘤精准医学诊断将包含基因和蛋白检测在内的遗传、分子及细胞学信息、生活方式、环境信息等多角度的大数据综合分析,旨在实现尽可能早期的精确诊断。肿瘤精准医学治疗指在精准诊断基础上的多学科综合治疗方式的准确应用,尤其是未来以高靶向、低不良反应为特点的治疗方式的研发和应用。肿瘤精准医学规划中的重点任务包括以下6个方面[10]。

(1)大规模人群队列、生物样本库和信息学研究。建设大规模癌症患者以及配对健康人群队列,在高发区建立前瞻性人群队列及包含尽可能全面信息的相关生物样本库;构建整个人群队列和生物样本库信息的大型肿瘤数据库系统,统一数据交换格式,便于数据共享和交换。

(2)精准医学思路指导下的病因学探索及防控技术和防控模式研究。对环境暴露因素和个体内因进行调查及检测研究;对高发现场和高危人群采用基于个体化分层的预防性前瞻研究;建立符合我国肿瘤流行特点和国情的个体化的多因素综合预防模式。

(3)发现一系列肿瘤分子标志物。在基因组、表观遗传组、转录组、蛋白质组和代谢组等新技术的支撑下,发现一系列新的肿瘤分子标志物,通过对组学大数据的综合分析,识别有潜在临床应用价值的分子标志物和分子靶点,用于肿瘤的筛查、诊断、治疗、复发转移监测,以及疗效和安全性(及动态)评估等。

(4)肿瘤精准医学中分子标志物的应用。肿瘤精准医学中的分子标志物将服务于肿瘤的早期筛查、诊断、分型,预测疾病预后与复发,监测肿瘤治疗敏感性,指导治疗方案选择。

(5)分子影像学和病理学的精确诊断。促进分子标志物与分子影像学、分子病理学的结合,使肿瘤影像诊断与病理诊断向纵深发展,以及与此相关的分子影像学成像设备研发;研究CT、MRI、超声等检测的多模态图像融合技术;研究无创、微创精准诊断的新技术。

(6)临床精准治疗。在肿瘤分子标志物和分子靶点研究的基础上,综合肿瘤分子分型及个人遗传等全面信息,有个体针对性的肿瘤治疗方案研究;精准医学基础上的靶向治疗、免疫治疗和细胞治疗等生物治疗研究,以及基于大数据分析的多学科综合治疗方案的有效性和合理用药研究。

(陈　挚)

参考文献

[1] 安淑一,孙英伟,姚文清.2013—2018年中国H7N9流感病毒HA与NA进化研究[J].公共卫生与预防医学,2019,30(03):10-15.

[2] 郑方亮,王莛羽,王博,等.埃博拉病毒来源miRNA的研究综述[J].微生物学杂志,2022,42(02):1-7.

[3] 王丽莹.寨卡病毒的传播机理及风险分析[D].桂林:桂林电子科技大学,2023.

[4] 严寒秋,冯兆民,高志勇,等.新型冠状病毒核酸检测混采阳性样本的溯源检测和分析[J].首都公共卫生,2023,17(01):15-18.

[5] 陈金,陈欢欢,罗柳红,等.基于 HIV-1 pol 基因 DNA 或 RNA 序列的分子传播网络的配对比较[J].中国热带医学,2023,23(05):443-448.

[6] 伍亚龙,杨姗,陈功,等.基于宏基因组学技术解析工业发酵蔬菜中亚硝酸盐形成及降解机理[J/OL].食品与发酵工业,2024,1-9.

[7] 叶林,吴兵,蒋丽娟,等.融合大数据分析的环境工程微生物学教学改革探索[J].高等工程教育研究,2024(01):54-57.

[8] 蒋琰,伍雪晴,俞云松,等.生物信息学在医学微生物领域研究生教学中的应用与思考[J].全科医学临床与教育,2022,20(06):534-537.

[9] 陈晓莹.精准医学发展中的公正性挑战与出路[J].自然辩证法通讯,2021,43(10):10-18.

[10] 付文华,钱海利,詹启敏,等.中国精准医学发展的需求和任务[J].中国生化药物杂志,2016,36(04):1-4.

第8章
传染病溯源

8.1 传染病溯源概要

8.1.1 传染病:生物安全的关键挑战

　　传染病是一种由病原体引起的、能够在宿主之间传播的疾病,传染病可以由细菌、病毒、真菌、寄生虫等各种病原体引起。它们具有在生物体内繁殖的能力,可以通过直接接触、空气传播、食物或水传播、虫媒传播等多种途径传播给人类或其他生物[1]。

　　传染病具有快速传播的特点,可以在短时间内迅速蔓延至全球范围。例如,像 COVID-19 这样的病毒可以在短时间内从一个国家传播到其他国家,导致全球大范围的疫情[2]。这种快速传播速度使得及时控制和应对传染病变得更加困难。人类与野生动物的接触增加以及全球旅行的便利性,新兴传染病的出现也在增加[3]。这些新兴传染病可能来自野生动物(如 SARS 和埃博拉病毒[4]),或者是由病原体的变异导致(如新冠病毒的出现)。这些新兴传染病对于疫情的控制和管理带来了更大的挑战。此外,由于抗生素的不合理使用,导致越来越多的病原体产生了抗药性。这使得原本可以有效治疗的传染病变得难以控制,增加了治疗的难度和复杂性。抗药性病原体的出现也需要更加严格的监管和管理,以防止其进一步传播和扩散[5]。传染病的暴发和流行对社会经济造成了巨大的冲击,还会导致医疗资源的紧张和医疗系统的负担加重,给社会和卫生系统带来巨大压力[6]。

因此,传染病的快速传播、新兴传染病的出现、抗药性病原体的增多以及对社会经济的影响等多方面的因素使得传染病成为生物安全的重大挑战。为了有效应对这些挑战,国际社会需要通力合作,并加强疫情监测、溯源和预警,疫苗研发以及治疗手段的研究。同时,我们还应采取必要的生物安全措施和防护措施,以确保公众的健康安全。

8.1.2　传染病溯源:追溯病原体演化的科学征程

传染病溯源是指通过系统性的科学调查和研究,追溯特定传染病的起源、演化路径以及与宿主的相互作用。这一过程旨在揭示病原体如何从野生动物或其他宿主传播给人类,以及在传播过程中可能发生的变异和适应。传染病溯源通过运用流行病学、分子生物学、基因组学、动物学、生态学等多个学科的知识,助力科学家更全面地理解疾病发生的根本原因。

在生物安全领域,传染病溯源既是一项充满挑战的任务,也是确保全球公共卫生安全的必要措施。溯源包括两个方面,一是进行引起疫情发生的事件溯源,二是追溯引起疫情的病原体源头。追踪疫情发生的事件源头,可以厘清传染病传播路径;探寻病原体源头,可以阐明病原体的进化关系。

引起疫情发生的事件溯源是一场科学的探险,需要深入研究各个可能的起点,以揭示传染病疫情的真实面貌。首先,要考察疫情暴发的地理位置和时间点。通过追溯早期病例和疫情暴发的地点,科学家可以确定病原体的初次出现地,为进一步的溯源提供线索。其次,深入追溯传染病的起源不仅需要关注疫情初期的人群活动和环境因素(如气候和生态),以锁定潜在的疾病传播途径,还需要深入调查患者的接触史和病原体载体。通过追踪病例的社交活动、旅行史以及与潜在宿主的接触,我们能够发现潜在的病原体传播路径。通过分析病例之间的关联性,揭示疫情的发生源头。通过全球卫生组织和各国科研机构之间的信息共享,协力解析疫情的源头,成为追溯工作的关键。只有通过跨国界的协同合作,我们才能更准确、更全面地揭示疫情的初发地和初次传播途径。

追溯引起疫情的病原体源头同样具有挑战性,涉及生物学、分子遗传学和流行病学等多个领域的交叉研究。首先,收集并分析各类病例中的病原体样本,通过研究病原体的变异情况,可以推断其演化历程和亲缘关系,从而锁定可能的源头。其次,注重对动物宿主的研究。对潜在宿主,特别是对野生动物和家畜的调查和监测,有助于确定病原体在自然界中的存活和传播途径。例如,通过监测野生动物市场的病毒传播情况,可以发现潜在的宿主动物,为防控提供有针对性的建议;同时也需要对病原体生态学特性进行深入了解。病原体在不同环境中的存活能力以及传播途径的差异,都对疫情的演变产生着重要影响。只有综合考虑这些因素,我们才能更精准地追溯引起疫情的病原体的源头。

综上,疫情事件的发生源头和引起疫情的病原体的源头追溯是一项综合性的工作,需要多学科的协同合作和国际社会的共同努力。通过深入研究疫情初发地和初始传播路径,以及揭示病原体演化的奥秘,我们才能更好地应对未来的传染病威胁,确保全球公共卫生的安全。

8.1.3　传染病溯源与传播、进化的关系

如上所述,传染病溯源主要包括两个方面,一个是传染病疫情事件溯源,另一个是引起传染病的病原体溯源。其中,通过研究病原体的传播途径和传播规律可以揭示传染病的起源;通过研究病原体的进化过程,了解其在不同时间和地点的变异情况,可以追溯病原体的起源和演变路径。

1. 溯源与传播的关系

传染病溯源的目的之一是追溯疫情的源头并了解病原体的传播路径(事件溯源)。通过分析病原体在不同时间和地点的传播情况,可以揭示传染病的传播动态,包括传播速度、传播范围和传播途径等。传染病的传播路径通常与病原体的生存策略、宿主选择以及环境因素密切相关。考虑到不同传播途径的影响,我们可以更好地了解病原体在人类和动物群体中的传播动态。例如,通过比较直接接触传播和食物或水传播的差异,我们可以了解不同传播途径对病原体传播的影响。直接接触传播通常发生在人与人之间或动物与人之间的密切接触,包括握手、拥抱或动物叮咬等。而食物或水传播通常涉及通过食物或水源摄入病原体(食物中的细菌污染或水源中的寄生虫)。通过研究这些传播途径的差异,将有助于我们确定潜在的传播链,追踪感染者和暴露者之间的接触历史,并找到可能的传播源,确定可能的宿主动物、传播途径和传播风险,从而采取相应的预防和控制措施。

2. 溯源与进化的关系

传染病溯源的另一个目的是确定引起疫情的病原体(病原体溯源),即通过追溯病原体的起源和传播途径来了解疫情的源头。病原体的进化过程是病原体溯源的基础和关键要素。

病原体的进化是指其基因组和特征的逐渐变化和演化过程。病原体在传播过程中会经历基因突变和选择适应性的演化,以适应不同的宿主环境和传播途径。通过研究病原体的进化过程,可以了解其在不同时间和地点的变异情况,从而推断病原体的起源和传播途径。

在进行病原体溯源时,可以通过基因测序和比较分析等方法来研究病原体的进化关系。通过比较病原体的基因序列和特征,可以确定不同病原体株之间的进化关系,从而推断其起源和传播途径。例如,通过分析病原体的基因序列,可以确定不同地区或时间

段的病例是否具有相似的病原体株系,从而揭示疫情的传播路径和传播源。进一步地,通过对不同病原体株系的比较,我们可以了解病原体在不同时间和地点的演化过程,从而为疫情的溯源提供更准确的线索。进化与传播之间的关系也在病原体突变和宿主跳跃方面得到体现。病原体的基因突变可能导致新的传播途径的出现,使得病原体更具传染性或适应性。同时,宿主跳跃使得原本在野生动物中存在的病原体得以传播至人类,增加了疾病的传播风险。了解病原体的进化动态,特别是与宿主的相互作用,有助于更好地预测和应对未来的传染病威胁[7]。

8.1.4　传染病溯源的重要性

在人类历史的长河中,传染病一直是不可忽视的威胁。从古至今,疾病的暴发与蔓延给人类社会造成了严重的伤害,对医学、科学以及社会卫生体系带来巨大挑战。随着技术的发展、全球化的加速和人类活动的扩张,我们在防范、应对和理解传染病方面面临着前所未有的复杂性。传染病溯源作为生物安全领域的前沿课题,逐渐凸显了其在面对新兴病原体、迅速传播的疾病和全球卫生威胁时的不可或缺性。在这个充满挑战和变数的时刻,我们迫切需要深刻理解传染病溯源的重要性,以更有力地应对当前和未来的生物安全挑战。

病原体溯源研究为科学家们提供了关键的信息,有助于理解疾病的起源和演化历史。这类研究不仅解析了病原体从动物宿主到人类宿主的跨物种传播过程,而且还促进了有效防控措施的制定。例如,对 HIV 的溯源研究表明,该病毒最初源自非洲非人灵长类动物,人类通过狩猎和食用这些动物而被感染。这一发现对于预防 HIV 的传播至关重要,同时也提高了我们对人类与野生动物接触导致疾病传播风险的认识。进一步的溯源研究,如对埃博拉病毒的研究,揭示了该病毒最初可能是通过果蝠传至其他动物,然后再传给人类。这一发现强调了野生动物市场在病原体传播中的潜在作用,提示我们要加强监管(尤其是在市场中的)人与野生动物的接触。总体而言,溯源工作不仅提供了研究疾病起源的科学依据,也为制定精准的公共卫生策略提供了必要的信息。

生态系统的破坏导致野生动物与人类有更为密切的接触,为病原体的跨越性传播创造条件。以野生动物为例,通过对不同地区野生动物疾病的溯源研究,我们可以识别出潜在的病原体携带者,采取有效的监测和隔离措施,防范病原体进入人类社会。同时,合理规划土地利用,保护野生动植物的自然栖息地,有助于维持生态平衡,减少病原体在自然界传播的机会。此外,通过对生态系统的保护,我们可以减少人类活动对环境的破坏,防止新的病原体因环境压力而突变。通过对过去疾病暴发的溯源研究,我们发现一些病原体是由于环境污染、森林砍伐等人类活动引起的,因此,加强对生态系统的保护,不仅有助于防范新兴传染病的暴发,还有益于维护整个地球的生态平衡。

在传染病溯源工作中,专业人士运用生物安全和疫情追踪的专业知识,对病原体的起源、传播机制及其宿主范围进行科学分析,从而揭示疾病暴发的起因。这一过程涉及对遗传材料的精确测序、传播网络的建模以及流行病学数据的综合解读,旨在构建病原体传播的动态图景。这些精细化的调查工作,为公共卫生应对措施的设计与实施提供了关键的科学支撑。有效的溯源工作能够为公众提供明确的行为指导,比如采取自我隔离、接种疫苗等预防措施,以及按照公共卫生指南行事,从而有助于阻断传播链,控制疫情的蔓延。因此,传染病溯源既是专业人士的科学任务,也是公众行动的指南,反映了全社会共同参与疾病预防与控制的社会责任。

综上所述,溯源工作对于深入解析疫情的起源、设计有效的防控策略、保护关键生态系统以及增强公众的健康防护意识具有不可或缺的作用。通过这些综合性的努力,我们能够更加细致和全面地应对未来可能出现的传染病挑战,从而构筑一个更加健康、更加安全的社会环境。

8.1.5　传染病溯源依赖于多学科交叉

传染病溯源是一项错综复杂、需要跨学科协同合作的科研任务。它汇聚了分子生物学、流行病学、动物学、微生物学等多个学科,要求生物学、医学、流行病学、地理学、社会学等领域的专家通力合作,共同深入研究病原体本身及其传播的各个方面。唯有跨学科的合作,我们才能够全面理解传染病的起源和传播过程,从而更好地应对未来的疫情挑战。随着分子生物学的不断进步,我们得以在基因组水平上追溯病原体的演化历程,找到关键的变异点,为揭示疾病源头提供了精准的工具。同时,流行病学的贡献在于为我们提供了疫情传播的规律和路径,帮助我们更准确地定位感染源头。动物学和微生物学的研究揭示了病原体在自然环境中的行为和演变,为我们提供了关于溯源过程的宝贵信息。这些学科之间的有机结合不仅构成了传染病溯源的科学基础,而且在实践中取得了显著的成就。

在以下的具体实例中,我们将看到这些学科如何相互交织,为传染病溯源提供有力支持。

1. 分子生物学和基因组学

分子生物学是一门研究生物体分子层面结构、功能以及相互关系的学科。它关注生物体内部发生的生命过程,从分子的角度解释生命现象。基因组学是研究生物体的基因组结构、功能和相互关系的科学领域。基因组是生物体所有遗传信息的总和,包括基因和非编码 DNA。分子生物学和基因组学在生物学研究中相辅相成,共同构建了我们对生命的深刻理解。

在传染病溯源中,分子生物学和基因组学扮演着不可或缺的角色[8]。通过深入分析病原体的基因组序列,科学家能够揭示其演化路径、寻找潜在宿主、确认关键突变点,并深入了解其传播途径。高通量测序是一种先进的基因组学技术,其原理是通过同时测定成千上万条 DNA 或 RNA 序列,快速获取庞大的遗传信息。这项技术的出现极大地提高了我们对生物体基因组的解读速度和规模。在传染病病原体溯源中,高通量测序为分子生物学和基因组学带来了革命性的变革。近年来,高通量测序技术的发展使得对病原体基因组进行深入研究变得更加容易,为溯源工作提供了更为精确和全面的数据支持[9]。

2. 流行病学和微生物学

流行病学和微生物学二者协同作用,为传染病溯源提供了关键工具,通过揭示病原体传播路径和深入研究其序列及结构,便于确定疫情发生源头和了解病原体传播动态,为科学有效的防控策略提供了坚实的支持。

首先,流行病学的角色在于揭示病原体传播的路径和速度。通过大规模的疫情调查,流行病学家能够确定病例之间的联系,分析患者的行为和活动,追踪病原体的传播途径。这种信息对于确定疫情的起源地、感染源头以及潜在宿主都至关重要。流行病学的调查方法可以涵盖空间、时间和个体差异,为病原体的源头提供更全面的认知[10]。其次,微生物学的深入研究为传染病溯源提供了深层次的理解。微生物学关注病原体的生命周期、复制机制以及与宿主之间的相互作用。通过深入解析病原体序列及结构,微生物学家可以确定其关键的遗传特征,这些特征可能影响病原体的传染性和适应性[11]。同时,了解病原体在宿主体内的生长和扩散机制有助于推断感染链的传播动态。流行病学和微生物学的结合,不仅使得疫情传播的过程更加清晰可见,也提供了病原体演化和适应过程的多层次解读。通过不同学科之间的协同作用,我们能够更全面地理解传染病的传播规律、影响因素以及潜在威胁,为科学有效的防控策略提供有力支持[12]。

3. 动物学和生态学

许多传染病的源头与动物有关,因此,动物学和生态学的观点在传染病溯源工作中起着重要作用。对可能的宿主动物、病原体在自然环境中的生存状况以及在不同生态系统中的传播规律的深入了解,有助于我们揭示传染病的起源和传播途径。动物学和生态学的研究成果为我们提供了关于传染病在自然界中的生态学背景的重要线索。

通过了解潜在的宿主动物,我们能够确定传染病的可能来源。这包括对野生动物、家畜和宠物等各类动物的调查研究。在动物学的支持下,我们能够追溯病原体是如何从动物传播到人类的,从而找到疫情的源头[13]。生态学研究涵盖了不同环境中的生物相互作用,这对于了解病原体在自然环境中的存活、传播和演化至关重要。不同生态系统中的气候、地理特征、物种相互关系等因素都可能影响病原体的传播路径。生态学的研究成果为我们提供了在不同环境下疾病传播的关键信息,为溯源工作提供了重要线索[14]。

综合动物学和生态学的研究成果,我们可以更全面地了解传染病在自然界中的生态学背景。这不仅包括在特定动物群体中的传播动态,还包括在不同地理区域和不同气候条件下的病原体适应性和变异。这种综合研究有助于构建传染病溯源的完整画面,为科学家提供更为全面、深刻的认知,从而更有效地制定防控策略。

8.1.6　传染病溯源的挑战

8.1.6.1　挑战与困难

在传染病溯源中,获取准确、全面的信息是首要问题。疫情暴发初期,信息的不透明性、政府间合作的不足以及公共卫生数据的保密性,都给病原体源头的确认带来了巨大困难。这要求国际社会在信息共享和透明度上迈出更为坚实的步伐。此外,涉及生物实验室的各类疑点,国际间的合作也面临考验。一方面,需要确保实验室的信息透明度;另一方面,也要避免信息被滥用,损害相关国家的国家安全和科研合作。

病原体的变异是传染病溯源中一个极具挑战性的方面。特别是当病原体在动物与人类之间发生跨物种传播时,不同环境、不同宿主间的演化速度和路径千差万别,使得病原体的传播网络变得错综复杂,溯源的复杂性更是呈几何级增长,充满挑战。病原体变异可能掩盖其真实的起源,使得传染源的确认变得异常困难。此外,跨物种传播还涉及野生动物、家畜、农场动物等多个环节,这需要多学科包括医学、兽医学、生态学等的融合,以全面了解病原体传播的动态过程,而这一点是难度极高的。跨学科合作的难点在于不同学科之间的专业术语和研究方法的差异,需要建立相互理解和沟通的机制。科学家们需要共同努力,消除学科间的隔阂,以确保信息能够得到更全面、更准确的汇总。

在传染病溯源中,文化政治因素常常是阻碍科学合作的重要原因。国际社会间的政治紧张关系、地缘政治问题,可能导致信息的不对称和溯源工作的受阻。卫生系统、法律体系和文化差异等因素使得跨国合作面临着巨大的困难。信息分享和资源合作需要建立在互信基础上,而这对全球社会的协同构建是一个长期而艰巨的任务。不同国家的协调、合作平台的搭建以及数据共享机制的制定都是需要深思熟虑的方面。

8.1.6.2　克服挑战的途径

为克服传染病溯源的困难,建议首先建立国际合作机制。制定国际标准和合作协议,建设全球传染病监测网络,是应对跨国传染病的必要手段。这需要全球社会在信息共享、技术交流、资源合作等方面建立更加紧密的联系。

同时,发展先进技术和工具也是至关重要的一步。通过引入分子生物学、基因组学、大数据分析、人工智能等先进技术,我们能够更迅速、准确地获取病原体信息,提高溯源的效率和精确性。

强化多学科交流是另一项重要措施。鼓励科学家在不同学科领域中展开交流,加强专业知识的整合。通过建立跨学科的研究团队,促进不同学科之间的合作,形成更为有力的科研力量,有助于全面、深入地理解传染病溯源的复杂性。

最后,建议建立隐私保护和数据伦理准则。在数据获取和分析过程中,明确的隐私保护和数据伦理准则能够保障个体隐私,同时制定规范的数据共享和利用政策,促进科研成果的传播。这将有助于建立一个公正、透明、安全的研究环境,推动传染病溯源工作的顺利进行。

传染病溯源是一项具有挑战性且迫切的任务,关系到全球公共卫生和人类的生存安全。在当前科技高度发达的时代,我们有望通过先进技术、国际合作和多学科交流,更全面地了解传染病的起源和传播途径,从而更好地应对未知的病原体威胁,保障人类的健康和生存。传染病溯源的科学征程将在跨学科的努力和国际协同的合作下,取得更为显著的进展。

8.2 传染病的历史案例

8.2.1 早期传染病溯源:揭开历史疫病的面纱

在人类历史的长河中,传染病一直是威胁生命的无形杀手。20世纪以前,人类对于疫病的认知相对有限,科学技术也尚处于初级阶段。然而,正是在这样的背景下,勇敢而富有远见的科学家们通过早期传染病溯源的努力,为我们今天对于疫病的防治提供了宝贵的经验。

8.2.1.1 黑死病的阴影——鼠疫

鼠疫属于甲类传染病,从本质上来讲是一种人畜共患病。鼠疫是一种由鼠疫杆菌引起的急性传染病,历史上多次发生,给人类社会带来了巨大的影响。14世纪的黑死病就是鼠疫的一次大规模暴发,席卷欧洲,导致数百万人死亡(图8.1)[15]。在19世纪,鼠疫再次成为全球关注的焦点,而早期的传染病溯源工作正是在对付鼠疫这一威胁中得以发展。科学家们首先注意到鼠疫的传播伴随着鼠类的活动,于是展开了一系列实地调查。通过对患者的病例研究和对疫区环境的详细观察,科学家们逐渐锁定了鼠疫的主要传播媒介——跳蚤。在鼠疫的流行过程中,老鼠充当了关键的角色。啮齿动物(老鼠)不仅是鼠疫耶尔森菌的主要宿主,而且是跳蚤的寄主。流行周期通常以鼠类种群的波动为基础。当鼠类密度较高时,它们之间的竞争加剧,跳蚤会在寄主间传播鼠疫耶尔森菌。这种传播形成了一个复杂的生态系统,其中老鼠、跳蚤和鼠疫耶尔森菌相互影响,维持了病原体的生存和传播。人类通常通过被感染的跳蚤叮咬而感染鼠疫。当感染者出现症状，例如高热、淋巴结肿胀，病原体被释放到环境中，再次被跳蚤叮咬后传播给其他宿主。这种传播链条形成了鼠疫在人类社群中的传播。

在这个早期阶段，虽然细菌学技术还未成熟，但流行病学的基础工作为后来的病原体识别和溯源奠定了基础。最早的鼠疫研究主要集中在对病原体的观察和分类上。20世纪初，随着微生物学和分子生物学的发展，科学家们对鼠疫的病因和传播机制有了更为深刻的理解。科学家通过对鼠疫耶尔森菌基因组的分析，试图揭示这一病原体的演化路径、潜在宿主以及关键的突变点[16-17]。高通量测序技术的发展使得对基因组进行更深入的研究变得更加容易，为鼠疫耶尔森菌的溯源工作提供了更为精确和全面的数据支持。

图 8.1　14 世纪黑死病的大暴发(来源：参考文献[15])

8.2.1.2　天花的根源

天花是一种由天花病毒引起的急性传染病。天花的历史流行可以追溯到古埃及时期，那时天花就已成为一个严重的公共卫生问题。最为人熟知的是天花在 16—18 世纪的欧洲殖民时期对新大陆的影响，以及在 20 世纪初的全球范围内的大流行。在欧洲殖民者进入新大陆的过程中，天花成为一种席卷原住民族群的毁灭性武器。天花的疫情导致大量美洲土著人口死亡，其后果之严重令人唏嘘。这也标志着天花在全球范围内的威胁性愈发显著[18]。

天花主要通过呼吸道传播和接触传播，患者的皮疹和呼吸道排出的飞沫是主要的传播途径。感染者在患病初期即可传播病毒。天花病毒在患者体内的繁殖速度惊人。此外，天花病毒在封闭空间中的存活能力较强，这也加速了其在人群中的传播。这种高度的传染性也是天花在历史上大流行的重要原因之一。

在过去,对于天花的溯源工作是一项极具挑战性的任务。然而,在18世纪末和19世纪初,英国医生和生物学家爱德华·詹纳的工作为天花的溯源和防控提供了里程碑式的突破。詹纳通过观察牛痘(牛痘病毒)感染过的乳牛奶嘴工人们抵抗天花的情况,提出了使用牛痘病毒进行疫苗接种的概念(图8.2)[19]。这一发现为天花的控制提供了革命性的方法,也是早期溯源工作成功的案例之一。通过对天花传播途径的深入研究,詹纳的工作不仅改变了医学历史,也为后来传染病溯源奠定了理论基础[20]。随着天花疫苗的普及和全球疫苗接种计划的实施,在20世纪末,现代医学成功根除了天花。这标志着现代医学在防控传染病方面取得的巨大成功。全球疫苗接种计划的实施是这一成就的关键。这一成就不仅揭示了传染病防控的可能性,也为我们面对当前和未来的传染病威胁提供了启示。

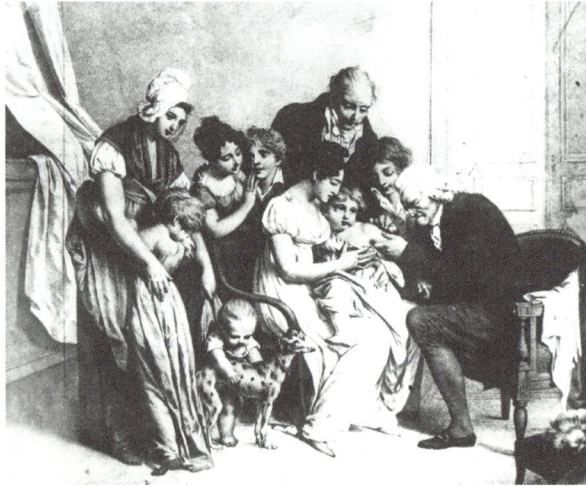

图8.2 1796年,爱德华·詹纳为儿童接种疫苗(来源:参考文献[19])

8.2.1.3 死神挥舞的"镰刀"——霍乱

霍乱(Cholera)是一种由霍乱弧菌引起的严重肠道传染病,其在历史上多次暴发,给人类社会带来了巨大的伤害。霍乱的历史可以追溯到至少两个世纪前。早在1817年,霍乱就在印度大陆首次暴发,而后迅速传播至其他亚洲地区。19世纪中叶,霍乱蔓延至欧洲、北美和非洲,形成了多次大规模流行(图8.3)[21]。其中,1854—1855年的伦敦霍乱大流行尤为著名。在这次大流行期间,约翰·斯诺(John Snow)通过分析霍乱病例的空间分布,提出了霍乱是通过被污染的饮水传播的理论。他的研究成果标志着卫生学的兴起,并促使当时政府采取了更加有效的公共卫生措施,包括改善饮水供应和卫生条件。斯诺的工作为流行病学和公共卫生领域奠定了基础,并成为传染病控制历史上一座重要的里程碑[22]。

图 8.3 19 世纪中叶死于霍乱的人(来源:参考文献[21])

霍乱主要通过被污染的水和食物传播,是一种典型的水源性传染病。霍乱弧菌通过感染者的粪便排放到水源中,然后通过饮水或食用受污染的食物而传播给新的宿主。霍乱感染的症状包括严重的腹泻和呕吐,导致极度失水和电解质紊乱,若不及时治疗,患者可能在短时间内死亡。在人口居住紧凑和卫生条件较差的地区,霍乱的传播尤为迅猛。战争、自然灾害和人口迁徙都可能导致霍乱的暴发,使霍乱成为公共卫生的紧急问题。

随着医学科技的发展,霍乱的溯源工作得以深入展开。早期,科学家主要通过流行病学调查,追踪病例的传播链,初步了解霍乱的传播途径。随后,分子生物学技术的进步为霍乱溯源提供了更为精准的手段。通过对霍乱弧菌基因组的分析,科学家能够揭示其演化路径、寻找潜在宿主,并确定关键的突变点[23]。

8.2.2 20 世纪重要案例

20 世纪是传染病学领域发展的重要阶段。两个特别突出的传染病事件,即 1918 年流感和艾滋病,对全球公共卫生产生了深远影响。这两个案例不仅引发了医学和生物安全领域的重要思考,也在社会、文化和政治层面产生了巨大的影响。

8.2.1.1 1918 年流感大流行的突袭

1918 年流感大流行(图 8.4)[24],是 20 世纪最严重的大流行病之一,对全球产生了巨大的冲击。这场流感在 1918—1919 年期间蔓延全球,夺去了数百万人的生命,疫情的迅猛蔓延和高致死率使得人类社会陷入巨大的恐慌。流感的起源、病毒特性、传播途径等一系列问题成为当时医学界争论的焦点[25]。

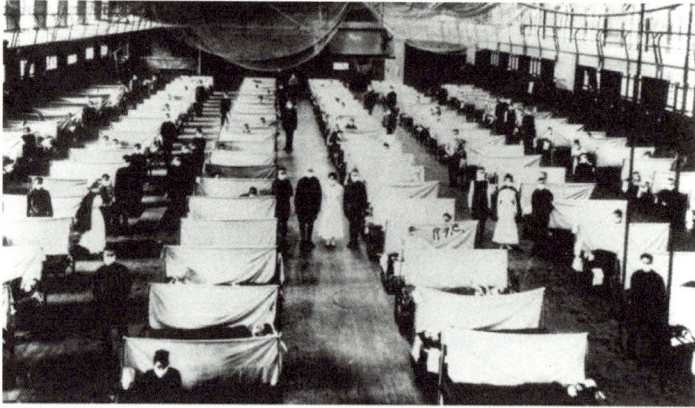

图8.4　1918年流感大流行(来源:参考文献[24])

1918年大流行流感的病原体是H1N1亚型的流感病毒。这种病毒是由流感A病毒家族引起的,包含了禽流感、猪流感和人类流感病毒的基因片段,形成了一种新的、高度致命的病毒。

1918年大流行流感主要通过飞沫和密切接触进行传播,其高致死率和广泛传播的特点让人印象深刻。值得注意的是,与一般的流感不同,1918年大流行流感主要影响年轻成年人,并具有高致死率。这一现象引起了科学家们的极大关注,成为后续流感研究的重要线索之一。一种可能的解释是,1918年的H1N1流感病毒引发了一种异常的免疫反应,导致年轻成年人的免疫系统过度激活,从而加重了症状,导致更高死亡率。此外,当时的医疗条件、卫生设施和公共卫生意识不够发达,这也加剧了疫情的严重程度。

1918年大流行流感对全球社会产生了深刻的影响。大量年轻成年人的死亡导致了社会结构的动荡,同时也迫使医学界加速研究对抗流感的手段。流感疫苗的研发和广泛应用在1918年流感之后成为防治流感的关键措施,也为今后流感大流行提供了经验和应对策略。

对1918年流感的溯源工作一直是科学界关注的焦点。尽管百年过去,但科学家们仍在努力解开这场大流行的谜团。近年来,通过对当时保存下来的病毒样本的分析,科学家们成功获取了1918年流感病毒的基因序列,为更深入的研究提供了新的线索。对当时的流感病毒基因进行比对分析,有助于了解这一病毒的起源、传播途径和为何对年轻人具有高致死率。同时,研究还涉及了当时的社会环境、生活条件和医疗水平,对这些方面的了解有助于更全面地理解这场流感的暴发。

8.2.1.2　艾滋病:从神秘疾病到全球性危机

艾滋病(acquired immunodeficiency syndrome,AIDS)是一场全球性的卫生危机,由人类免疫缺陷病毒(human immunodeficiency virus,HIV)引起。自20世纪80年代初首次被

识别以来,艾滋病已经导致数百万人死亡,对全球公共卫生产生了深远的影响。这场疾病不仅是一场医学挑战,更是一场涉及社会、文化和道德层面的危机事件[26]。

艾滋病的起源可以追溯到 20 世纪初,但直到 20 世纪 80 年代初,人类才首次注意到这一病毒的存在。HIV 分为 HIV-1 和 HIV-2 两个主要亚型。HIV 是一种逆转录病毒,其基因组由 RNA 构成。它主要通过攻击人体免疫系统中的 CD4 + T 细胞来引起艾滋病,对人体免疫系统造成严重损害,使感染者容易患上各种传染病。

HIV 的传播主要通过血液、性接触和母婴传播,共享注射器、不安全的性行为以及妊娠期间感染未采取预防措施是艾滋病传播的主要途径。多样性的传播途径使得防治工作更为复杂。由于 HIV 具有高度变异性,病毒在人群中的传播呈现出复杂性和多样性。20 世纪 80 年代,艾滋病在同性恋者和静脉吸毒者中暴发,形成了社会性的偏见和歧视。

艾滋病暴发引起了全球范围内的社会动荡。对 HIV 的认知相对较晚,医学界对于其治疗手段也面临极大的挑战。特别是在病毒突变速度快、耐药性增强的情况下,抗病毒药物的研发和应用成为医学研究的焦点。

艾滋病的溯源工作是长期而复杂的过程。在 20 世纪 80 年代初首次被识别时,HIV 的起源成为科学界关注的焦点。通过对不同地区和不同年代的 HIV 病毒株进行基因分析,科学家们逐渐揭示了 HIV 的演化路径。最初,艾滋病毒在非洲的黑猩猩中发现,随后传播至人类。1999 年,对一名 1959 年在刚果(现为刚果民主共和国)猎杀黑猩猩的猎人尸体进行的研究,揭示了可能是由于狩猎和食用野生动物导致 HIV 从动物传播到人类的过程。近年来,随着技术的发展,对 HIV 的溯源研究变得更加精确。通过比较不同亚型和变异株的基因组,科学家们更全面地了解了 HIV 的进化和传播过程[27]。这项工作的重要性不仅在于了解过去艾滋病疫情及传播情况,更在于制定未来有效的防控策略。由此可见,溯源工作不仅要对病原体本身进行研究,还要深入了解当时的社会环境、生活方式以及人类与动物之间的接触情况。

8.2.1.3　案例对比与启示

1918 年流感和艾滋病都是在 20 世纪发生的重大传染病事件,对于全球公共卫生产生了深远影响。它们都是由病毒引起的传染病,具有高致死率,引起了全球范围内的社会震荡。在应对这两种传染病时,医学界都经历了长时间的不确定性和辩论。在起源和传播途径上,这两者存在显著差异。1918 年流感起源地尚不明确,但是其传播主要通过空气飞沫传播;而艾滋病起源于非洲,主要通过血液、性行为以及母婴传播。两者的社会影响也有所不同,艾滋病由于其与性、种族、性取向等敏感问题关联,引发了更为复杂的社会争论。

这两个传染病案例为我们提供了许多重要的启示。首先,全球合作和信息共享对于有效防控和治疗传染病至关重要。其次,对新兴传染病的早期监测和诊断非常关键,以便及时采取控制措施。此外,公众教育和科学普及是阻止传染病传播的有效手段,能够降低社会对疫情的恐慌感。通过对1918年流感和艾滋病这两个20世纪传染病案例的深入分析,我们不仅更好地了解了它们的起源、传播途径和社会影响,还汲取了许多重要的医学和社会经验。这两个案例都在不同层面上考验了全球公共卫生体系的应对能力,同时也催生了许多医学和生物安全领域的重要研究。对于未来的传染病防控工作,我们需要更加紧密合作,利用先进技术和科学方法,共同应对可能出现的新兴传染病挑战,以确保全球公共卫生安全。

8.2.3 21世纪至今的案例:从SARS到MERS再到新冠肺炎

21世纪以来,全球范围内发生了一系列具有重大影响的传染病事件,其中包括严重急性呼吸综合征(SARS)、中东呼吸综合征(MERS)和新冠肺炎(COVID-19)。这些传染病的暴发不仅对公共卫生系统产生了极大的挑战,也对社会、经济和全球治理体系造成了深远的影响。

SARS暴发于2002年,从中国南部迅速传播至全球多个国家和地区。这次疫情不仅导致数千人感染,更在短时间内造成了严重的社会紧张和恐慌。随后的MERS于2012年在中东地区暴发,其高病死率引起国际社会的高度关注。这两次疫情加强了各国对呼吸道传染病的防控意识,推动了全球医疗卫生体系的改革和升级。新冠肺炎自2019年底首次暴发以来,以其极高的传染性在全球迅速传播,引起了严重的公共卫生危机。由新冠肺炎疫情导致的全球范围内的封锁、隔离和防控措施对全球经济、社会秩序产生了巨大冲击,让人们再次深刻认识到呼吸道传染病的全球威胁[28]。

这三次疫情对科学家、政策制定者和公众都提出了巨大的挑战,并极大地凸显了传染病溯源工作的紧迫性。传染病溯源为预防未来的疫情暴发提供了关键信息。通过深入了解这些疫情的暴发过程和传播途径,我们能够更好地开展溯源工作,从而发现疫情的源头。只有通过科学的溯源工作,我们才能够更好地了解病原体的起源和传播路径,制定有效的防控策略,保护公众的健康和安全。

8.2.3.1 严重急性呼吸综合征(SARS):全球性公共卫生危机的先兆

2002年11月,一场严重的呼吸道疾病在中国南部的广东省暴发,广东省成为后来被称为SARS(严重急性呼吸综合征)的病毒的首次暴发地。疾病初期,患者表现为高热、呼吸急促、肺炎等症状,引起了当地卫生当局的高度警觉。经过初步研究,科学家们确定SARS的病原体是一种新型冠状病毒。这一发现引起了国际医学界的广泛关注,因为冠状病毒一般被认为是引起较为轻微感冒的病毒家族成员。然而,这次SARS暴发表明,某些冠状病毒具有潜在的高致命性和传染性。SARS的传播途径主要通过飞沫传播和直接密切接触。患者的呼吸道分泌物成为主要的传播源,通过空气中的飞沫传播至他人。此外,SARS病毒在某些情况下还可通过空气气溶胶传播,使得防控工作更加复杂。由于全球化的特点,SARS病毒很快超越国界,迅速传播至亚洲其他地区以及北美、欧洲等地。这引起了国际社会的广泛关注,各国卫生机构纷纷采取紧急措施,试图遏制疫情的蔓延。在这一过程中,国际卫生组织(WHO)发挥了关键作用,协调全球范围内的疫情防控合作。溯源工作的起点是确定疫情首次暴发的地点。通过对病例的调查和分析,科学家们最终锁定了湖南省和广东省。这两个地区的高发病例成为溯源工作的关键节点,为后续的病原体溯源提供了有力支持。在溯源工作中,野生动物市场成为科学家们关注的焦点。通过对市场动物的采样和检测,科研人员发现市场上一些野生动物携带了与SARS病毒高度相似的冠状病毒。这一发现引发了对野生动物在SARS暴发中的潜在角色的深入研究,为制定更有效的防控策略提供了重要线索。

8.2.3.2 中东呼吸综合征(MERS):动物到人再次的传播挑战

MERS(中东呼吸综合征)首次暴发于中东地区,于2012年在沙特阿拉伯被首次报告。这一呼吸道疾病的暴发引起了国际社会的广泛关注。患者症状包括高热、呼吸急促,甚至导致死亡,使得这一疾病成为全球关注的焦点。经过初步研究,科学家们发现MERS的病原体是一种新型冠状病毒,被命名为中东呼吸综合征冠状病毒(MERS-CoV)。这一病毒与SARS-CoV有相似之处,但也存在一些独有的特征,使得其流行和防控具有一定的特殊性。与SARS相似,MERS-CoV也可通过飞沫进行传播,但MERS-CoV的传播主要通过密切接触,尤其是在医疗机构等封闭环境中。因此MERS更容易在医疗场所引起暴发,加大了防控的难度。由于MERS在医疗机构中的传播较为频繁,医护人员成为高风险群体。医疗机构的暴发使得公共卫生体系面临前所未有的考验,也促使了更加严格的感染控制措施的制定和执行。溯源工作的关键是确定病例零号,即最早感染病毒的个体。通过对病例的追踪,科学家们逐渐了解了MERS-CoV的传播路径。随着研究的深入,科学家们发现骆驼可能是MERS-CoV的潜在宿主。通过对骆驼样本的检测,发现许多骆驼携带了与人类感染MERS相似的病毒。这一发现引发了对骆驼与人类之间传播途径的更深入研究,为制定防控策略提供了新的视角。

8.2.3.3 新冠肺炎(COVID-19):全球性流行与新挑战

新冠肺炎(COVID-19)于2019年底暴发,很快成为全球关注的焦点。这一疾病迅速传播,引起了国际社会的高度警觉。经过初步研究,科学家们确认了这一冠状病毒的新型亚型,即SARS-CoV-2,成为引发COVID-19的元凶。这一病毒与之前的SARS-CoV在基因结构上存在相似之处,但也有明显的区别,影响力更为巨大。与前两次呼吸道传染病(SARS和MERS)相比,新冠肺炎表现出更高的传染性,且具有相对较长的潜伏期。这使得防控更为复杂,也使病毒在全球范围内蔓延的速度更快[29]。COVID-19 在短时间内蔓延至全球,导致了一场严重的公共卫生危机。各国纷纷采取紧急措施,包括封锁城市、实施社交隔离和推动大规模疫苗接种等手段,以应对病毒的传播。海鲜市场成为疫情溯源的关键地点。科学家们通过对市场内动物样本的检测,试图找到病原体的起源。这一过程中涉及了流行病学、分子生物学等多个学科的合作。与此同时,有关病毒是否可能源自实验室的争议也成为疫情溯源的一个敏感话题。国际社会对实验室安全、科学道德等方面提出了质疑,突显了溯源工作的复杂性和敏感性[30]。

8.2.3.4 案例对比与启示

在深入研究三次呼吸道传染病(SARS、MERS 和 COVID-19)的发展历程、流行特点以及溯源工作的基础上,我们可以得出一系列关键性的结论,这些结论将对未来的生物安全防控提供了宝贵的启示。

1. 三次疫情的共同特点与差异

这三个传染病案例有一个共同点,即它们都是由冠状病毒引起的。冠状病毒的变异性和适应性使得它们具有较高的传播能力,成为潜在的全球公共卫生威胁。这表明了冠状病毒的研究和监测对于防范未来的传染病暴发至关重要。然而,它们也在一些关键方面存在显著的差异。SARS 和 MERS 的暴发相对较为有限,但病死率较高;新冠肺炎则在全球范围内大规模传播,病死率相对较低。在起源、传播途径和防控策略上,这三个案例存在明显的差异。SARS 起源于野生动物市场,MERS 源自骆驼,而 COVID-19 的初期暴发与野生动物市场有关[31]。SARS 主要通过飞沫传播,MERS 主要通过密切接触传播,而COVID-19 不仅包括飞沫和密切接触传播,还涉及空气气溶胶传播。防控策略上,MERS 强调医疗系统的强化,COVID-19 更注重大规模检测和全球协作[32]。

2. 传染病溯源对未来防控的启示

通过对 SARS、MERS 和新冠肺炎的溯源工作,我们深刻认识到传染病溯源在未来防控中的关键作用。首先,及早发现和追踪病原体的源头可以帮助科学家更好地了解病毒的传播途径、潜在宿主以及演化路径。其次,通过对溯源数据的深入分析,可以为疫苗研发提供重要线索,有助于更迅速地制定针对性的防控策略。最重要的是,通过溯源工作,我们可以更好地预测未知病原体的潜在威胁,为世界卫生组织和各国卫生部门提供充分的准备时间,降低疫情对全球的冲击[33]。

8.3 传染病溯源的方法

传染病溯源是一项关键的研究领域,涉及多种方法来确定疾病的起源和传播路径。

主要方法包括流行病学调查、分子流行病学。流行病学调查依赖于对病例的调查和分析,通过收集人口学特征、病程信息和接触史等数据来确定传染病的传播模式和暴露源,其优点是"真实世界"的显像,但也存在获取过程中可能有人为因素干扰,以及实验过程困难等问题。分子流行病学利用分子生物学证据,包括基因组测序、抗体检测等,分析揭示不同病原体株之间的遗传关系,推断传播路径和演化历史,其优势是"确切",但要与生物学证据建立联系存在一定难度。这些方法相辅相成,共同为我们提供了全面、深入的探寻传染病传播源头的视角,深入研究和应用这些方法有助于及早发现疫情暴发源,预测传播趋势,从而采取有效的防控措施,保护公众健康。

8.3.1　流行病学调查为传染病溯源提供实证依据

流行病学是一门研究人群中疾病发生、传播、控制和预防的科学,通过收集、分析和解读大量的健康数据,揭示疾病在人群中的传播模式、风险因素以及预防控制策略。流行病学调查是传染病溯源工作的重要环节和基础。通过揭示传播规律和潜在风险因素,为溯源工作提供关键信息和线索,帮助确定传染病的起源和传播路径,为追踪病原体提供科学依据。

8.3.1.1　流行病学调查的分类

流行病学调查可以根据疾病类型、调查对象、调查方法、调查目的等多种因素进行分类[34]。以下将从这些角度对流行病学调查进行分类和介绍。

根据疾病类型的不同,流行病学调查可分为传染病和非传染病的调查[35]。传染病调查主要针对能够通过接触、空气传播等途径传播的疾病,如流感、霍乱、艾滋病等。在传染病调查中,重点是追踪病例的流行病学链,确定病原体的传播途径和源头。而非传染病调查则主要关注与环境、生活方式等因素相关的疾病,如心血管疾病、糖尿病、癌症等。这类调查通常涉及大规模的人群调查和统计分析,以确定潜在的危险因素和预防措施。

流行病学调查的对象可以是个体、家庭、社区乃至全球范围的人群[36]。个体调查主要针对疾病患者及其密切接触者,通过收集其个人信息、行为习惯、医疗史等数据,分析其可能的感染途径和传播链。社区调查则是针对某一特定地区或人群展开的调查,旨在了解该社区内疾病的发病率、流行规律以及可能的暴露因素,为制定针对性的防控措施提供依据。而随着全球化进程的加速,全球范围的流行病学调查变得日益重要,通过跨国合作、数据共享等方式,全球调查可以更全面地了解疾病的传播路径和风险因素,为全球公共卫生安全提供支持。

根据调查目的,流行病学调查可分为描述性流行病学调查、分析性流行病学调查、实验性流行病学调查、生态学调查。[37]描述性流行病学调查旨在详细描述疾病的分布情况,包括时间、地点和人群。通过收集数据,研究者可以确定疾病的发病率和患病率,以及疾病在不同人群中的分布特征。分析性流行病学调查更进一步,它试图找出疾病的可能原因。分析性流行病学调查包括两种主要的研究设计:队列研究和病例对照研究。队列研究关注的是暴露因素和疾病结果之间的关系,而病例对照研究则是比较有疾病的个体(病例)和没有疾病的个体(对照)的暴露历史。实验性流行病学调查通过干预措施来观察疾病模式的变化,以此来证明某些因素是疾病的原因。最常见的实验设计是随机对照试验,其中参与者被随机分配到干预组或对照组。生态学调查研究的是群体水平上的数据,而不是个体水平。研究者会分析不同地区、不同时间的疾病发生率与环境因素或社会经济因素的关系。

根据调查对象和研究目的的不同,流行病学调查可以采用多种调查方法[38]。问卷调查是最常见的调查方法之一,通过设计问卷并对调查对象进行采访或填写,收集相关数据,适用于大规模调查和人群统计分析。生物统计分析是流行病学调查中的重要工具,通过数理统计方法对收集到的数据进行整理、分析和解读,揭示疾病的发生规律和影响因素。病例对照研究是一种常用的病例控制研究方法,通过比较病例组和对照组的暴露史和其他相关因素,分析其与疾病发生的关系,识别潜在的危险因素。实验研究通常用于评估特定干预措施对疾病发生和传播的影响,例如疫苗试验、药物治疗效果评估等。流行病学调查通常通过多种方法的综合运用来实施。

8.3.1.2　流行病学调查的主要步骤

在进行流行病学调查之前,必须进行充分的研究设计与策划。首先,需要根据调查目的,确定调查的对象群体和时间范围。其次,设计调查方案,包括调查问卷、数据收集方法、样本选择等。最后,制定调查计划和工作安排,明确各项任务和责任人员,以确保调查的有效性和系统性。

流行病学调查的核心工作是数据收集与整理。调查人员通过实地调查、问卷调查、病例报告等方式,收集患者的个人信息、病情表现、接触史、旅行史等相关数据。同时,还需收集疫情地点的环境信息、社会经济信息等。收集的数据需要及时、准确地整理和录入,建立完整的数据库,保证数据的精确性和有效性。

完成数据的收集与整理后,需要对数据进行分析与解读。通过统计学方法,对流行病学调查数据进行描述性统计分析,以了解疫情的基本特征。这可以包括计算感染率、病例分布、年龄和性别分布等,其中,要重点追踪已知病例的接触者,并对其进行调查和监测,通过确定病例之间的接触链,可以确定传播的路径和范围,进而追溯疫情的源头[39],为后续的控制措施提供科学依据。

将数据分析的结果整理和归纳,撰写调查报告向相关利益方和公众发布。报告中应包括调查的目的、方法、主要结果和结论,提出针对性的建议和措施,对疫情防控和溯源工作提供科学支持。

8.3.1.3　流行病学调查的优势

通过多种途径收集数据,包括病例报告、实验室检测和社区调查等,使得数据更加全面和客观,从而为追溯病原体源头提供坚实的基础[40]。这种多渠道的数据采集方式有助于综合分析疫情传播的动态变化和不同人群的感染情况。通过科学分析,这些数据为确定病原体的来源提供可靠的数据支持,为追溯病原体源头奠定坚实的基础。

流行病学调查能够在短时间内确定暴露源,利于制定针对性的隔离、检测、治疗和宣传措施,提高疫情防控的效果和效率。通过追踪感染者的活动轨迹和接触史,可以及时采取措施,减少病例数量和传播风险,为后续的防控工作提供重要参考。

流行病学调查依赖于实证数据,可以提供可靠的证据来支持疾病控制措施的制订。通过科学分析调查结果,可以揭示疾病的传播规律和影响因素,为预防和控制提供科学依据,有助于制定更加有效的应对策略。

流行病学调查具有较高的灵活性,可以根据不同的疾病和情境灵活调整调查方法。这种灵活性使得调查能够更好地适应不同疫情形势和溯源需求,提高应对突发传染病事件的能力和效率。

8.3.1.4　流行病学调查的缺陷

有效的流行病学调查必须在疾病暴发初期迅速启动,以便及时获取接近传染病源头的流调信息。然而,在实践中,这一要求常常难以实现。由于传染病的暴发通常与未知的病原体有关,需要一定时间来确认病因,并据此制定有针对性的调查方案,更为复杂的是,政治、经济和社会等多重因素的交织影响,可能导致调查启动的及时性受到严重制约,这无疑为流行病学调查工作增添了诸多挑战。

使用流行病学调查数据做溯源分析时,数据的质量和完整性对调查结果至关重要。然而,数据的真实性和准确性可能受到病例报告、诊断技术等多种因素的影响,病人主观回忆、医生诊断水平等因素也可能引入信息偏差和误差,进而影响调查结果的可信度和准确性。

进行高质量的流行病学调查需要大量的资源,包括资金、人员和技术支持。调查团队需要具备专业的技术能力和丰富的经验,以有效地收集、分析和解读数据。由于调查涉及大规模的数据收集和处理,因此成本较高,这可能会对调查的规模和持续性产生影响。

流行病学调查虽然可以揭示已有数据的规律,但对于一些不易被发现或识别的因素,可能无法完全掌握。例如,某些病原体可能存在长期潜伏期或无症状感染,这增加了识别和追踪的难度。此外,流行病学调查的结果受到研究设计和方法的限制,存在一定的不确定性。

8.3.1.5 结语

流行病学调查作为传染病溯源的重要手段,发挥着不可替代的作用。通过系统性的数据收集、分析和解读,揭示传染病的暴发源头和潜在风险因素,为制定有效的控制和预防措施提供科学依据,促进传染病的溯源和防控工作取得成功。然而,调查过程中也存在一些局限性,例如:传染病的潜伏期可能导致病例报告之前的传播动态难以捕捉,并且流行病学调查通常无法提供关于病原体如何、何时以及从哪里传播的精确信息。

为了克服这些缺陷,研究人员通常会使用分子生物学的手段,结合病原体的基因组数据进行分析。基因组数据可以帮助科学家们更准确地获得病原体的遗传、进化及变异情况,从而提供更深入的溯源信息,这种方法被称为分子流行病学。在未来的传染病防控中,随着技术的进步和方法的不断完善,流行病学调查将继续发挥重要作用,为维护公共卫生安全做出更大的贡献。

8.3.2 分子流行病学结合高通量测序开创溯源新途径

分子流行病学是一门交叉学科,结合了流行病学、分子生物学、遗传学等领域的知识和技术,它旨在利用先进的实验技术测量生物学标志,从分子水平研究疾病传播和演化过程。近年来,高通量测序技术的迅猛发展为分子流行病学研究提供了新的契机。将分子流行病学与高通量测序技术结合,可以揭示不同病原体株系之间的关系,追踪它们的传播路径以及种群结构和演化动态。这种方法不仅可以用于病毒、细菌等微生物的研究,还可以用于宿主动物和人类群体的遗传分析。作为一种前沿技术,它已经成为研究和解决传染病暴发的重要工具之一。

8.3.2.1 分子流行病学的发展

1. 分子流行病学的诞生

分子流行病学的产生基础可以追溯到 20 世纪 50 年代至 70 年代,当时科学家开始意识到某些疾病的流行不仅受到如社会行为、环境因素和生物学特征等传统流行病学因素的影响,还受到病原体本身的分子特性的影响。20 世纪 70 年代末至 80 年代初,基因克隆和 DNA 测序技术的发展使得科学家们能够更加深入地研究病原体的基因组,这为了解病原体的遗传变异提供了重要的工具,研究者们开始关注病原体基因组的演化、变异和在传播过程中的作用。20 世纪 80 年代中期至 90 年代中期,随着 DNA 测序技术的进步,研究者们开始研究病原体基因组与疾病发生和传播之间的关系,尤其是通过比较不同株系的基因组序列,揭示了病原体的演化和流行过程中的分子机制[41]。1993 年,美国出版了世界上第一本分子流行病学专著——*Molecular Epidemiology：Principles and Prac-*

tices[42]。1995 年,人类第一次得到完整的细菌基因组:嗜血流感菌[43]。20 世纪末至 21
世纪初,随着技术的不断进步和创新,下一代测序(next-generation sequencing,NGS)即高
通量测序技术应运而生。从手工测序到自动测序,从实验室到商业化,DNA 序列的测序
速度大幅提高,成本大幅降低,生物信息学作为一个新兴的跨学科领域开始受到重视,生
物信息学研究者们致力于开发算法和软件工具,用于处理、分析和解读大规模的生物学
数据。分子流行病学从无到有,逐步走入大众视野,成为一个独立的学科领域。

2. 传统的分子流行病学研究助力溯源工作

在高通量测序技术产生之前,分子流行病学的研究方法相对有限,通常依赖于 PCR、
电泳和其他分子生物学技术。研究人员首先需要确定与疾病相关的生物标志物,即从暴
露到疾病发生发展过程中,各种能反映组织和器官功能或结构变化的细胞、亚细胞和分
子水平的标志物质。通过分析病原体的遗传变异,研究人员能够确定病原体的起源、传
播路径以及不同地理群体之间的遗传差异,为疫情溯源提供了重要的支持。

为预防和控制艾滋病在我国的进一步流行,我国研究人员曾于 1984—1987 年对中
国首批 HIV 感染者开展了艾滋病的血清流行病学调查研究。该研究收集了 7001 份血清
流行病学调查结果,共发现 14 例 HIV 抗体阳性者。其中 4 例为注射过美国生产的第Ⅷ
因子的我国血友病患者,10 例来自外国,包括 3 例艾滋病患者和 7 例没有症状的 HIV 抗
体阳性者,其余皆为阴性。溯源研究发现,HIV 经血液制品于 1982 年由美国传入中国,为
我国防艾工作提供了重要的科学依据[44]。

传统的分子流行病学研究在揭示病原体和宿主基因组的关键信息方面发挥了重要
作用,然而,受限于当时的技术手段,其在覆盖范围和分辨率上存在一定的局限。随着组
学技术的发展,分子流行病学的研究手段和能力得到了极大的扩展。

3. 高通量测序技术极大地推动了分子流行病学溯源

高通量测序技术的迅猛发展标志着现代生物学领域的一项重大突破,其革命性变革
深刻影响着我们对基因组的认知和研究方法。经过数十年的演变,从最初的 Sanger 测序
方法到如今的 NGS,高通量测序技术不仅大幅度降低了测序成本,而且提升了测序速度
和数据产出量,有助于对多种生命类型和物种的完整核酸序列(包括人类基因组和许多
动植物、微生物种的完整核酸序列)进行测序。在这个基础上,科研人员能够在短时间内
对病原体的基因组进行全面分析,识别变异位点并建立进化树等,追溯疾病的起源和传
播路径,揭示疾病的进化特征,为分子流行病学的溯源工作提供强有力的数据支持,为疾
病防控提供重要的科学依据,有助于及时制订针对性的防控策略,有效遏制疫情的蔓延。

高通量测序技术为分子流行病学提供了大量的数据资源。传统的流行病学研究需
要通过采集样本、提取 DNA、进行 PCR 扩增等步骤获取基因组信息,过程烦项且耗时;而

高通量测序技术能够同时对大量样本进行基因组测序,大大提高了数据获取的效率,使得研究者能够更快地获取样本的遗传信息,加速了分子流行病学研究的进程。高通量测序技术能够揭示病原体的遗传变异和进化趋势,为疾病的传播规律和演化提供重要线索。通过对不同时间点和地点的病原体样本进行测序比对,可以追踪病原体的演化轨迹,分析其在人群中的传播路径和速度,为制定针对性的防控策略提供科学依据。高通量测序技术还能够帮助研究者快速识别新型病原体,并了解其与宿主的相互作用机制。在应对新兴传染病和突发公共卫生事件时,高通量测序技术能够快速获取病原体的基因组信息,揭示其传播途径和潜在危害,为及时采取有效的应对措施提供重要支持。

分子流行病学作为一门重要的学科,经历了长足的发展和创新,为传染病溯源提供了新的视角和工具。最初的分子流行病学研究主要集中在对特定病原体的遗传变异和传播途径的探究上。随着高通量测序技术的快速发展和普及,研究人员能够以前所未有的速度和精度获取大量的病原体组学数据,分子流行病学进入了一个全新的时代。

8.3.2.2　组学在分子流行病学中的应用

现代生物学领域中,高通量测序技术研究主要包含基因组学、转录组学、蛋白质组学和代谢组学四个学科,它们共同属于功能组学(functional genomics)的范畴。

基因组学是对所有基因进行基因组作图(包括遗传图谱、物理图谱、转录物图谱)、核苷酸序列分析、基因定位和基因功能分析的学科领域,它揭示病原体的遗传信息、进化关系和变异模式。基因组学的研究不仅包括基因的识别和功能注释,还涉及基因之间的相互作用、基因与环境的互动以及基因变异与疾病之间的关系。通过基因组学研究,可以更好地理解生物的进化历程,识别疾病相关的遗传标记,并为个性化医疗以及在农业中改良作物品种提供科学依据。

转录组学研究病原体的基因表达谱,揭示病原体在不同环境或感染状态下的基因表达变化。转录组学对于理解细胞如何响应内部和外部信号至关重要,通过分析转录组数据,可以推断基因的功能,了解基因表达调控机制,识别新的转录本和剪接变体,以及研究复杂疾病的分子机制。转录组学的研究对于揭示生物体的生理状态和疾病发生过程具有重要意义。

蛋白质组学研究病原体的蛋白质组成和功能,揭示病原体的代谢途径、蛋白质相互作用以及与宿主相互作用的机制。它涉及蛋白质的鉴定、定量、定位和功能分析。蛋白质组学使用质谱等技术来分析蛋白质的表达水平、修饰状态和相互作用。这一领域的研究有助于揭示蛋白质在疾病中的作用,并可能促使新药物的发现。

代谢组学研究病原体的代谢产物谱,揭示病原体的生化代谢途径和代谢产物的变化。代谢物是细胞代谢过程中的中间产物和最终产物,包括糖类、氨基酸、脂类等。通过分析这些小分子化合物,代谢组学可以提供关于生物体生理和病理状态的直接信息,还可以帮助识别特定代谢产物与病原性相关的代谢途径或代谢产物标志物,从而为疾病的诊断和治疗提供线索。代谢组学在疾病诊断、药物研发和营养研究中具有重要应用。

其中,基因组学和转录组学是传染病溯源中最常用的学科,其在病原体鉴定和溯源中的应用如图 8.5。

首先从感染者、动物或环境源收集生物样本,并对其进行鉴定。生物样本包括含有病原体痕迹的血液、唾液、组织或环境拭子等。在收集样本时,需要确保样本的完整性和纯度,以保证后续分析的准确性。采集后,样本需要在适当的条件下运输和储存,防止其退化或污染。在实验室中,病原体的鉴定开始于样本的处理,包括富集、分离和纯化。接下来,研究人员会使用多种技术进行鉴定,如显微镜检查、生化测试、血清学方法和分子生物学技术。其中,聚合酶链反应(PCR)是一种常用的分子技术,它可以快速准确地检测特定的病原体 DNA 或 RNA。免疫学方法,如酶联免疫吸附试验(ELISA),则可以检测病原体特有的抗原或抗体。

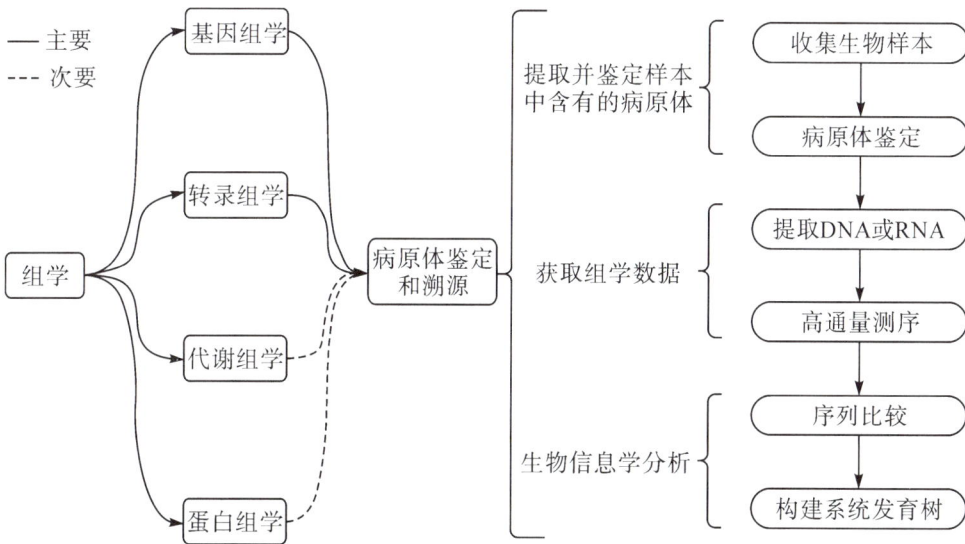

图 8.5　组学在病原体鉴定和溯源中的应用图示

病原体被成功鉴定之后,便可以获取其组学数据。病原体组学数据的获取是理解其遗传特性的关键。这一过程通常涉及以下几个步骤:首先,需要从纯化的病原体样本中提取高质量的 DNA 或 RNA;然后,使用高通量测序技术对其进行测序,高通量测序技术能够快速产生大量的序列数据,覆盖整个基因组,提供病原体序列的详细信息,包括所有遗传变异。

得到高通量测序结果后,对其进行序列比较。序列比较是研究不同病原体株之间遗传差异的方法,包括序列对齐、变异检测和功能注释。通过序列比较,可以揭示病原体的进化趋势和宿主跳跃事件。例如,通过比较不同地理区域或不同宿主来源的病原体株,可以推断出病原体的传播路线和演化历史。这些信息对于病原体溯源和制定传染病防控策略具有重要意义。

利用所获得的组学数据,构建系统发育树来追踪病原体的演化历史和传播路径。研究人员可以使用多种算法,如距离法、最大简约法、最大似然法和贝叶斯法来构建系统发育树。系统发育树不仅可以显示不同病原体株之间的亲缘关系,还可以帮助研究人员追踪病原体的传播事件和确定其起源。此外,系统发育分析还可用于识别病原体的新变种或新亚型,为疾病监测和预警提供科学依据。

最后,利用分子流行病学的结果进行溯源和疫情控制。通过追溯病原体的演化历程,可以揭示传染病的起源地、传播途径以及可能的宿主,有助于及时采取措施阻断疫情的传播,并找出病原体的来源,避免疫情的持续扩大。

8.3.2.3　生物信息学为分子流行病学溯源提供证据

生物信息学是一门交叉学科,它结合了计算机科学、数学和生物学,通过开发算法、计算模型、数据库和溯源分析平台来存储、分析和解读生物数据。生物信息学工具和方法被广泛应用于分子流行病学的传染病溯源研究。特别是随着高通量测序技术的发展,生物信息学在处理和理解大规模组学数据方面发挥了关键作用。

1.序列比较技术

序列比较技术是生物信息学中的核心技术之一,它主要分为基于比对(alignment)的方法和基于免比对(alignment-free,AF)的方法两大类,接下来将从传染病溯源的角度解析这两种序列比对方法。

基于比对的方法主要是对序列进行局部比对[45]或者全局比对[46],通过将两个或多个序列对齐,寻找它们之间的相似性和差异性,常用的算法为 Smith-Waterman 算法和 Needleman-Wunsch 算法。在溯源方面,通过比对不同来源的序列,如病原体基因组序列或微生物序列,可以发现它们之间的相似性和变异情况,这有助于追踪病原体传播路径、确定它们的来源以及研究它们的进化关系。代表性的序列比对方法包括 BLAST[47-48]、MAFFT[49]、DIAMOND[50]等。

BLAST[47-48]是一套在蛋白质数据库或 DNA 数据库中进行相似性比较的分析工具,使用了由 Altschul 等人在 1990 年提出的双序列局部比对算法。双序列局部比对算法主要分成 Needleman-Wunsch 算法和 Smith-Waterman 算法,分别用于全局比对和局部比对。

Needleman-Wunsch 算法是基于动态规划的全局比对算法。首先,基于给定的相似性打分规则,为每一对字符赋予一个相似性分数。如果两个字符完全相同,则得分为正分;如果不同,则得分为负分。另外,还需要设置错位惩罚分 d,表示序列在错位时需要扣除的分数。构建一个 $(m+1) \times (n+1)$ 的矩阵 $\boldsymbol{F}$，其中 m 和 n 分别为两个序列的长度，用 $\boldsymbol{\sigma}$ 表示置换矩阵，然后从矩阵 (1.1) 位置开始，按照动态规划的原则递推计算每个单元格中的最大分值。式 (8.1) 中，$\boldsymbol{\sigma}(a_i, b_j)$ 表示序列 a 的第 i 个字符与序列 b 的第 j 个字符的相似性打分，$\boldsymbol{d}$ 表示错位惩罚分。当整个矩阵计算完毕后，$\boldsymbol{F}_{m,n}$ 的值就是两个序列的最佳比对分数。从 (m,n) 开始，根据选取的路径（对角线、向上或向左），回溯到 $(0,0)$ 即可得到两个序列的最佳全局比对结果。Needleman-Wunsch 算法适用于比较长度相近的两个序列，但它所需的时间较长。

$$\boldsymbol{F}_{i,j} = \mathrm{Max} \begin{cases} \boldsymbol{F}_{i,j-1} - \boldsymbol{d} \\ \boldsymbol{F}_{i-1,j-1} + \boldsymbol{\sigma}(a_j, b_j) \\ \boldsymbol{F}_{i-1,j} - \boldsymbol{d} \end{cases} \tag{8.1}$$

Smith-Waterman 算法是一种用于在两个序列之间寻找最佳局部比对结果的动态规划算法。与 Needleman-Wunsch 算法类似，都需要构建一个打分矩阵 $\boldsymbol{M}$，给出每一对字符的相似性分数和错位惩罚分 d。不同的是，Smith-Waterman 算法在计算过程中，如果分值为负数，会被置为 0［式 (8.2)］。当整个矩阵计算完毕后，在 $\boldsymbol{M}$ 矩阵中寻找最大值 max_$\boldsymbol{M}$，它代表两个序列的最佳局部比对分数。从最大值出发 max_$\boldsymbol{M}$，根据选取的路径，反向回溯到起点，即可得到两个序列的最佳局部比对结果。由于不需要对整个序列进行比对，因此在处理较长序列时，Smith-Waterman 算法的计算效率更高。

$$\boldsymbol{M}_{i,j} = \mathrm{Max} \begin{cases} \boldsymbol{M}_{i,j-1} - \boldsymbol{d} \\ \boldsymbol{M}_{i-1,j-1} + \boldsymbol{\sigma}(a_i, b_j) \\ \boldsymbol{M}_{i-1,j} - \boldsymbol{d} \\ 0 \end{cases} \tag{8.2}$$

免比对的方法将序列打断成固定长度的片段，这些固定长度被称为 k-mer。例如，5-mer 表示长度为 5 的序列片段。基于免比对的方法是一类不直接进行序列比对的技术，通过计算不同 k-mer 的频率或独特性来表征基因组，并使用各种统计测量来确定不同基因组之间的相似度。相对于基于比对的方法，基于免比对的方法不需要进行复杂的序列比对过程，通常更快速和高效，因此它更适用于大规模数据集和高通量测序数据的分析。代表性的 AF 方法包括 Kraken2[51]、Centrifuge[52]、CLARK[53]、Ganon[54]、KMCP[55] 等。

KMCP[55] 是一种基于 k-mer 频率矩阵的免比对分类方法，常用于对高通量测序数据进行物种分类和溯源分析。其核心思想是利用基因组的 k-mer 组成特征来表征物种，算法流程如下：首先统计参考基因组序列不同长度 k-mer 的出现频率，构建成 k-mer 计数矩阵；然后，根据不同 k 值，将 k-mer 计数矩阵映射到 k-mer 金字塔结构中，得到不同 k 值层级上的金字塔映射向量；利用金字塔映射向量，通过距离度量（如余弦相似度）计算查询序列与参考基因组之间的距离得分;最后,根据距离得分对物种进行分类,并可通过主成分分析等方法对多个物种的相似性关系进行可视化。KMCP方法无须执行耗时的序列比对,算法高效且可扩展。它利用k-mer频率的信息对基因组序列建模,能捕捉到不同物种基因组的特征差异,在溯源和大规模组学数据处理中发挥重要作用。

2. 系统发育分析

系统发育分析是一种通过比较遗传序列来推断不同生物之间亲缘关系的方法。在分子流行病学中,这种分析对于理解病原体如何随时间演化和传播至关重要。构建系统发育树可以揭示病原体的演化历史,识别它们的共同祖先,以及它们在不同宿主和环境中的传播和适应方式。以下是几种常用的构建系统发育树的方法。

邻接法[56](neighbor-joining,NJ):是一种快速且有效的基于遗传距离的系统发育树构建方法。这种方法需要先计算所有物种对之间的距离,然后选择最近的两个物种或群体合并成一个新的节点,这个过程不断重复,直到所有物种都被合并到树中。在传染病溯源中,NJ法能够迅速提供一个大致的疾病传播路径图谱。由于其计算速度快,特别适用于在疫情初期迅速分析大量样本,以确定病原体的传播趋势。但它将序列上的所有位点等同对待,只能应用于进化距离小、序列相似度较高的序列,因此它更适合用作初步分析工具,为后续更精细的研究提供基础框架。

最大似然法[57](maximum likelihood,ML):在传染病溯源中的独特之处在于其强大的统计学基础和对复杂模型的处理能力,它通过选择使观察到的数据最有可能出现的树来构建系统发育树。ML法考虑了序列的进化历史和各种生物学因素(如突变率和选择压力),并计算不同树结构下数据出现的概率,选择概率最高的树作为最终结果。尽管计算量大,但ML法在确定疾病暴发的源头和传播动态方面提供了高度可靠的结果,这对于制定有效的公共卫生干预措施至关重要。

贝叶斯推断[58](Bayesian inference,BI):通过计算系统发育树的后验概率分布,为传染病溯源提供了一个全面的概率框架。BI法不仅考虑了数据在给定树下的概率,还考虑了树的先验概率。这种方法可以在不确定性较高的情况下仍能得出可靠的结论,提供关于树的全面统计描述,但它的计算速度慢,需要长时间的马尔可夫链蒙特卡洛(MCMC)模拟。

最大简约法(Maximum Parsimony,MP):是一种寻找需要最少进化事件(如突变或状态改变)的树,提供了一种直观的疾病传播路径解释。MP法的原则是"最简即最佳",它不需要指定序列进化的模型,在数据量有限或者在追求计算效率时具有其独特的优势,但它可能会受到长枝吸引(long branch attraction)的影响,因此在使用时需要谨慎评估数据的适用性。

3. 生物信息学核心数据库

生物信息学数据库为病原体溯源提供数据支撑,其包含基因序列、蛋白质结构、代谢途径以及样本信息等广泛数据,在追踪病原体的起源、传播途径和演变历史方面更具有不可替代的作用。

通过对病原体进行测序并将序列数据存储在公共数据库中,研究人员可以比对不同来源的病原体之间的遗传差异,构建系统发育树,追踪病原体的进化历程并推断可能的起源地。同时,将新发现的病原体序列与已知病原体序列进行比对,也有助于研究人员判断其是否属于新型病原体。除了组学序列,与病原体相关的元数据也能为溯源工作提供宝贵信息。这些元数据包括采样时间、地点、宿主物种等,可帮助研究人员追踪病原体的时空传播轨迹,极大提高数据的可追溯性和利用价值,助力传染病溯源工作。

生物信息学数据库的标准化和互操作性对于快速有效开展病原体溯源工作极为重要。通过采用统一的数据格式标准,不同研究机构产生的数据可以更好地进行整合和共享,避免了数据孤岛的出现。同时,基于标准化接口的数据交换机制,有助于实现不同数据库之间的无缝连接,为溯源分析提供更加丰富的数据资源。

目前国际上有三个主要的核苷酸序列公共数据库:Genbank,ENA 和 DDBJ。Genbank (National Center for Biotechnology Information,NCBI)由位于美国国家卫生研究院(NIH)的美国国家生物技术信息中心建立和维护,ENA(European Nucleotide Archive,ENA)是由位于英国剑桥的欧洲分子生物学实验室(EMBL)维护的欧洲核苷酸档案库,DDBJ(DNA Databank of Japan,DDBJ)是日本维护的核酸数据库。上述三个数据库形成了合作联盟,Genbank 每天都会与 ENA 和 DDBJ 交换数据,保证三个数据库的数据同步。数据库包含数据增长飞快,截至 2023 年 10 月份,Genbank 已经含有来自 55700 个正式描述物种的 37 亿个核苷酸序列的 25 万亿个碱基对[26]。每条 Genbank 数据记录包含了对序列的简要描述、科学命名、物种分类名称、参考文献、序列特征表以及序列本身。所有数据记录被划分为 16 类,包含细菌类、病毒类、灵长类、啮齿类等多种数据。近年来由中国科学院北京基因组研究所国家生物信息中心(China National Center for Bioinformation,CNCB)维护的核苷酸序列数据库(Genome Sequence Archive,GSA)日渐成为国际上第四个核酸序列公共数据库。

4. 高通量测序数据分析平台

高通量测序数据分析平台是针对高通量测序技术所产生的大规模数据进行分析和管理的软件平台。它通过提供用户友好的界面、数据存储和管理功能,集成多个数据库以及优化的病原体鉴定算法,帮助研究人员更高效、准确地分析和应用高通量测序数据,推动传染病溯源等领域的进展。

　　高通量测序数据分析平台提供了用户友好的界面和工具。由于高通量测序数据的复杂性和庞大规模,对于没有生物信息学背景的研究者或临床医生来说,学习成本较高。因此,为了使更多的研究者和临床医生能够利用高通量测序数据来开展传染病溯源工作,高通量测序数据分析平台提供了用户友好的界面和工具,只需上传数据并一键启动数据分析,平台就会自动完成所有分析步骤,并生成结果报告,使得非专业人士也能够通过数据分析来开展传染病溯源工作。

　　高通量测序数据分析平台提供了数据存储和管理功能。高通量测序技术产生的数据量巨大,如何科学地存储和管理这些数据成为一个关键问题,高通量测序数据分析平台提供了数据存储和管理的解决方案,包括数据压缩、备份、索引和检索等功能。通过合理的数据管理,科研人员可以更方便地存取和共享数据,提高数据的可利用性和共享性,为开展更为准确、有效的溯源工作提供基础。

　　高通量测序数据分析平台集成多个数据库,并提供优化的比对算法和策略。序列比较技术是高通量测序在传染病溯源中的一个重要技术。在传染病溯源中,序列比较技术通常涉及将测序数据与已知的数据库进行比对,以确定序列间的相似性和变异情况并构建系统发育树,为传染病溯源提供科学依据。然而,数据库的规模直接影响了比对的速度和精度。如果数据库过大,比对速度就会变慢;而如果数据库过小,比对的精度可能不足。为了解决这个问题,高通量测序数据分析平台通常会集成多个病原体数据库,并提供优化的比对算法和策略,以提高传染病溯源的速度和准确性。

　　以一体化快速病原体智能检测分析平台为例,平台提供一个基于 Web 浏览器的图形化操作界面。用户可以通过前端界面轻松地进行样本信息、测序信息的录入和管理、启动分析任务、查看分析结果等操作,实现了平台操作可视化;平台整合了常用的生物信息学软件,针对宏基因组样本和纯培养样本分别设计特有的分析流程,包含质量控制、物种注释(图 8.6)、数据拼接、溯源分析(仅纯培养样本,图 8.7)以及预测毒力基因和耐药基因(图 8.8)五个部分。用户在图形化界面下启动分析任务后,平台会自动执行分析步骤并生成可视化的结果报告,实现了数据分析的自动化。同时,平台成功地构建了一个包含病原体基因序列、物种分类信息和样本来源信息的病原体数据库来支持病原体鉴定和溯源分析任务,解决生物信息学工具应用于传染病溯源工作中存在的数据分析学习成本高、数据库大小难以平衡等多种问题,为及时追溯病原体来源,控制传染病疫情提供有力支撑。

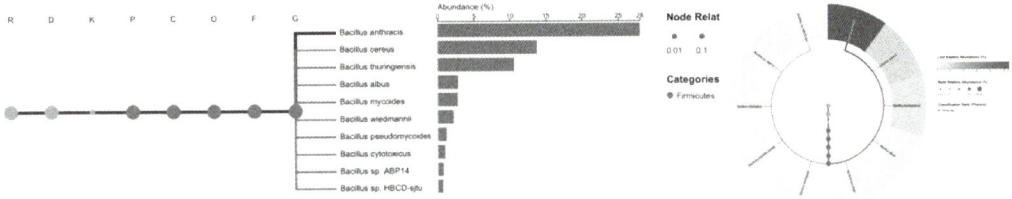

图 8.6　一体化快速病原体智能检测分析平台物种鉴定结果示意图

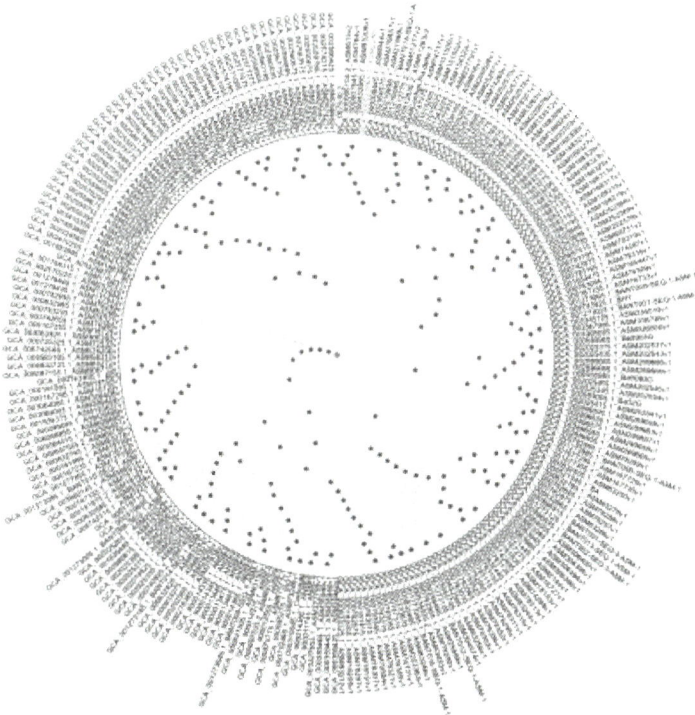

图 8.7　一体化快速病原体智能检测分析平台溯源分析结果示意图

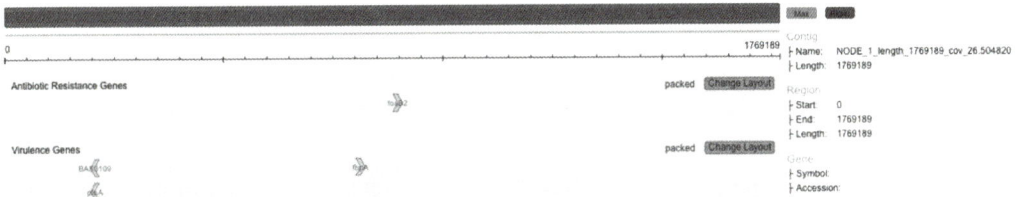

图 8.8　一体化快速病原体智能检测分析平台毒力基因和耐药基因预测结果示意图

不同于通用的一体化快速病原体智能检测分析平台,内蒙古自治区鼠疫菌鉴定溯源系统平台是一个专注于解决常规和紧急鼠疫疫情溯源需求的平台。该平台不仅可以通过用户友好界面实现生物信息学分析和数据统计等功能,还能够结合地理信息和可交互界面,清晰直观地展示鼠疫菌样本最近缘菌株在内蒙古、中国和世界范围内的位置分布,提供科学有效的鼠疫菌一站式溯源服务。该平台共收集 1558 株鼠疫菌数据(图 8.9),多样性丰富,包括内蒙古 10 个盟市、全国 13 个省份、全世界 31 个国家,可支持研究人员全面开展鼠疫疫情溯源工作。

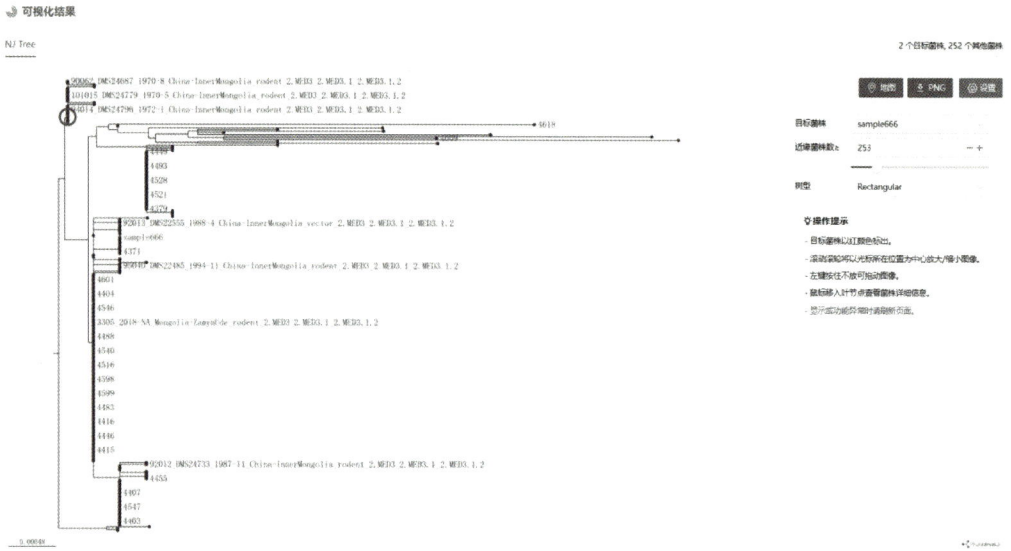

图 8.9　内蒙古自治区鼠疫菌鉴定溯源系统平台近缘菌株进化树展示示意图

5. 结语

在分子流行病学中,生物信息学的应用是多方面的。序列比较结果可以帮助科学家们推断出病原体的起源、病原体之间的遗传关系,以及它们在不同宿主或地理区域中的传播路径,对于预防新发传染病、控制疫情发展具有重大意义。系统发育分析在序列比对的基础上通过构建系统发育树来重建病原体的演化历史,显示不同病原体株之间的亲缘关系,帮助研究人员对病原体进行追踪溯源,为疾病监测和预警提供科学依据。生物信息学数据库通过整合多源异构数据,实现数据的标准化共享,为病原体溯源的各个环节提供有力支持。随着技术的进步和数据量的增加,生物信息学将继续在疾病溯源和防控中发挥重要作用。

8.3.2.4　分子流行病学的优势

分子流行病学在描绘病原体遗传多样性方面能够提供高分辨率的数据,与依赖临床症状或血清学检测的传统流行病学方法不同,分子技术提供了对病原体基因组的详细解读,能够区分密切相关的菌株并检测微小遗传变异,从而更准确地追溯传染病的源头。

相比传统的流行病学调查,分子流行病学具有更快的反应速度,有助于对传染病进行实时监测,及时发现和监测新出现的威胁。通过将基因组监测数据与流行病学信息结合,可以确定病原体的类型和特性,迅速识别暴发事件,追踪病原体的源头,并实施有针对性的干预措施以减轻传播。

分子流行病学技术非常灵活,可以应用于各种类型的样本和病原体。无论是纯培养样本还是宏基因组样本,细菌、病毒还是寄生虫,分子技术都能够进行有效的检测和分析。特别是在面对未知病原体时,传统方法难以快速识别,而分子技术则可以通过基因测序来锁定病原,及时分析溯源,有效应对新兴传染病的威胁。

分子流行病学为全球疫情的监控和溯源提供了重要的工具。在全球化的今天,传染病的传播不再受地域和国界的限制,分子流行病学能够跨越地域和国界,进行全球范围内的病原体监测和溯源。通过国际合作,人类可以共享构建病原体的基因组数据,建立全球性的病原体数据库。这样的数据库不仅可以用于追踪病原体的传播路径,还可以用于监测病原体的遗传变异,为全球传染病的溯源和防控提供科学依据。

8.3.2.5　分子流行病学的缺陷

分子流行病学在传染病溯源工作中也存在一些局限性。

分子流行病学需要高度专业化的技术和设备支持,对操作者的技术要求较高,这限制了其在资源匮乏地区的应用。缺乏先进的实验室设施和专业人员可能使得这一技术难以在一些偏远地区或发展中国家得到有效应用,从而影响了对传染病的实时监测和溯源工作。

分子流行病学对研究人员的要求较高,分子数据的分析和解读需要复杂的生物信息学技能。特别是在处理大规模基因组数据时,研究人员需要具备深入的生物信息学知识和技能,以确保数据的准确性和可靠性。即便是在专业的研究机构,分子流行病学技术的使用也可能会带来误差,需要进一步的验证和确认,这增加了数据分析的复杂性和不确定性。

样本的采集质量和处理方式直接影响分析结果的完整性和准确性。不恰当的样本采集方法或处理方式可能导致数据失真或误差,从而影响对传染病溯源的结果和结论的可靠性。

在流行病学调查的背景下解读遗传数据需要仔细考虑混淆因素和偏见。虽然遗传标记可以阐明传播动态,但并不一定等同于流行病学联系。共同祖先、趋同进化和遗传漂变等因素可能会扰乱系统发育推断,导致传播途径的错误解读和疾病来源的错误归因。

8.3.3　结语

在传染病溯源的研究中,流行病学调查和分子流行病学调查是两种互补的方法。流行病学调查通过收集和分析病例数据,帮助公共卫生专家迅速响应疫情,追溯疫情源头,制定有效的控制措施。但由于流行病学调查对数据质量高度依赖,可能会受到回忆偏差和报告偏差的影响;而分子流行病学通过分析病原体的遗传信息,提供了一种更精确的溯源手段。在高通量测序技术的背景下,我们能够识别病原体之间的微小遗传差异,追踪病原体的演化历史。然而,分子流行病学调查也面临着技术和解读上的挑战,如高成本、数据解读的复杂性以及与临床和流行病学数据的整合需求等。

流行病学调查和分子流行病学调查在传染病溯源中各有千秋。它们相互补充,共同构成了一个强大的工具集。未来的传染病溯源工作需要采取一种多学科、整合性的方法,结合传统的流行病学调查和先进的分子技术,并考虑社会经济因素和环境变化的影响,不仅能够更准确地识别疾病的起源和传播途径,还能够更有效地预防和控制传染病的暴发,助力传染病溯源工作更加高效和精准。

8.4 传染病溯源与生态系统密不可分

生态系统是由生物群落及其非生物环境相互作用形成的复杂网络。在探讨传染病的溯源过程中,生态系统扮演着至关重要的角色。它不仅提供了病原体的自然储存库,还通过物种多样性、物种迁移和环境变化等因素对传染病溯源产生影响。生态系统的健康与稳定对于减少传染病的发生和传播具有关键作用,生态系统的改变可以导致新的传染病的出现和传播,为溯源工作带来困难。因此,保护和恢复生态系统的健康是预防和控制传染病的重要策略。

8.4.1 生态系统提供了病原体起源和宿主关系的重要线索

生态系统作为大自然的宝库,蕴藏着无穷无尽的丰富信息,这对于揭示传染病的起源和理解病原体与宿主关系方面具有重要意义。通过深入研究生态系统中的各种线索,探寻病原体的源头和宿主选择,为疾病的预防和控制提供科学依据。

许多新发传染病的病原体都来自自然界,它们最初存在于野生动植物体内或者特定的生态环境中,一旦这些病原体传播到人类中,就可能引起疫情,给人类社会带来困扰。例如,对人类造成巨大困扰的 HIV 病毒就可能起源于中非地区的黑猩猩[59]。通过研究不同生态系统中的野生动物和病原体,可以揭示病原体的起源和宿主选择。通过对非洲雨林中的果蝠和埃博拉病毒的研究,科学家们发现果蝠是埃博拉病毒的天然宿主,并且人类可以通过接触果蝠粪便等途径而感染埃博拉病毒[60]。因此,研究生态系统不仅有助于理解宿主与病原体之间的复杂互动,还能揭示病原体的起源,为疾病预防和控制提供科学依据。

对金属离子的差异性研究揭示了病原体对不同金属离子的适应性变化。受生态系统中各种环境、宿主代谢和病原体适应性等差异的影响,金属离子在生态系统中的分布往往存在差异。俄罗斯科研人员对俄罗斯里海沿岸、图瓦、阿尔泰边疆区和滨海边疆区的黄鼠、沙鼠及当地的生态环境进行了长年的观测,发现当上述地区土壤中的钛、铁、钴 3 种金属离子的含量迅速增至正常水平的 3 倍时黄鼠和沙鼠中便会暴发鼠疫。俄罗斯专家指出,土壤中铁离子含量的剧烈变化有可能会增强鼠疫菌的活性,从而导致在啮齿类动物中暴发鼠疫[61]。

8.4.2 生态系统改变传染病传播模式对溯源产生挑战

生态系统是一个复杂的有机体网络,各种生物、非生物因素相互影响,存在着各种交互作用和复杂的生态关系,形成一个错综复杂的关系链。病原体在不同环境和宿主之间可能发生多次传播和适应性变化,传播途径也因此变得异常复杂,给溯源工作带来了巨大挑战。下面将从几个方面详细阐述生态系统如何使传播链复杂化并影响溯源。

1. 多种宿主体

在自然界中,许多病原体具有广泛的宿主范围,可在不同物种之间传播。例如,中东呼吸综合征冠状病毒(MERS-CoV)[62]能够感染蝙蝠、单峰驼、马等多种动物。这种跨物种的传播能力,不仅增加了病原体的生存机会,也使得它们的传播路径变得异常复杂,增加了疾病溯源和控制的难度。

2. 生态系统中的复杂食物链

生态系统内部存在着错综复杂的食物链和能量流动链,这使得一些病原体可通过食物链在不同物种之间传播。以狂犬病病毒为例,多种啮齿类动物和蝙蝠都是其常见载体,可通过猎食者和被猎食者的关系在食物链上进行传播。例如,啮齿动物感染狂犬病病毒后,被猫、狗等食肉动物猎食,病毒就会传播给它们[63],而当人类食用感染狂犬病病毒的动物肉类时,也有可能被传染。由于食物链条的复杂性,导致这些病原体的传播途径纵横交错,给溯源工作带来了巨大挑战。

3. 环境变化和物种迁移

随着环境的剧烈变化,一些新的传播途径也在不断出现。气候变化带来的温度和降雨模式的改变,可能影响病媒生物的繁衍和传播范围,从而增加疾病的发生风险。北极地区由于气候变暖,永冻土层解冻,沉睡其中的部分冰毒蚊虫及病原体随之复苏。同时,生物的迁移也在加速病原体传播。比如,近年来我国局部地区曾发生的高致病性禽流感病毒疫情就与水禽迁徙有关[64]。环境变化和物种大范围迁移无疑给传播途径增添了巨大的不确定性,使溯源变得更加困难。

极端天气事件增多也会影响病原体的流行态势。2022 年,巴基斯坦发生特大洪灾后,因为洪水淹没大面积地区,形成利于疟疾传播的滞水环境,疟疾病例比前一年增加了近5倍[65]。类似的情况也发生在2004年印度洋海啸[66]和2005年美国卡特里娜飓风[66]之后,当地的生态环境被天气事件改变,为病原体滋生创造了条件,给溯源带来困难。

4. 人类活动

人类活动正在改变生态系统的格局,增加了跨物种传播机会。随着城市化进程的迅速推进,野生动物的栖息地被人类活动破坏,生境丧失的野生动物开始迁入居民区,相较于以前它们更易接近人类,将一些人畜共患病传播给人类,从而增加病原体传播的风险。这类新兴病原体的真实来源往往难以在短时间内查明,溯源工作变得更加棘手。此外,随着交通运输的发达、全球化进程加快和人员流动增加,疫病的传播范围变得更加广阔,疫源追踪变得更加困难,一旦发生人传人,病原体的传播就会如脱缰野马,极难追踪和溯源。

5. 生态系统内部的自身复杂性

生态系统内部的许多因素会影响病原体在宿主种群中的流行程度。温度、湿度、种群密度、宿主免疫力等环境和生物因素,都会影响病原体在物种群中的存在和变异。例如,高温高湿的环境较有利于呼吸道病毒的传播[67];而免疫力低下的动物群体会加快病原体在群体内传播[67]。2009年,中国云南省曲靖市发生了一场严重的人感染高病原体禽流感H7N9疫情[68]。研究发现,该地区独特的喀斯特地貌、高人口密度以及频繁的人群流动,创造了禽流感病毒在人与家禽之间传播的有利条件。不同的气候、地理环境和宿主免疫状态,会影响病原体在特定生态系统中的传播,给病原体的溯源和防控带来挑战。

8.4.3 生态系统改变病原体进化进程使溯源变得艰难

生态系统对病原体进化的影响是一个复杂的过程,涉及多种生物和环境因素的相互作用。病原体为了在宿主体内存活和繁殖,可能会发展出逃避宿主免疫系统的机制,同时,宿主进化出新的防御策略来对抗病原体,这种持续的"军备竞赛"可以导致病原体的快速进化。而生态系统中抗生素的滥用和生态失衡增加了这种进化的不确定性,使传染病源头追溯变得艰难。

1. 滥用抗生素加速细菌耐药性进化

传染病溯源通常依赖于分子生物学技术来研究病原体的进化和遗传关系。通过分析病原体的基因组序列、遗传标记等信息,可以追溯它们的起源和传播路径,然而抗生素的滥用加速了细菌对药物的耐药性进化[69],使传染病溯源更加艰难。近年来,一些超级细菌在全球范围内快速传播,给公共卫生事件溯源带来新挑战,究其原因,是农业、畜牧业以及医疗卫生系统中对抗生素的过度使用导致了病原体产生抗药性的进化适应。据世界卫生组织统计,2019年全球有近50万例耐多药肺结核病例。这些耐药菌株的出现不仅增加了治疗难度,更加剧了疾病的传播风险。这些细菌可能通过基因重组等方式,产生新的变异株,使其基因序列发生改变,从而模糊了其来源和传播途径。此外,跨种属的基因水平转移也可能发生,使得不同属的细菌获得相同的耐药性,进一步增加了追溯起源的难度。

2. 生态失衡可能促进病原体进化

生态失衡可能增加病原体的宿主范围、传播途径、竞争优势,从而促使病原体发生进化。由于人类活动范围的不断扩大,野生动物栖息地和食物来源发生改变,病原体可能会寻找新的宿主物种作为载体,导致其基因组发生突变以适应新环境。同时,由于水土流失等原因,河流和湖泊可能会受到污染,成为细菌和病毒等病原体的滋生温床,水体环境的变迁也可能促使病原体进化出适应性更强的变异株。除此之外,当一种物种的数量失常时,整个生态系统中的食物链、捕食关系等都会受到冲击,在这种环境压力下,病原体可能会通过基因重组或突变等方式来提高适合度[70],从而占据优势地位。长期进化形成的宿主–病原体关系是相互制约、动态稳定的,但外界干扰可能打破这种微妙的平衡,为病原体的进化变异增加不确定性,偏离原有的进化轨迹,给溯源工作带来困难和挑战。

8.4.4 结语

生态系统对于揭示传染病的源头和理解病原体与宿主的关系具有重要意义,但是要深入追溯传染病的源头并非易事。生态系统的变化可以直接或间接影响病原体的出现、演化和传播模式,其复杂性使得病原体在传播过程中留下了蛛丝马迹,却迷失在环环相扣的传播链中,给溯源工作带来巨大挑战。因此,生态系统的健康和稳定对于传染病的溯源至关重要,保护和恢复生态系统的健康是预防传染病和促进溯源工作的重要策略,通过加强对生态系统的保护和管理,促进物种多样性和生态平衡的恢复。未来需要多学科的协作,结合现代分子生物学、流行病学、环境科学和大数据分析等手段,深入理解传染病溯源与生态系统之间的关系,才能更好地解开病原体溯源及传播之谜。

8.5 人类行为因素和社会经济状况对传染病溯源的影响

在应对传染病溯源这一错综复杂且时间紧迫的公共卫生挑战时,我们必须深刻认识到人类行为因素与社会经济状况之间的紧密交织及其对溯源工作产生的深远影响。人类行为的多样性,包括社交模式的演变、旅行行为的普及以及个人认知的差异化,都在无形中塑造着病原体在人群中的传播路径和速度。而传染病溯源工作的核心,便是揭示这些复杂的传播路径,以切断疫情的传播链,防止疫情的进一步扩散。

与此同时,社会经济状况的差异性也在无形中影响着溯源工作的进展。卫生条件的不均衡、疫情应对能力的参差不齐,都使得溯源工作在不同地区面临着不同的挑战和困难。这进一步凸显了传染病溯源工作的复杂性,它不仅仅是一个科学问题,更是一个深受人类行为和社会经济结构影响的复杂系统工程。

因此,为了更有效地应对传染病溯源挑战,我们必须深入理解并把握人类行为因素和社会经济状况对溯源工作的影响。这涉及对不同人群的行为模式、移动趋势、社会互动等方面进行更详细的研究,以便更精准地定位潜在传播途径。在此过程中,还需关注社会经济差异对卫生条件和医疗资源分配的影响,以便制定具体针对性的政策。社会经济的稳定与可持续发展将直接影响疫情防控的效果。通过对各地卫生系统的支持和改进,可以强化对溯源工作的支持,提高全球卫生防护水平。在进行全方位的考量后制定出更为科学、精准且有效的溯源策略,以更好地控制疫情传播、预防未来风险,并最终构建一个更为健康、安全且充满韧性的全球社会。这不仅是公共卫生领域的使命,更是全人类共同的责任与担当。我们需要齐心协力,共同应对这一全球性的挑战,为保护人类的健康和生命安全而努力。

8.5.1 人类行为因素对传染病溯源的影响

人类行为对传染病溯源造成影响的原因有多方面,主要涉及信息传播和透明度、公众合作、社交行为因素等方面。它们对传染病传播链的追踪会产生重要影响,关系着溯源工作是否能顺利开展和进行。

8.5.1.1 传染病溯源中的社交媒体角色:信息透明与"信息疫情"的双重影响

1. 社交媒体助力:信息透明促进溯源工作的开展

社交媒体在传染病溯源中发挥着重要作用。透明的信息共享机制可以确保疫情信息及时被识别和报告。及时的信息报道使得公共卫生官员能够迅速响应,及时采集临床样本和环境样本,这有助于尽早确定病原体来源。同时,对社交媒体上用户发布的病例报告、旅行史、接触史等信息进行数据挖掘和分析,有助于我们更加准确地确定病原体的来源和传播途径,为疫情防控提供有力支持[71]。

在传染病暴发时,公众对准确和及时的疫情信息有着迫切的需求。社交媒体平台以其实时更新、用户互动和广泛覆盖的特性,成为公众追踪疫情进展和获取相关信息的重要渠道[72]。为了支持有效的疫情溯源工作,政府、医疗机构以及专家学者积极运用社交媒体发布权威信息,提供疫情发生地相关信息、病原体传播方式的最新研究成果,以及可能的疫情发展趋势。他们还利用社交媒体解答公众关于溯源工作的疑问,减少恐慌和误解,引导公众参与科学的防控措施。

同时,社交媒体也为公众提供了一个表达关切、提出问题和反馈急需解决问题的通道。这种开放的交流有助于构建起公众与卫生决策者之间的信任,确保溯源工作的透明度和公众健康措施的接受度。它也为疫情防控工作提供了一个动态的改进过程,通过社交媒体收集到的实时数据和公众反馈,可以帮助卫生官员调整策略,提高应对传染病暴发的效率和效果[73]。

2."信息疫情"对溯源工作的干扰

随着移动互联技术的迅猛发展和便携式网络设备的广泛普及,全球网民数量激增,进而构建了一个庞大的即时信息共享网络。这一网络深深地嵌入人类社会生活之中,推动了信息社会的生成与发展,并引发了信息级联现象。然而,社交媒体用户群体庞大,文化层次多样,导致信息过载现象日益严重。这使得用户在筛选和判断信息时面临巨大挑战,难以形成对风险的正确认知。

社交媒体有着极快的传播速度,使得不实信息与谣言的扩散难以得到有效遏制。在新冠肺炎疫情期间,世界卫生组织将这种虚假信息的泛滥称为"信息疫情"[74]。在互联网构筑的虚拟空间中,信息传播展现出了快捷性、实时性、全球性、多样性和互动性等特点。这导致错误信息能够在全球范围内以几何级数迅速传播,给疫情防控工作带来了极大的干扰。

溯源工作作为一项高度专业化的任务,其核心在于依赖准确、详尽的数据来揭示病原体的传播路径、变异情况以及病原体与宿主之间的相互作用。因此,所有参与溯源工作的信息必须真实可靠,任何虚假信息都可能误导研究人员的判断,导致溯源工作偏离正确的方向。然而,来源于少数人的误解、恐慌心理或恶意操纵制造的虚假信息在社交媒体上的传播速度往往超过真实信息,它们在网络上迅速扩散,加剧了公众的不安和恐慌情绪[75]。对于溯源工作而言,这些虚假信息不仅增加了分析的复杂性,还可能误导研究人员对病原体起源和传播路径的判断。

更为严重的是,社交媒体上的虚假信息还可能造成公众对溯源工作的信任度下降。当公众接触到大量相互矛盾的信息时,他们可能会对溯源结果的准确性和可靠性产生怀疑[76]。公众信任度下降不仅可能削弱公众对疫情防控措施的支持,还可能对溯源工作的进展形成阻碍。在疫情暴发初期,由于信息来源的限制或信息被屏蔽,疫情的真实状况未能及时传达给卫生部门和溯源人员,会对疫情溯源的准确性和及时性产生负面影响。

8.5.1.2　传染病溯源中的公众合作:挑战与应对策略

1.公众合作在溯源中的重要性

在传染病防控领域,公众合作被视为溯源工作的关键要素之一。其重要性在于,公众作为疫情防控的第一线力量,其配合程度直接关系到溯源工作的进展与成效。构建广泛的公众协作网络,能够汇集社会各界的智慧和力量,共同应对传染病的挑战。

在溯源工作中,公众合作的重要性体现在多个方面。公众作为病例报告的主要来源,其及时、准确的报告是疫情及时发现和感染源追踪的关键[77]。公众对于自身健康状况的敏锐观察和及时报告,有助于相关部门迅速锁定疫情暴发点,为后续的溯源工作奠定基础。在疫情暴发初期,我国某地区一名市民因出现疑似症状而主动就医并报告相关部门,这一行为不仅使病例得以早期发现,还为后续的溯源工作提供了重要的线索[78]。公众的合作对于科研机构收集全面的疫情数据至关重要。在疫情溯源过程中,需要收集大量的疫情数据,包括病例的流行病学特征、接触史、活动轨迹等。公众的积极参与和配合,能够使科研机构获取更为完整和准确的数据,为溯源分析提供坚实的数据基础。

公众的支持和参与还能够增强疫情防控的社会氛围,提高防控工作的整体效果[79]。公众的积极配合和遵守防控措施,如佩戴口罩、保持社交距离、配合流行病学调查等,不仅有助于阻断病原体的传播,还能够减少疫情对社会生活的影响。同时,公众的积极参与还能够提升公众对于疫情防控工作的认同感和责任感,形成全社会共同抗击疫情的强大合力。

2. 实际工作中公众不配合的问题

在实际工作中,公众不配合的问题时有发生。个体主义倾向、社会压力、谣言传播、认知缺失等因素都可能影响公众的合作意愿。个体主义倾向在一些人群中表现较为突出。他们可能更加注重个人自由和权利,忽视社会责任和集体利益。在疫情期间,个体主义倾向可能导致他们不遵守社交距离规定,拒绝佩戴口罩,甚至故意隐瞒行程和接触史。这些行为不仅增加了疫情传播的风险,还可能使得传播链变得复杂而模糊,给溯源工作带来极大困难。

社会压力也是一个不可忽视的因素。在疫情期间,公众面临着来自家庭、社区、媒体等多方面的压力。一方面,个体可能因害怕受到社会指责和舆论攻击而不愿配合科研机构进行流行病学调查或提供相关信息。这种担忧可能导致他们隐瞒真实情况,甚至故意提供虚假信息,从而干扰溯源工作的准确性。另一方面,一些人出于对疫情的过度恐惧和焦虑,可能采取过于激进的防护措施,或是过度担忧而主动报告症状,这不仅增加了医疗资源的负担,还可能误导溯源工作的方向。

谣言传播也是导致公众不配合的重要原因之一。在疫情期间,谣言通过手机、社交媒体、互联网以及其他通信技术快速传播,导致人们难以发现值得信任的信息来源和可以依靠的指导,对公众的认知和行为产生负面影响。民众受信息疫情中谣言的误导而采取的实际行动,如大规模囤积食物引发供应链紧张继而导致粮食价格飞涨,大量购买、囤积医疗物资和防疫用品造成医疗部门医用物资短缺,甚至出现医生无法获得基本的医用防护装备的现象,导致医院成为疫情暴发源头。一些谣言夸大疫情的严重性,制造恐慌情绪,导致公众对溯源工作产生误解和抵触。

认知缺失也是影响公众合作的一个重要因素[80]。部分公众可能对疫情的传播途径、防控措施以及溯源工作的重要性缺乏足够的了解和认识,这种认知缺失可能导致他们无法正确判断疫情形势和风险,也无法有效配合溯源工作的开展。

这些挑战的存在突显了在危机时刻公众合作的重要性。只有获得公众的积极配合,才能有效地应对疫情等紧急情况。因此,有必要通过加强科学宣传、提升公众认知水平及建立信任机制等方式,引导公众更加理解并积极配合防控工作,以促进社会稳定和公共安全。

8.5.1.3　传染病溯源中的社交行为分析

在传染病溯源的过程中,人类的社交行为构成了疾病传播的核心环节。这些行为不仅定义了人与人之间的互动模式,还直接影响着疾病的扩散方式和速度。从流行病学的视角来看,深入了解社交行为及其背后的社会结构,对于控制疾病传播和有效溯源至关重要。

不同的社交模式对传染病的传播具有显著影响。在高度密集和互动频繁的环境中,如家庭、学校、工作场所或大型集会,个体间的接触机会大大增加(图 8.10)[81],从而加速了疾病的传播。这种紧密的社交网络使得病原体能够迅速在人群中扩散,增加了溯源工作的难度。除了社交环境的密集程度,个体的行为习惯和社会地位也是至关重要的因素。特定文化下的家庭密切接触、职业群体的特殊职业接触以及地域差异性等都会对疾病传播路径产生重大影响。例如,在一些西方国家中,贴面吻是一种基本的社交礼仪,常见于家庭成员之间以及亲密朋友之间的日常互动中,这就使得家庭内部的传播速度可能远高于其他社交圈。而一些职业群体,如医护人员、公共交通从业者等,由于工作特点可能面临着更高的感染风险,他们的社交行为和职业接触往往成为疾病溯源的重要线索。

图 8.10　社交行为影响传染病扩散图(来源:参考文献[81])

在溯源工作中,科研人员需要深入剖析这些社交行为,以便准确分析疾病的传播路径。通过调查病例的社交活动、接触史以及可能的暴露场所,科研人员可以构建出疾病的传播网络,进而确定可能的"零号病人"即原发病例[82]。这一过程需要综合运用流行病学、统计学和数据分析等方法,以确保溯源结果的准确性和可靠性。

现代科技手段如大数据和人工智能在传染病溯源工作中发挥着越来越重要的作用。通过利用人工智能技术对海量数据进行收集、处理和分析,科研人员能够更精确地描绘出疾病的传播路径和社交行为模式,为有效追踪传染病的源头提供有力支持。借助现代科技手段,我们能够更加准确地把握疾病的传播规律,为防控传染病提供科学依据。

8.5.2 社会经济状况对传染病溯源的影响

8.5.2.1 社会经济条件对传染病溯源工作的影响:资源分配与溯源精准度的关系

在社会经济条件较好的地区或国家,充足的资源分配成为进行有效溯源工作的关键因素。从高科技实验室设施到专业人员的培训和雇佣,再到在数据分析和共享方面的投资,这些方面的资源支持直接影响着溯源工作的深度和精准度。

拥有先进的高科技实验室设施在溯源工作中发挥着至关重要的作用。生物信息学领域依赖于先进的基因测序技术、蛋白质结构分析设备等,这些仪器设备的先进性直接决定了对生物样本的精准分析能力。社会经济条件较好的地区通常能够投入更多资源用于购置、维护和更新这些高科技设备,从而提高对潜在溯源线索的发现和解析的能力。

专业人员的培训和雇佣对于溯源工作的成功至关重要。生物信息学专业人才的培养需要系统的教育体系和高水平的科研机构支持。在经济较为繁荣的地区,能够吸引、培养和留住高水平的专业人才,使其在溯源工作中发挥专业技能,提高整个团队的溯源分析水平。

生物信息学溯源工作离不开大数据的处理和分析,而社会经济较好的地区通常能够投入更多资源用于建设高效的数据分析平台,提高数据挖掘和模型建立的水平。同时,更好的数据共享机制能够促进科研团队之间的合作,加速溯源工作中信息的传递和共享,提高整个社区或国家的溯源效率。经济较为贫困的社区或国家,由于资源有限,可能面临设备陈旧、人才短缺、数据分析平台不足等问题,这限制了其在溯源工作中的深度和广度。

8.5.2.2 社会经济动力与传染病溯源:狩猎地区的经济活动与溯源挑战

在某些地区或国家,居民为维持生计而过度依赖某些经济活动,尤其是野生动物贸易等与自然界直接接触的行业,不仅加大了潜在传染病的传播风险,也在溯源工作中带来一系列复杂的挑战。

野生动物贸易等经济活动为当地居民提供了重要的经济资源,然而,这些活动往往导致人类与潜在的病原体密切接触,从而提高了传染病传播的风险。历史上,不乏因野生动物贸易而导致的新型传染病暴发的案例,这些疾病不仅对个体健康造成威胁,还对整个社会的公共卫生安全带来了严重挑战。

在溯源工作中,我们需要深入了解这些经济活动,以确定潜在的病原体来源和传播途径。但由于居民对这些经济活动过度依赖,他们可能会对溯源工作产生抵触情绪。这种抵触情绪源于对经济收入的担忧,他们担心溯源工作会限制或禁止这些经济活动,从而影响到他们的生计。为了缓解这种抵触情绪,我们需要积极与民众沟通,从经济活动、公共卫生等多方面进行考量以寻求解决之道,通过向居民普及公共卫生知识,解释溯源工作的重要性,以及提供可能的替代生计方案,促使他们更积极地参与溯源工作,而非对其表示抵制。

经济动力还可能催生非法野生动物贸易等非法活动。这些非法活动不仅加大了疾病的传播风险,还使得溯源工作更加困难。非法贸易具有隐秘性和难以追踪的特点,使得病原体来源的确定变得更为复杂。为了应对这一挑战,生物信息专家需要借助先进的技术手段,如大数据分析、网络追踪等,来追踪非法贸易网络,以便更精准地追溯病原体的源头。

易于进行野外狩猎的地区的居民因经济动力而过度依赖与野生动物直接接触的行业,带来了潜在传染病传播风险及溯源挑战。为了应对这些挑战,我们需要深入了解经济活动背后的动因,采取有效的沟通策略,平衡经济考量和公共卫生利益,并借助先进的技术手段进行溯源工作。同时,政府和社会各界也应加强合作,共同推动贫困社区的可持续发展,减少居民对野生动物贸易等高风险经济活动的依赖。

8.5.2.3　公共卫生系统与传染病溯源:能力建设与疫情应对的关键

公共卫生系统是维护公众健康、防控传染病的关键基石,尤其在传染病溯源工作中扮演着不可或缺的角色。一个强大的公共卫生系统应具备迅速响应疫情、高效收集病例数据和样本、精准执行接触者追踪和隔离措施的能力,这些专业能力的展现对于成功进行溯源工作具有至关重要的作用。在快速响应疫情方面,强大的公共卫生系统通常配备有完善的疫情监测网络和应急机制。疫情监测网络能够实时监控疾病的传播动态,及时发现异常病例和疫情暴发。而应急机制则能够迅速启动,调配资源和人员,展开疫情溯源调查和防控工作。这种高效的响应机制为溯源工作赢得了宝贵的时间,有助于及时锁定病原体源头,控制疫情扩散。

病例数据和样本的收集是溯源工作的基础,也是公共卫生系统的重要职责。强大的公共卫生系统能够依托先进的医疗信息系统和实验室设施,全面、准确地收集感染者的病例数据,包括症状表现、就诊记录、旅行史等详细信息,同时还能够高效处理样本,利用分子生物学和生物信息学等先进技术对病原体进行深入研究。这些数据的准确性和完整性对于溯源工作的准确性和可靠性至关重要。

相比之下,经济条件较差的地区往往缺乏这样强大的公共卫生系统。他们可能面临着医疗设施不足、技术人员缺乏、信息系统不完善等问题,导致病例数据和样本收集的不完整、不准确,接触者追踪和隔离措施的执行效率低下。这些问题不仅影响了溯源工作的效率和质量,还可能使得疫情在当地得不到有效控制,进而对全球公共卫生安全构成威胁。

8.6 传染病溯源中的伦理和法律考量

8.6.1 传染病溯源中的伦理考量:隐私保护与公正平等之道

1. 隐私保护:传染病溯源中的伦理底线

在传染病溯源工作中,隐私保护的重要性不容忽视。这不仅是对个体权益的尊重,更是对伦理原则的坚守。随着科学技术的进步,溯源工作所涉及的个人信息和数据越来越丰富,但与此同时,隐私泄露的风险也在不断增加[83]。隐私保护的核心在于确保个人信息的保密性、完整性和可用性。在溯源过程中,涉及的个人信息包括感染者的身份、生物样本、病例数据等,这些信息一旦泄露或被滥用,将可能对感染者及其家庭造成严重的心理和社会伤害[84]。因此,对于这些敏感信息的处理,必须采取严格的安全措施。

在技术层面,应采取先进的加密技术、设置严格的访问权限,并建立完善的数据备份和恢复机制,以确保信息的安全传输和存储。此外,对溯源人员应进行定期的隐私保护培训,提高他们对隐私保护重要性的认识,并规范他们的操作行为[85]。从伦理层面来看,尊重患者自主权是隐私保护的重要体现。患者作为个体,有权决定自己的信息是否被用于溯源研究。在溯源工作开始之前,必须向患者充分告知溯源的目的、方法、可能的风险和益处,以及他们的个人信息将如何被使用和保护。只有在患者充分了解并自愿同意参与的情况下,才能收集和使用他们的信息。

同时,隐私保护与溯源工作之间的平衡也是一个需要关注的问题。在溯源过程中,为了获取更全面的信息,有时可能需要收集一些涉及个人隐私的数据。然而,这并不意味着可以无视隐私保护原则。相反,应在保障隐私的前提下,尽可能寻找有效的溯源方法,确保溯源工作的顺利进行。社会监督也是确保隐私保护的重要手段。应建立健全的投诉和举报机制,鼓励患者和社会公众对任何违反隐私保护的行为进行监督和举报。同时,政府和相关机构也应加强对溯源工作的监管和审查,确保各项隐私保护措施得到有效执行。

2. 公平公正：传染病溯源工作的伦理基石

在传染病溯源中，确保全球公共卫生安全、提高疫情应对效率以及维护受影响群体的权益，都离不开平等待遇和公正原则的应用。这不仅有助于准确确定病原体的来源和有效防控疫情的传播，更能够巩固全球卫生治理体系的公信力和效能，为未来的传染病防控工作奠定坚实基础。

在全球化时代，传染病已经不再局限于某一地区或国家，而是迅速蔓延至全球范围。只有各国以平等和开放的态度对待溯源工作，充分共享相关数据和研究成果，才能迅速揭示病原体的传播途径和源头。这不仅是对科学的尊重，更是对全球公共卫生安全的负责任态度。

公平和公正在溯源中的应用对于提高疫情应对效率同样不可或缺。在疫情应对中，每一刻都显得至关重要。平等、开放、包容的溯源过程能够避免信息不透明和误解，减少不必要的争议和延误。各国能够基于共同认可的事实和数据，迅速作出决策，协调行动，共同应对疫情挑战。这种高效协作不仅有助于控制疫情的传播范围，还能减轻疫情对全球经济和社会的影响。通过溯源，我们能够快速地找到疫情的源头和传播路径，为制订有针对性的防控措施提供科学依据，从而有效阻断病原体的进一步传播。

公平和公正的态度在溯源过程中对于维护受影响群体的权益也具有重要意义。在溯源工作中，我们必须尊重和保护受影响群体的合法权益，避免对他们带有歧视或偏见。同时，溯源工作也要充分考虑到受影响地区的特殊情况，我们可以通过医疗卫生服务设计，统筹和合理分配有限的医疗卫生资源，通过资源配置和再分配，有效平衡地区医疗卫生资源过剩或短缺，确保资源的公平分配。这意味着我们需要关注受影响群体的需求，积极回应他们的合理诉求，确保他们在溯源过程中得到应有的关注和帮助，以此建立起与受影响群体的信任和合作关系，使他们积极参与到疫情防控工作中来，提升防控的效率。

公平和公正的溯源工作对于加强全球卫生治理体系的公信力和效能具有深远影响。一个基于事实和数据的、公平公正的溯源过程能够增强各国对全球卫生治理体系的信任和支持。这种信任和支持是构建更加紧密、有效的全球卫生合作机制的基础，有助于共同应对未来可能出现的传染病威胁。通过公平公正的溯源，我们能够建立起全球卫生治理体系的权威性和公信力，推动各国在传染病防控领域开展更深入的合作与交流，共同维护全球公共卫生安全。

8.6.2　国际合作与法律框架：传染病溯源的全球联动

在全球化的现代社会，传染病的暴发和传播不再局限于某一地区或国家，而是迅速波及全球。因此,传染病溯源工作不再是一个国家能够独立完成的任务,而是需要全球各国共同参与和合作的国际行动。在这一过程中,法律显得尤为重要,它不仅关系到各国之间的权益平衡,也直接关系到溯源工作的顺利进行和全球公共卫生安全[86]。

国际合作在传染病溯源中发挥着至关重要的作用。各国可以分享疫情数据、病例信息、防控措施等关键信息,以便更准确地定位病原体来源和传播路径。这种信息共享不仅有助于各国及时采取防控措施,减少疫情传播的风险,还能为科学研究提供宝贵的数据支持,推动疫苗研发和药物治疗的进步。然而,信息共享并非易事,它涉及隐私保护、数据安全、知识产权等一系列法律问题,需要各国加强合作,共同应对挑战。

跨国执法合作也是传染病溯源中不可或缺的一环。在溯源过程中,可能涉及跨境追踪、调查取证等行动,这需要各国执法机构之间的紧密合作。由于各国法律体系、执法程序和文化背景的差异,跨国执法合作往往面临着诸多挑战。因此,各国需要遵循国际法和公共卫生法规,确保传染病溯源工作的合法性和有效性。世界卫生组织颁布的《国际卫生条例(2005)》为国际合作提供了基础,包括尊重主权、平等互利、和平解决争端等原则。《国际卫生条例(2005)》(IHR)作为世界卫生组织制定的全球性公共卫生法规,明确规定了各国在传染病防控方面的义务和责任,如及时报告疫情、采取防控措施、保障人民健康等。这些法律框架为全球联动提供了制度保障,确保各国在传染病溯源过程中能够依法行事。同时各国在遵守国际法和国内法的前提下,加强沟通与协调,建立高效的执法合作机制,共同打击涉及传染病溯源的违法行为。

隐私保护在传染病溯源国际合作中同样不可忽视。在收集、处理和使用个人信息时,各国必须严格遵守隐私保护的法律原则,确保个人隐私不被侵犯。特别是在跨国信息共享和执法合作中,各国应相互尊重对方的隐私保护法律,避免未经授权的信息共享和滥用。各国还应加强隐私保护技术的研发和应用,提高个人信息的安全性和保密性。

8.6.3　我国传染病溯源治理制度现状及其对未来挑战的应对策略

随着全球化进程的加速和人类活动的频繁,传染病的溯源工作已成为国际社会共同关注的焦点。在我国,针对传染病溯源工作,政府和相关部门已经采取了一系列法律法规、技术与能力建设、国际合作与交流等措施,不断提升我国传染病溯源治理制度的完善度和应对能力。本节将分析我国传染病溯源治理制度的现状及面临的挑战,并提出相应的应对策略。

8.6.3.1　法律法规与制度建设

1. 法律法规体系完善

鉴于传染病溯源对于疫情防控和社会公共安全具有至关重要的作用,我国高度重视传染病溯源工作,已经建立起一套完善的法律法规体系。这套体系以《中华人民共和国宪法》为母法,以《中华人民共和国基本医疗卫生与健康促进法》《中华人民共和国传染病防治法》等为主要内容,构建起了传染病防治的法律框架。同时,我国还出台了一系列配套法规、规章和规范性文件,如《突发公共卫生事件与传染病疫情监测信息报告管理办法》等[87],以实现对传染病溯源工作的全方位法律保障。这些法律法规相互衔接、相互补充,不仅明确了溯源工作的法律地位、职责分工和操作流程,还规定了相关主体的法律责任和处罚措施,确保了溯源工作的规范性和有效性。

2.溯源工作规范制定

我国通过制定和完善传染病溯源工作规范如《新型冠状病毒肺炎疫情流行病学调查工作规范》[88]等,来确保溯源工作的科学性和准确性。这些规范涵盖了从疫情发现、报告、调查、分析到结果确认的各个环节,详细规定了溯源工作的原则、方法、流程和要求。同时,我国还根据疫情特点和溯源工作需求,不断更新和完善工作规范,以适应传染病溯源工作的新变化和新挑战。

3.信息报告与共享机制

鉴于传染病溯源工作对于及时发现疫情、切断传播链条、防止疫情扩散具有至关重要的作用,我国建立了高效的信息报告与共享机制,以支撑传染病溯源工作的高效开展。这一机制的建立旨在确保传染病疫情信息的及时、准确传递,为溯源工作提供全面、准确的数据支持。各级医疗机构、疾病预防控制机构等按照法律法规要求,积极履行信息报告职责,确保传染病疫情信息的及时上报。同时,通过信息共享平台,实现各部门之间信息的互通有无,为溯源工作提供全面、准确的数据支持。此外,我国还注重加强与国际社会的信息共享与合作,共同应对全球传染病挑战。通过与国际组织、其他国家开展信息共享、经验交流和技术合作,我国不断提升传染病溯源工作的国际化水平,为全球传染病防控贡献了中国力量。

8.6.3.2　技术与能力建设

1.技术支持体系建设

在传染病溯源领域,技术的力量是不可或缺的。只有掌握核心技术,才能在溯源工作中占据主动,确保疫情得到及时有效的控制。我国不仅注重技术的引进和消化,更致力于技术的自主研发与创新。通过建立起一套完备的技术支持体系(包括基因测序、流行病学调查、大数据分析等多个关键环节),实现了技术之间的融合与互补,大大提升了溯源工作的准确性和效率。特别是基因测序技术,我国在这一领域已经取得了长足进步,拥有了一批具有国际竞争力的基因测序平台和研发团队。这些平台不仅具备高通量、高精度的测序能力,还能快速应对各种新型病原体的测序需求,为溯源工作提供强大的技术支持;还充分利用大数据和人工智能等先进技术,对传染病疫情数据进行深度挖掘和分析,从而发现疫情的传播规律、预测疫情发展趋势,为制定科学有效的溯源策略提供了有力支撑。

2. 人才培养与培训

为了构建一支高素质、专业化的溯源人才队伍,我国在人才培养方面倾注了大量心血。通过高校教育、专业培训等多种途径,培养了大批既具备扎实理论基础又具备丰富实践经验的传染病溯源人才;注重与国际接轨,引进国际先进的培训理念和方法,不断提升培训的质量和效果;定期组织国内外专家进行学术交流和技术研讨,如传染病溯源预警与智能决策全国重点实验室举办的"2023 年青年学术交流会"[89]等,推动传染病溯源领域的知识更新和技术进步。

3. 实验室建设与管理

实验室是传染病溯源工作的重要基地。我国高度重视实验室建设与管理,投入大量资金和资源用于实验室的硬件建设和软件升级。目前,我国拥有一批具备国际先进水平的传染病溯源实验室,例如病原体学国家重点实验室、病原微生物生物安全国家重点实验室、传染病预防控制国家重点实验室等。这些实验室配备了先进的仪器设备和完善的实验流程,能够高效、准确地开展各种溯源实验;并建立了严格的实验室管理制度和规范,确保实验室的安全运行和质量控制。

8.6.3.3 国际合作与交流

在全球化的大背景下,传染病防控已经演变成一个需要全球各国齐心协力、共同应对的重大议题。我国与其他国家强烈呼吁国际社会建立防控传染病的统一战线,以共同面对这一全球性挑战(图 8.11)[90]。同时,我国深知传染病溯源工作的重要性,因此积极参与国际组织的传染病溯源合作项目,与其他国家共同开展深入研究和广泛的技术交流。近年来,我国积极参与并主办了多个国际合作交流活动,如中俄传染病防控合作高峰论坛等。这些合作项目不仅为我们提供了了解国际最新溯源技术和方法的窗口,也搭建了一个与世界各国分享经验和成果的平台。在与国际伙伴的紧密合作方面,我们第一时间通报疫情信息,迅速测出并分享病原体基因序列,为各国尽早发现病原体和阻击疫情创造了有利条件。

在国际溯源合作中,我国不仅加强与其他国家的联系与沟通,还积极贡献了自己的智慧和力量;积极参与国际溯源标准的制定和修订工作,推动国际溯源工作向更加规范、科学、高效的方向发展。这些努力不仅提升了我国在国际溯源领域的影响力,也为全球传染病溯源工作的开展作出了积极贡献。

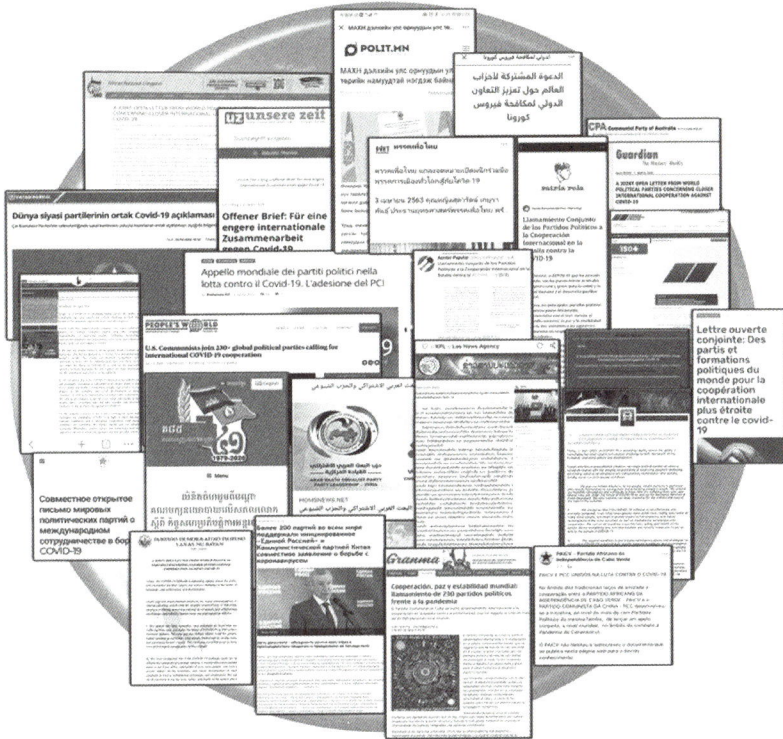

图 8.11　我国同 110 个国家的 240 多个重要政党和政党国际组织联合发出共同呼吁,
表达携手合作、共同抗疫、共克时艰的强烈意愿(来源:参考文献[90])

8.6.3.4　隐私保护与医疗卫生安全

1. 隐私保护

在传染病溯源工作中,隐私保护始终是我国高度重视的方面。我国制定了严格的隐私保护政策,明确规定个人信息在溯源过程中的收集、存储和使用原则。这些政策不仅强调个人信息的合法性和必要性,还规定相关机构和个人在处理个人信息时的法律责任。同时,我国加强了对个人信息安全的监管,通过技术手段和管理措施,有效防范信息泄漏和滥用的风险。为了加强隐私保护,我国还推动了相关法规的制定和完善,如《中华人民共和国个人信息保护法》等,不仅明确了隐私保护的原则和要求,还规定了违法行为的处罚措施,并且通过加强隐私保护意识的宣传和教育,提高公众对隐私保护的认识和重视程度。

2. 医疗卫生安全保障

我国在传染病溯源工作中,始终将强化医疗卫生机构的管理和监督作为重要一环。加强对医疗卫生机构的日常检查和监督,确保医疗卫生机构严格遵守相关规范和标准,具备开展溯源工作的资质和能力;同时,着力培养了一批能解决病原学鉴定、疫情形势研判和传播规律研究、现场流行病学调查、实验室检测等实际问题的人才。通过组织培训和学习活动,提高医疗卫生人员对传染病溯源工作的认识和理解,提升专业素养,增强其应对突发疫情的能力。我国还加强了对医疗设备和物资的管理和储备,确保在溯源工作中能够及时提供所需的检测试剂、防护用品等物资。

3.促进公众参与

全国爱卫办等部门联合发布了《动员广大群众积极参与爱国卫生运动的倡议书》[91],号召全民积极应对,同时建立有效的公众参与机制,举办宣传活动、社区会议等,这些活动不仅提高了公众对溯源工作的认识,还增强了公众对溯源工作的信任和支持。同时积极听取公众的意见和建议,不断改进和优化溯源工作。

8.6.3.5 风险沟通与社会影响评估

1.风险沟通

鉴于传染病溯源工作对于疫情防控的重要性,以及风险信息对于科学决策和公众应对的关键作用,我国建立了健全的风险沟通机制,确保政府、媒体和公众能够及时、准确地获取关于传染病溯源工作的风险信息、应对措施和进展情况;设立专门的机构或团队,负责收集、整理和分析传染病溯源相关的风险信息。这些机构或团队与卫生部门、科研机构、医疗机构等紧密合作,确保信息的准确性和时效性。一旦发现潜在的风险或问题,立即进行评估和研判,并制定相应的应对策略。通过新闻发布会、官方通报等渠道,及时向公众传递风险信息和应对措施。通过设立咨询热线、开展在线调查等方式,积极收集公众的意见和建议,并根据反馈调整和优化溯源策略。

2.社会影响评估

在实施传染病溯源工作的同时,我国开展了全面而深入的社会影响评估,考量了其在社会、经济和文化各个方面的潜在效应。在评估传染病溯源的潜在社会影响时,首先关注公众的认知和态度。这包括公众对疾病起源的了解、对溯源工作重要性的认识以及对相关信息的需求。此外,认真分析溯源工作对经济活动的影响,特别是它对旅游业、交通运输业以及农业领域的潜在影响。同样重要的是,注重评估溯源工作对文化传承的影响,确保这一工作不会误伤或污名化特定的社群或文化实践。为了促进社会的健康发展,我们需要保障公众利益,确保溯源活动不会导致不必要的社会恐慌或误解。通过采用上述社会影响的评估方式,确保溯源工作能够在不引发社会不稳定的前提下,为防控疾病和保护公共卫生提供科学依据。

8.6.4 结语

在当前全球化的背景下,传染病溯源工作的伦理和法律考量以及国际合作变得愈发紧迫而重要。通过对这些方面的深入分析,我们意识到未来必须不断加强国际合作,共享数据和资源,共同面对全球性的传染病威胁。在法律和伦理方面,我们需要建立更加灵活和适应性强的制度,以确保在保护隐私的同时,高效推进溯源工作。此外,注重人才培养和技术创新,投资研发新技术、新方法,提高传染病溯源的技术水平;加强相关领域的人才培养,建设一支具备多领域知识和国际竞争力的传染病溯源专业队伍,为未来的溯源工作提供强有力的支持。未来的传染病溯源工作需要综合运用国际协作、法治建设和技术创新,使得我们能够更迅速、更准确地应对潜在的传染病威胁。这将是一个全球性的工作,需要各国共同努力,促使溯源工作取得更为显著的成果。

8.7 传染病溯源的未来展望

8.7.1 新兴技术的潜力与挑战

随着科技的不断进步,新兴技术为传染病溯源带来了全新的可能性,然而,这些新技术也面临着挑战和限制。在未来的发展中,我们需要充分认识这些新兴技术的潜力和挑战,并积极探索解决方案。

人工智能(AI)技术,尤其是机器学习和大数据分析,在病原体溯源中发挥着日益重要的作用[92]。传染病溯源涉及大量的数据,包括病例信息、地理数据、基因组数据等。传统的病原体溯源依赖于流行病学调查和实验室的微生物学测试,这些方法耗时且可能无法处理大量数据。AI技术可以快速分析不同来源的大数据集,包括流行病学数据、临床报告、实验室测试结果和环境监测数据。AI算法能够识别数据中的模式和关联,以预测病原体的来源和传播路径[93]。AI中的自然语言处理(NLP)技术可以用来分析医疗文献、患者报告和流行病学调查。NLP可以识别相关信息并从非结构化数据中提取有价值的见解,这对于理解病原体特性和追踪疾病传播至关重要。例如,AI被应用于COVID-19的溯源中,通过分析来自全球的病例数据和基因组序列,AI帮助科学家追踪了病毒的变异和传播途径。此外,AI预测模型在疫情早期就提出了警告,虽然这些预警最初并未得到充分重视。借助于AI,我们可以更快速、准确地识别传染病源头和传播途径,提前预警和应对疫情。人工智能技术在病原体溯源领域具有巨大潜力,但也面临着挑战,如数据质量和隐私问题、算法透明度等。

基因组学技术的进步也为传染病溯源提供了新的突破。随着高通量测序技术的发展,我们可以更快速、高效地获取病原体的基因组数据。这使得我们能够更准确地鉴定和分类病原体,了解其变异和演化情况。另外,新兴的单细胞测序技术可以揭示病原体在感染过程中的个体差异和细胞类型特异性。然而,基因组学技术也面临着挑战,包括数据分析复杂性、设备和操作成本高昂等。我们需要进一步发展分析工具和算法,降低技术的门槛和成本。

此外,新兴技术中的无人机和遥感技术在传染病溯源中也有广阔的应用前景。无人机可以快速获取地理信息数据,实时监测疫情扩散和变化趋势[94]。遥感技术可以提供高分辨率的图像和数据,辅助病原体的定位和热点区域的识别。然而,无人机和遥感技术的应用还需要解决飞行安全、数据处理和隐私保护等一系列技术和法律问题。

新兴技术在传染病溯源中具有巨大的潜力,也面临着挑战和限制。为了充分发挥这些技术的作用,我们需要加强跨学科合作,整合多源数据,建立合适的数据共享和隐私保护机制。我们还需要加强技术研发和人才培养,提高数据分析和模型建立的能力。

8.7.2 政策制定与科学研究的结合

传染病溯源是一项重要的任务,旨在追踪和理解传染病的起源、传播途径和演化规律。为了有效应对传染病威胁,政策制定与科学研究的结合至关重要。政策制定需要依托科学研究的成果和建议,而科学研究也需要政策的支持和引导。在传染病溯源中,政策制定与科学研究的结合可以促进信息共享、资源整合和多方合作,提高溯源工作的效率和准确性。

政策制定需要科学研究的指导。科学研究提供了有关传染病起源、传播途径和演化的关键信息。政策制定者应积极寻求科学研究的成果和建议,包括疫情动态、病原体变异、传播模式等方面的最新研究成果。与科学家和研究机构的合作可以确保政策制定的科学性和可行性。此外,政策制定者还应鼓励和资助相关的科学研究,填补当前知识的空白,提高溯源工作的水平和能力。

科学研究需要政策的引导。政策制定者可以制定相关政策和法规,鼓励和支持传染病溯源的科学研究。这包括提供研究经费、设施和技术支持,建立研究伦理和数据共享机制,促进科学研究的开展和合作。政策的引导还可以鼓励研究机构和科学家参与政策制定过程,提供专业意见和建议。通过政策的支持和引导,科学研究可以更好地满足政策制定的需求,为政策制定提供科学依据和决策支持。

信息共享和合作是政策制定与科学研究结合的关键环节。政策制定者应建立信息共享的平台和机制,促进科学研究成果的广泛传播和应用。这包括建立疫情数据库和基因组数据库,方便研究人员共享数据和研究成果。政策制定者还应鼓励国际合作和跨学科合作,建立国际溯源网络和科研合作机制。通过信息共享和合作,政策制定者可以更好地了解疫情动态和科研进展,科学研究者也可以获取政策需求和资源支持,形成良性互动和合作。

然而,政策制定与科学研究结合也面临一些挑战。首先是时间和紧急性的压力。在疫情暴发和传播过程中,政策制定者需要迅速做出决策和采取措施。这可能导致没有足够的时间进行充分的科学研究和评估。为了解决这个问题,政策制定者可以建立临时科学咨询机制,邀请专家提供快速的科学建议。其次是政策制定者与科学研究者之间的沟通和理解。政策制定者和科学研究者往往使用不同的语言和方法论,导致彼此之间的沟通和理解困难。为了解决这个问题,可以建立政策制定者与科学研究者的桥梁机构或人员,促进双方之间的交流和合作。政策制定者还应提供清晰明确的政策需求,帮助科学研究者明确研究方向和目标。

8.7.3　传染病溯源有助于推动全球健康安全与疾病预防取得突破

全球健康安全和疾病预防是当今世界面临的重大挑战之一。传染病溯源对于推动全球健康安全和疾病预防具有重要意义。通过深入研究病原体的源头、传播途径和变异情况,我们可以制定有效的控制策略,减少疫情的发生和传播。此外,传染病溯源还可以为疫情预防和控制提供宝贵的经验教训和指导,推动全球健康安全取得突破。新兴传染病、全球性流行病等问题不断威胁着人类的生命和健康。为了有效应对这些挑战,国际社会需要在全球范围内加强合作,通过科学创新和协同努力,促进传染病溯源工作有效开展,推动健康安全和疾病预防事业取得更大的突破[95]。

加强全球传染病溯源网络的建设和合作是至关重要的。传染病溯源涉及多个国家和地区,需要各国之间的合作和信息共享。国际组织和机构应发挥重要作用,促进全球传染病溯源网络的建立和发展。这包括建立信息共享平台,制定共同的研究方法和准则,促进溯源数据和样本的共享,加强跨国合作和交流。通过全球网络的建设和合作,可以更好地协调和整合各国的溯源工作,提高溯源的效率和准确性。

加强传染病溯源技术和方法的研发和应用。传染病溯源需要依靠流行病学调查和分子流行病学等多种方法综合实施。全球健康安全和疾病预防领域应加大对这些技术和方法的研发投入,并推动其在实际工作中的应用。同时,还需要加强技术和方法的标准化和规范化,确保溯源结果的可比性和可信度。通过技术和方法的研发和应用,可以提高溯源工作的水平和能力,为预防和控制传染病提供更有力的支持。

建立全球预警和监测机制,及时发现和响应传染病的威胁。全球预警和监测机制可以提供传染病溯源工作所需的信息资源。通过加强国际间的信息共享和合作,建立全球传染病监测网络,我们可以获取到各国和地区的疫情数据和病原体样本;同时,还需要加强病原体的监测和监管,加强跨境动物和人员的检疫和防控措施。上述举措将为传染病溯源工作提供更加丰富的资源,有助于深入研究病原体的源头和传播途径。通过全球预警和监测机制,可以提前发现和应对传染病的威胁,保障全球健康安全[96-97]。

加强全球合作和资源投入,共同应对传染病的挑战。传染病溯源和疾病预防是全球性的任务,需要各国共同努力。国际组织和机构应加强协调和合作,提供支持和指导,促进各国在传染病溯源和疾病预防方面的合作。同时,还需要加大资源投入,包括研究经费、人力资源和技术支持,为传染病溯源和疾病预防提供必要的支持。

综上,全球健康安全和疾病预防在传染病溯源的方向上需要关注建设全球传染病溯源网络、加强传染病溯源技术和方法的研发和应用、建立全球预警和监测机制以及加强全球合作和资源投入。通过这些努力,我们可以更好地了解传染病的起源和传播途径,为制定有效的预防和控制策略提供科学依据,保护人类的健康和全球的公共卫生安全[98]。

(张湘莉兰　林　昱　方小凤　张多悦)

参考文献

[1] 钟锋.传染病学[M].北京:科学出版社,2019.

[2] ATZRODT C L,MAKNOJIA I,MCCARTHY R D P,et al. A Guide to COVID-19:a global pandemic caused by the novel coronavirus SARS-CoV-2[J]. FEBS J, 2020,287(17):3633－3650.

[3] ELLWANGER J H,KAMINSKI V DE L,CHIES A B,et al. Emerging infectious disease prevention:Where should we invest our resources and efforts? [J]. J Infect Public Health, 2019, 12(3):313－316.

[4] JACOB S T, CROZIER I,FISCHER W A,et al. Ebola virus disease[J]. Nat Rev Dis Primers,2020,6(1):13.

[5] HARAOUI L P, BLASER M J. The Microbiome and Infectious Diseases[J]. Clin Infect Dis, 2023,77(Supplement_6):S441－S446.

[6] LIU Q, LUO D,HAASE J E,et al. The experiences of health-care providers during the COVID-19 crisis in China:a qualitative study[J]. Lancet Glob Health, 2020,8(6):e790－e798.

[7] KOUSATHANAS A,PAIRO-CASTINEIRA E,RAWLIK K,et al. Whole-genome sequencing reveals host factors underlying critical COVID-19[J]. Nature, 2022,607(7917):97－103.

[8] GIOVANETTI M,BRANDA F,CELLA E,et al. Epidemic history and evolution of an emerging threat of international concern, the severe acute respiratory syndrome coronavirus 2[J]. J Med Virol,2023,95(8):e29012.

[9] 蒋立立.高通量测序技术在新发传染病病原生物检测中的应用[J].标记免疫分析与临床,2022,29(5):897－900.

[10] RYU S, CHUN J Y,LEE S,et al. Epidemiology and Transmission Dynamics of Infectious

Diseases and Control Measures[J]. Viruses, 2022,14(11): 2510.

[11] HE W T, HOU X, ZHAO J,et al. Virome characterization of game animals in China reveals a spectrum of emerging pathogens[J]. Cell, 2022,185(7): 1117 – 1129.

[12] IMPERIALE M J,CASADEVALL A,GOODRUM F D,et al. Virology in Peril and the Greater Risk To Science[J]. mBio,2023,14(1): e0333922.

[13] SHAHEEN M N F. The concept of one health applied to the problem of zoonotic diseases[J]. Rev Med Virol, 2022,32(4): e2326.

[14] ZINSSTAG J,KAISER-GROLIMUND A,HEITZ-TOKPA K,et al. Advancing One human-animal-environment Health for global health security: what does the evidence say? [J]. The Lancet, 2023,401(10376): 591 – 604.

[15] The Triumph of Death by Pieter Bruegel the Elder[OL]. [2021 – 02 – 14]. https://upload. wikimedia. org/wikipedia/commons/b/b3/The _ Triumph _ of _ Death _ by _ Pieter _ Bruegel_the_Elder. jpg.

[16] YANG R,ATKINSON S,CHEN Z,et al. Yersinia pestis and Plague: some knowns and unknowns[J]. Zoonoses (Burlingt),2023,3(1):5.

[17] QIN J,WU Y,SHI L,et al. Genomic diversity of Yersinia pestis from Yunnan Province, China,implies a potential common ancestor as the source of two plague epidemics[J]. Commun Biol,2023(1):847.

[18] 刘去非.16—17 世纪西葡殖民时期美洲天花大流行的特点及其影响[J].世界历史, 2020(6):55 – 69,153.

[19] 在 1796 年爱德华·詹纳为儿童接种疫苗[OL]. https://cn. nytimes. com/health/ 20200512/coronavirus-plague-pandemic-history/.

[20] 丁见民.天花接种、牛痘接种与美国早期天花防疫机制的形成[J].安徽史学,2020 (4):5 – 17.

[21] Fedotov cholera[OL]. https://en. wikipedia. org/wiki/File:Fedotov_cholera. jpg.

[22] 卢明,陈代杰,殷瑜.1854 年的伦敦霍乱与传染病学之父——约翰·斯诺[J].中国抗生素杂志,2020,45(4):347 – 373.

[23] 蒋羽,赵文轩,宋敬东,等.单染色体霍乱弧菌基因组学与生物学特征分析[J].中国预防医学杂志,2023,24(6):587 – 593.

[24] 1918 年流感大流行[OL]. https://www. bbc. com/ukchina/simp/vert-fut-46424320.

[25] 巴里约翰 M,钟扬.大流感:最致命瘟疫的史诗[J].杭州,2021(6):69.

[26] SHARP P M,HAHN B H. Origins of HIV and the AIDS pandemic[J]. Cold Spring Harb

Perspect Med,2011,1(1):a006841.

[27] NYAMWEYA S,HEGEDUS A,JAYE A,et al. Comparing HIV-1 and HIV-2 infection: Lessons for viral immunopathogenesis[J]. Rev Med Virol,2013,23(4):221−240.

[28] GANESH B,RAJAKUMAR T,MALATHI M,et al. Epidemiology and pathobiology of SARS-CoV-2 (COVID−19) in comparison with SARS,MERS: An updated overview of current knowledge and future perspectives[J]. Clin Epidemiol Glob Health,2021, 10:100694.

[29] SHARMA A,FAROUK I A,LAL S. COVID-19: A Review on the Novel Coronavirus Disease Evolution,Transmission,Detection,Control and Prevention[J]. Viruses,2021,13 (2).

[30] LUO M,GONG F,WANG J,et al. The priority for prevention and control of infectious diseases: Reform of the Centers for Disease Prevention and Control-Occasioned by "the WHO chief declares end to COVID-19 as a global health emergency" [J]. Biosci Trends,2023,17(3):239−244.

[31] LETKO M,SEIFERT S N,OLIVAL K J,et al. Bat-borne virus diversity,spillover and e-mergence[J]. Nat Rev Microbiol,2020,8(8):461−471.

[32] PETROSILLO N,VICECONTE G,ERGONUL O,et al. COVID-19,SARS and MERS: are they closely related? [J]. Clin Microbiol Infect,2020,26(6):729−734.

[33] 历史上的大流行病[OL]. https://www. cdstm. cn/knowledge/kptp/tujie/202003/ t20200324_943736. html#p = W020200324848220203492.

[34] AHLBOM A. Modern Epidemiology,4th ed. TL Lash,TJ Vander Weele,S Haneuse,KJ Rothman. Wolters Kluwer,2021[J]. Eur J Epidemiol,2021,36(8):767−768.

[35] MERRILL R M. Introduction to Epidemiology[M]. 8th ed. Massachusetts: Jones & Bartlett Learning,2019.

[36] BONITA R,BEAGLEHOLE R,KJELLSTR T. Basic Epidemiology[M]. 2nd ed. Geneva: World Health Organization Publications,2006.

[37] GERSTMAN B B. Epidemiology Kept Simple: An Introduction to Traditional and Modern Epidemiology[M]. 3rd ed. New Jersey:Wiley-Blackwell,2013.

[38] FRIIS R H,SELLERS T. Epidemiology for Public Health Practice[M]. 6th ed. Massachusetts: Jones & Bartlett Learning,2020.

[39] TSANG T K,WU P,LIN Y,et al. Effect of changing case definitions for COVID-19 on the epidemic curve and transmission parameters in mainland China: a modelling study[J]. The

Lancet Public Health,2020,5(5):e289 - e296.

[40] LEEV J,CHIEW C J,KHONG W X. Interrupting transmission of COVID-19: lessons from containment efforts in Singapore[J]. J Travel Med,2020,27(3):taaa039.

[41] SINTCHENKO V,HOLMES E C. The role of pathogen genomics in assessing disease transmission[J]. BMJ,2015,350:h1314.

[42] SCHULTE P A,PERERA F P. Eds. ,Molecular Epidemiology: Principles and Practices [M]. San Diego: Academic Press,1998.

[43] FLEISCHMANN R D,ADAMS M D,WHITE O,et al. Whole-genome random sequencing and assembly of Haemophilus influenzae Rd[J]. Science,1995,69(5223):496 -512.

[44] ZENG Y,WANG B,ZHENG X,et al. Serological screening of HIV antibody in China(in Chinese)[J]. Chinese Academy of Preventive Medicine,2021,9(3).

[45] SMITH T F,WATERMAN M S. Identification of common molecular subsequences[J]. J Mol Biol,1981,147(1):195 -197.

[46] NEEDLEMAN S B,WUNSCH C D. A general method applicable to the search for similarities in the amino acid sequence of two proteins[J]. J Mol Biol,1970,48(3):443 -453.

[47] JOHNSON M,ZARETSKAYA I,RAYTSELIS Y,et al. NCBI BLAST: a better web interface[J]. Nucleic Acids Res,2008,36(Web Server issue):W5 -9.

[48] ALTSCHUL S F,GISH W,MILLER W,et al. Basic local alignment search tool[J]. J Mol Biol,1990,215(3):403 -410.

[49] KATOH K,MISAWA K,KUMA K,et al. MAFFT: a novel method for rapid multiple sequence alignment based on fast Fourier transform[J]. Nucleic Acids Res,2002,30 (14):3059 -3066.

[50] BUCHFINK B,XIE C,HUSON D H. Fast and sensitive protein alignment using DIA-MOND[J]. Nat Methods,2015,12(1):59 -60.

[51] WOOD D E,LU J,LANGMEAD B. Improved metagenomic analysis with Kraken 2[J]. Genome Biol,2019,20(1):257.

[52] KIM D,SONG L,BREITWIESER F P,et al. Centrifuge: rapid and sensitive classification of metagenomic sequences[J]. Genome Res,2016,26(12):1721 -1729.

[53] OUNIT R,S LONARDI. Higher classification sensitivity of short metagenomic reads with CLARK-S[J]. Bioinformatics,2016,32(24):3823 -3825.

[54] PIRO V C,DADI T H,SEILER E,et al. ganon: precise metagenomics classification against large and up-to-date sets of reference sequences[J]. Bioinformatics,2020,36

（Suppl_1）：i12 - i20.

［55］ SHEN W,XIANG H,HUANG T,et al. KMCP：accurate metagenomic profiling of both prokaryotic and viral populations by pseudo-mapping［J］. Bioinformatics,2023,39（1）：btac845.

［56］ SAITOU N,NEI M. The neighbor-joining method：a new method for reconstructing phylogenetic trees. ［J］. Molecular Biology and Evolution,1987,4（4）:406 - 425.

［57］ FELSENSTEIN J. Evolutionary trees from DNA sequences：a maximum likelihood approach［J］. J Mol Evol,1981,17（6）:368 - 376.

［58］ HUELSENBECK J P,RONQUIST F. MRBAYES：Bayesian inference of phylogenetic trees［J］. Bioinformatics,2001,17（8）:754 - 755.

［59］ SHARP P M,HAHN B H. Origins of HIV and the AIDS Pandemic［J］. Cold spring harbor perspectives in medicine,2011,1（1）:a006841.

［60］ LEROYE M,KUMULUNGUI B,POURRUT X,et al. Fruit bats as reservoirs of Ebola virus［J］. Nature,2005,438（7068）:575 - 576.

［61］ GAO W,GAO M,YU Y. Iron Acquisition and Regulation in Yersinia Pestis（in Chinese）［J］. CHINESE JOURNAL OF CONTROL OF ENDEMIC DISEASES,2006,21（004）：219 - 221.

［62］ RABAAN A A,AL-AHMED S H,SAH R,et al. MERS-CoV：epidemiology,molecular dynamics,therapeutics,and future challenges［J］. Annals of Clinical Microbiology and Antimicrobials,2021,20（1）:8.

［63］ KNOBEL D L,CLEAVELAND S,COLEMAN P G,et al. Re-evaluating the burden of rabies in Africa and Asia［J］. Bull World Health Organ,2005,83（5）.

［64］ CHEN J,LIANG B,HU J,et al. Circulation,Evolution and Transmission of H5N8 virus,2016 - 2018［J］. J Infect,2019,79（4）:363 - 372.

［65］ World malaria report 2023［OL］. （2024 - 03 - 11）. https：//www. who. int/publications-detail-redirect/9789240086173.

［66］ WATSON J T,GAYER M,CONNOLLY M A. Epidemics after natural disasters［J］. Emerg Infect Dis,2007,13（1）:1 - 5.

［67］ LATOURRETTE K,GARCIA-RUIZ H. Determinants of Virus Variation,Evolution,and Host Adaptation［J］. Pathogens,2022,11（9）.

［68］ MORIN C W,B STONER-DUNCAN,K WINKER,et al. Avian influenza virus ecology and evolution through a climatic lens［J］. Environ Int,2018（119）:241 - 249.

[69] WOOLHOUSE M, WARD M, BUNNIK B VAN, et al. Antimicrobial resistance in humans, livestock and the wider environment[J]. Philos Trans R Soc Lond B Biol Sci, 2015,370(1670):20140083.

[70] WOOLHOUSE M E J, HAYDON D T, ANTIA R. Emerging pathogens: the epidemiology and evolution of species jumps[J]. Trends Ecol Evol,2005,20(5):238-244.

[71] TERRY K, YANG F, YAO Q. The role of social media in public health crises caused by infectious disease: a scoping review[J]. BMJ Glob Health,2023,8(12):e013515.

[72] DU E, CHEN E, LIU J. How do social media and individual behaviors affect epidemic transmission and control? [J]. Sci Total Environ,2021,761:144114.

[73] BERNARD R, BOWSHER G, MILNER C, et al. Intelligence and global health: assessing the role of open source and social media intelligence analysis in infectious disease outbreaks[J]. Z Gesundh Wiss,2018,26(5)509-514.

[74] 祁悦.主流媒体在社交媒体平台中的健康风险沟通研究[D].长春:东北师范大学,2023.

[75] 王斌.信息疫情的理论维度、结构成因与治理反思[J].电子科技大学学报(社科版),2021,23(4):38-45.

[76] MEGNIN-VIGGARS O, CARTER P, MELENDEZ-TORRES G J, et al. Facilitators and barriers to engagement with contact tracing during infectious disease outbreaks: A rapid review of the evidence[J]. PLoS One,2020,15(10):e0241473.

[77] VIJAYKUMAR S, NOWAK G, HIMELBOIM I, et al. Virtual Zika transmission after the first U.S. case: who said what and how it spread on Twitter[J]. Am J Infect Control, 2018,46(5):549-557.

[78] 王虎峰.公众参与重大传染病治理的经验启示[J].人民论坛,2020(23):25-27.

[79] JUAN N V S, MARTIN S, BADLEY A, et al. Frontline Health Care Workers' Mental Health and Well-Being During the First Year of the COVID-19 Pandemic: Analysis of Interviews and Social Media Data[J]. J Med Internet Res,2023,25:e43000.

[80] PARIHAR S, KAUR R J, SINGH S. Flashback and lessons learnt from history of pandemics before COVID-19[J]. J Family Med Prim Care,2021,10(7):2441-2449.

[81] 流感流行季即将到来,疫苗接种正当时[EB/OL].[2024-3-13]. https://www. jxxxf. com/index. php/article/content/show/id/3233. html.

[82] 马箫.重大传染病疫情下公众焦虑的成因及缓解对策研究——基于"非典"疫情与新冠肺炎疫情期间信息传播比较视角[J].重庆科技学院学报(社会科学版),2021

(5):63 - 67.

[83] 胡建淼,马良骥.信息技术发展带来的法律新课题——《个人信息保护法》研究 [J].科学学研究,2005(6):790 - 795.

[84] WALKER A,BONHAM V L,BOYCE A,et al. Ethical Issues in Genetics and Infectious Diseases Research:An Interdisciplinary Expert Review[J].Ethics Med Public Health, 2021,18:100684.

[85] BRAUNECK A,SCHMALHORST L,KAZEMI M M,et al. Federated Machine Learning, Privacy-Enhancing Technologies, and Data Protection Laws in Medical Research:Scoping Review[J].J Med Internet Res,2023,25:e41588.

[86] 张乃根.构建人类卫生健康共同体的若干国际法问题[J].甘肃社会科学,2021(3): 78 - 86.

[87] 刘慧敏.全球公共卫生安全治理国际合作法律问题研究[D].大连:大连海洋大学,2022.

[88] 北京预防医学会.新型冠状病毒肺炎疫情流行病学调查工作规范(T/BPMA 0003 - 2020)[J].中华流行病学杂志,2020,41(8):1184 - 1191.

[89] 中国疾病预防控制中心[EB/OL].[2024 - 3 - 13].https://www.chinacdc.cn/yw_9324/202312/t20231231_271731.html.

[90] 中共中央对外联络部.引领政党合作 助力全球抗疫[EB/OL].[2024 - 3 - 13].http://www.qstheory.cn/dukan/qs/2020 - 04/15/c_1125858067.html.

[91] 杨凤,马莉丽,钟彬,等.重大突发公共卫生事件综合社会治理力量运行机制研究: 以新冠肺炎疫情为例[J].中国卫生事业管理,2022,2022,39(2):85 - 88.

[92] PEIFFER - SMADJA N,RAWSON T M,AHMAD R,et al. Machine learning for clinical decision support in infectious diseases:a narrative review of current applications[J]. Clinical Microbiology and Infection,2020,26(5):584 - 595.

[93] LI C,YE G,JIANG Y,et al. Artificial Intelligence in battling infectious diseases:A transformative role[J]. J Med Virol,2024,96(1):e29355.

[94] 杨昭辉,李亚娟,张金芳,等.GIS在传染病方面的实时预警溯源系统[J].智慧健康,2022,8(8):1 - 3,7.

[95] 周宇辉.我国传染病流行现状与防控体系建设研究[J].中国卫生政策研究,2023, 16(4):74 - 78.

[96] PLEY C,EVANS M,LOWE R,et al. Digital and technological innovation in vector-borne disease surveillance to predict, detect, and control climate-driven outbreaks[J]. Lancet

Planet Health,2021, 5(10)：e739 − e745.

[97] CHIU K H Y,SRIDHAR S,YUEN K Y. Preparation for the next pandemic：challenges in strengthening surveillance[J]. Emerg Microbes Infect,2023,12(2)：2240441.

[98] 2021 年传染病防控与生物安全新思维研讨会专家组.“2021 年传染病防控与生物安全新思维研讨会”专家共识[J].中华医学杂志, 2021,101(46).

第9章
传染病传播模型理论与应用

9.1 传染病传播模型

9.1.1 传染病管理现状

对传染病的防控管理主要有三个环节:控制传染源,切断传播途径,保护易感人群,其中以保护易感人群为最优策略。但是基于的管理主要围绕"病发"后治疗"传染源",切断"传播途径"(图9.1)的事后管理。如艾滋病、非典、禽流感、登革热、莱姆病和非洲埃博拉等,全球针对这些不断暴发和新发传染病的应对措施,都属于典型的事后管理模式。截止目前,很少有成功针对易感人群的传染病预防。

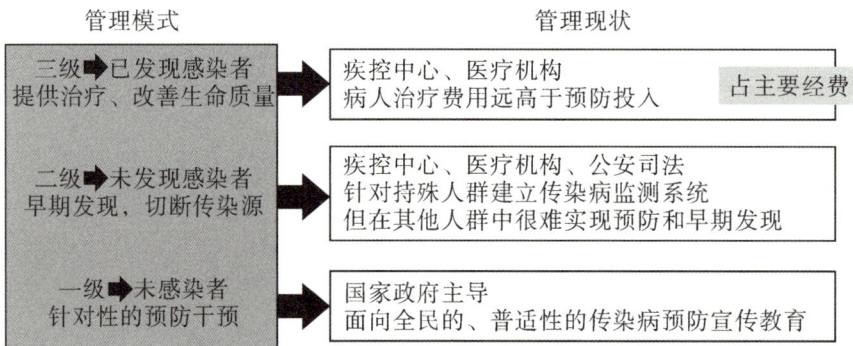

图9.1 传染病三级管理模式与资源分配现状

9.1.2　传染病预警预测模型研究现状

通常对传染病的研究主要有四种方法:描述性研究、分析性研究、实验性研究和理论性研究。描述性研究指按时间、地点及人群的各种特征(如年龄、性别、职业等)进行观察,确切和详细记载传染病相关状态的分布特征;分析性研究一般选择一个特定人群,对提出的病因或流行因素进一步进行验证;实验性研究指研究者在一定程度上掌握实验条件,有针对性地主动给予研究对象某种干预措施,便于掌握事物的变化规律;理论性研究与前面的研究方法完全不同,但以前面的研究结论为基础开展相关研究。理论性研究中的一个重要方法是利用各种传染病调查获取数据,建立相关数学模型,并利用计算机进行仿真模拟。理论性研究的核心是通过构建传染病传播和发病模型,将传染病产生和流行的背景环境因素(如流动人口、防治策略、病人发现和治疗水平等)联系起来,进而利用空间信息技术和数学方法挖掘、研究其潜在的医学和生物学意义。其优势是可实现在实验室条件下重现传染病流行过程,并通过反复比较、探讨,最后判断各因素对传染病的贡献大小,为宏观调控和微观防治提供科学依据。

传染病预警预测模型通常包括时间序列模型、灰色模型、微分动力学模型、网络动力学模型、基于大数据的预测模型等。

1. 时间序列模型

时间序列模型基于监测的时间序列数据,由于监测数据相对完善和易获取,这方面的研究也是最多的。模型的基本思想是将时间序列视为一组依赖于时间的随机变量,这组随机变量所具有的自相关性表征了预测对象发展的延续性,用数学模型将这种自相关性描述出来,就可以从时间序列的过去值及现在值预测其未来值。

2. 灰色模型

灰色模型是针对"小样本""贫信息"的模型,是邓聚龙教授于 1982 年创立的发病率预测模型[1]。该模型不要求数据具有规律性分布,且计算量小,可用于长短期预测。灰色模型基于年度发病率数据进行预测,准确度较高。常用灰色模型有 GM(1,1)模型、GM(1,N)模型、GM(2,1)模型、DGM(1,1)模型等,其应用范围和预测准确性逐步提高。

3. 微分动力学模型

虽然早在 1760 年,D. Bernoulli 就利用数学方法研究过天花的传播,1911 年 Ross 利用微分方程模型研究疟疾在蚊子与人群之间的动态传播行为(该项研究使他第二次获得 Nobel 奖),但作为传染病动力学奠基性的工作是 Kermark 和 Mekendrick 在 1926 年构造的著名的 SIR 仓室模型和 1932 年提出的区分疾病流行与否的阈值理论[2]。SIR 传染病模型对传染病的传播规律和流行趋势进行研究,将总人口分为易感者(S)、染病者(I)和恢复者(R)三类,在此基础上提出传染病消失的阈值理论:若种群中易感者数量高于阈值,传染病将继续维持,若种群中易感者数量低于阈值,传染病将趋向消失。SIR 模型结构如图9.2 所示。

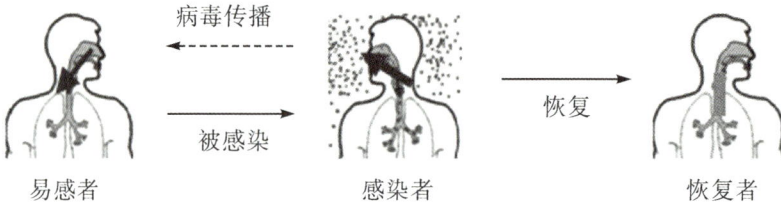

病毒传播

被感染

恢复

易感者　　　　　　　　感染者　　　　　　　　恢复者

图9.2　传染病模型各类人群相互关系[5]

其方程为:

$$\frac{\mathrm{d}S}{\mathrm{d}t} = -\frac{\beta SI}{N}$$

$$\frac{\mathrm{d}I}{\mathrm{d}t} = \frac{\beta SI}{N} - \gamma I$$

$$\frac{\mathrm{d}R}{\mathrm{d}t} = \gamma I$$

其中:S 是易感者数量,I 是染病者数量,R 是恢复者数量,β 是易感者被感染的概率,γ 是 I 类人口的治疗率,$N = S + I + R$ 是总人口数。

绝大多数传染病传播模型都是由 SIR 模型扩展得到的常微分方程组。从传染病的传播机理来看,这些扩展涉及接触传染、垂直传染、媒介传染等不同传染方式,以及是否考虑因病死亡、因病或预防接种而获得暂时免疫或终身免疫、病人的隔离等因素。为了解进一步的信息,读者可参考文献[3]。

4. 网络动力学模型

以常微分方程为核心的模型主要是均匀混合传染病动力学模型,其特点是将人群看作是均匀混合的,即所有个体之间的相互接触是等可能的。但是,"均匀混合"假设完全忽略了人群的局部接触方式,人与人接触过程不可能是一个均匀碰撞的过程,不同的人在单位时间接触的人数是完全不同的,人和人之间的接触形成一个社会接触网,如果把人及其相互之间的接触认为是网络,群体水平的传染病流行实际上就是疾病在社会接触网上的传播过程。

网络是由节点与连接节点的一些边组成,其中节点代表真实系统中不同的目标(个体或区域),边表示目标之间的关系。假设将人群按照单位时间内接触次数进行分组,用 N_k 表示单位时间内有 k 次接触的人群总数,S_k 和 I_k 分别表示 N_k 中易感者和染病者数量,度分布为 $p_k = \frac{N_k}{N}$。不考虑出生与死亡,在度不相关网络中,类似均匀混合传染病动力

学模型,建立 SIS 网络传染病动力学模型如下:

$$\frac{\mathrm{d}s}{\mathrm{d}t} = \gamma I - \beta \sum kS_k \frac{\sum kI_k}{\sum kN_k}$$

$$\frac{\mathrm{d}I}{\mathrm{d}t} = \beta \sum kS_k \frac{\sum kI_k}{\sum kN_k} - \gamma I$$

由模型可见,对于度不相关情形,传染项主要考虑易感者节点或染病者节点连接总边数占整个网络总边数的比例,因此,网络动力学模型更接近真实传播。

随着国际旅游业的发展以及大量流动人口的出现,一些传染病被从发病率高地区来的游客和移民传播到世界各地,如结核病在美国和欧洲等一些发达国家出现回升,给围绕常微分方程的传统模型研究带来挑战。这些挑战主要是因为流动人口形成的社会网络随机性更大,而且流动人口相关数据获取更加困难。因此,目前对该网络动力学模型最主要的动态分析是"系统稳定性",即寻求在人口任意演变或流动情况下,传染病消失或保持稳定的条件。

对复杂网络模型的稳定性研究,目前主要有两种方法:公共 Lyapunov 函数法和代数方法。作为代数方法的代表,Stanford[4]等在 1979 年提出基于子系统矩阵特征值和奇异值的稳定性判据,尽管所得代数判据简洁且可验证,但均为充分性判据或必要性判据,不能完全证明系统稳定性。相反,1990 年开始发展的公共 Lyapunov 函数法,因其普适性和非保守性,成为研究混合系统稳定性的主流方法[5]。所谓公共 Lyapunov 函数是指所有子系统共同的 Lyapunov 函数,但进一步研究发现,利用公共 Lyapunov 函数法研究混合动态系统稳定性实质困难是相关判据是算法意义上不可验证的,表明公共 Lyapunov 函数法也无法应用于判断复杂网络模型的稳定性。

近十年,网络传染病动力学模型研究取得一定进展,但目前模型研究存在以下三个问题:① 模型假设总人口保持不变;②模型主要由统计物理学家提出,研究缺乏动力学理论的深入分析和证明,如系统稳定性、分支和最终疾病负担的数学表达;③针对具体传染性疾病建立的网络传染病模型不多,更缺少结合具体疾病的数据对模型参数估计与优化。

5. 基于大数据的预测模型

传染病预测通常依赖于传染病发病和传播模型,其原型是疾病的发病或者传播机制。预测模型的参数来自现场调查、监测或专家经验。传染病模型没有广泛推广应用的重要原因之一,是因为模型参数获取困难(有时几乎不可能),或模型参数来自部分现场数据,不能反映传染病与外界世界的真实关系(图9.3),导致模型对实际传染病问题预警预测不准确,限制了模型的推广应用。

谷歌公司是将网络大数据应用于实际传染病防控的先驱,2009 年成功预测流感的"谷歌预测模型"掀起大数据预测热潮[6]。Cauchemez[7]利用在线社交网络信息,成功预测美国宾夕法尼亚州的一次 H1N1 流感爆发;Pennacchiotti[8]利用 Twitter 的社交信息,划分出流行病人群的危险等级;我国中科院研究人员利用腾讯微博数据对国内流感流行趋势进行评估[9]。这些网络大数据应用于公共卫生和健康管理的积极探索促进了相应大数据技术发展和成熟,如不同尺度数据的融合与相关信息关联继承,同一用户在多网站注册信息的有效辨识等[10]。但是正当全球学者满腔热情期待将网络大数据应用于实际传染病公共卫生防控和管理时,"谷歌预测模型"成了从"预测神话"沦为被质疑大数据作用的典型案例[11]。

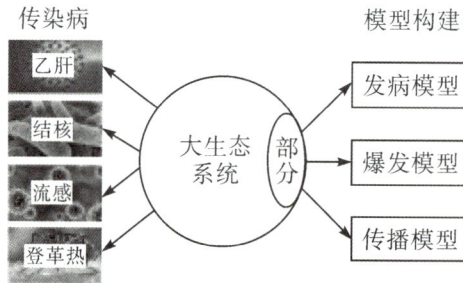

图9.3　传染病生态环境与数学模型的关系

反思"谷歌预测模型"失败的根本原因,或因"谷歌预测模型"的输入、输出只依赖于网络数据,预测结果缺乏实际流感数据的实时评估和校正,预测误差被不断叠加扩大。"谷歌预测模型"的失败说明,传染病公共卫生防控需要网络大数据支持,同时也需要网络大数据在捕捉发现一个有意义的关联后,及时与实际公共卫生数据进行相互印证,确定其专业意义。只有这样,才能发挥网络数据博大、及时的特点,补充实际公共卫生数据的不完整信息,实现对疾病传播规律和流行趋势准确预警预测(图9.4)。

显然,表征多源异构医疗健康大数据的数学模型,结构更加复杂,计算难度和复杂度呈指数级增加,目前对复杂的模型要花一两周才能计算出结果,急性传染病实时预警很难接受。

为引领全国大数据科学领域基础研究,根据国家和广东发展战略需求,国家自然科学基金委员会与广东省人民政府以国家超级计算广州中心"天河二号"超级计算机为平台,联合推出大数据科学研究中心项目,随着国务院发布《促进大数据发展行动纲要》率先推动政府数据公开,以及捕捉数据技术的发展,也许传染病精准预测的梦想,在我们这一代有望实现。

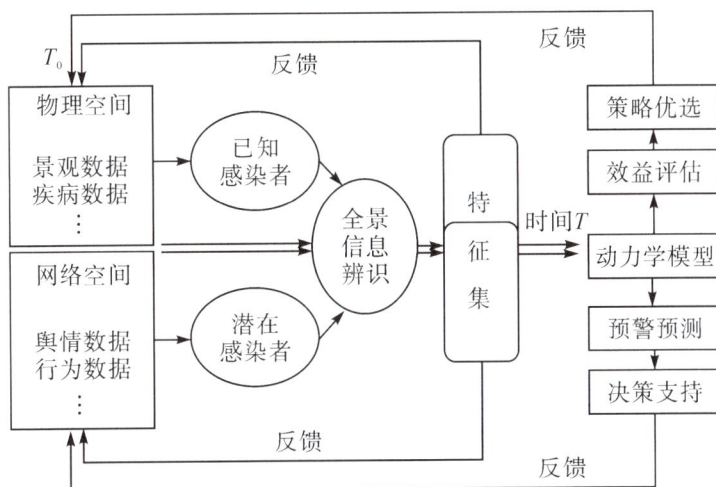

图 9.4　获取相对完整信息的数学建模过程

6. 传染病模型的应用

近 30 年,国际上传染病连续动力学模型的研究进展迅速,大量数学模型被用于分析各种各样的传染病问题,这些数学模型大多是适用于各种传染病的一般规律的研究,也有部分是针对诸如 SARS、麻疹、疟疾、肺结核、流感、天花、淋病、艾滋病等具体传染病的模型[12]。随着原有传染病复燃和新发传染病暴发,我国一些学者开始对传染病理论模型的研究意义有了一定的认识,并积极开展了相关的研究。尤其 2003 年 SARS 以来,国家建立传染病专报网络,加强对传染病模型的研究,尤其针对乙肝、艾滋病和结核病三大传染病设立了专题研究项目。其中比较有代表性的如西安交通大学马知恩团队、北京大学贾忠伟团队等人员利用传染病模型对流感、艾滋病和结核病等开展的研究[2,13]。由于传染病动力学模型的应用最广泛,接下来我们将介绍这类模型在新冠肺炎等传染病防控中的应用案例。

9.2　北京冬奥会新冠肺炎疫情监测策略模型

9.2.1　研究背景

9.2.1.1　北京冬奥会面临的新冠肺炎疫情挑战

北京冬奥会于 2022 年 2 月 4 日至 2 月 20 日在北京及周边地区举行,共接待海外游客近 500 万人次、国内游客 1 亿人次。当时全球新冠肺炎疫情非常严重,短期内巨大的客流量给疫情扩散带来了巨大风险。约翰斯·霍普金斯大学数据显示,在北京冬奥会筹备期间(即截至 2021 年 12 月 31 日),全球累计新冠肺炎病例约 2.89 亿例,死亡人数超过

546.91 万,疫情波及 200 多个国家和地区[14]。如图 9.5 所示,2020 年 1 月至 2021 年 12 月,全球新冠肺炎发病呈季节性波动,冬季高发。2021 年底新发病例显著增加,12 月新发病例高达 2560 万例;2021 年全球新发病例以欧洲、亚洲、北美洲为主。因此,对新冠肺炎疫情的监测是保障北京冬奥会顺利进行的重要一环。

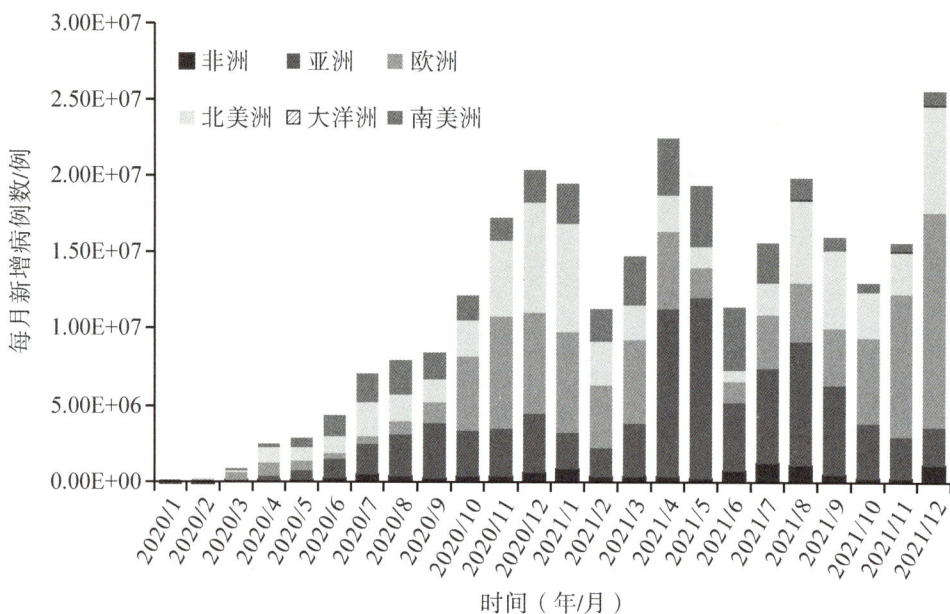

图 9.5　2020 年 1 月至 2021 年 12 月全球新发新冠肺炎病例

9.2.1.2　新冠肺炎疫情期间大型体育赛事监测策略

由于新冠肺炎疫情大流行,大部分体育赛事为保证民众健康宣布延期举办,如德国足球甲级联赛、终极格斗冠军赛、美国职业篮球联赛、2020 年东京夏季奥运会(简称东京奥运会)等。2019—2020 年的德国足球甲级联赛(简称德甲)于 2020 年 5 月 16 日起以"闭门作赛"的形式恢复,并使用移动应用程序进行症状监测并进行每周两次的核酸检测,新型冠状病毒感染的运动员退出比赛并及时进行隔离管理。终极格斗冠军赛于 2020 年 7 月 1 日至 31 日在阿布扎比亚斯岛举行重启比赛,运动员及相关人员均在无病毒的"安全岛"——亚斯岛内活动,在比赛开始前赛事相关人员至少进行了两次核酸检测且任何检测呈阳性的人员都被立即撤离"安全岛",比赛期间运动员及相关人员每周进行两次核酸检测、每天进行体温等新冠肺炎样症状的监测。于 2021 年 7 月 23 日重启开幕的东京奥运会采取"气泡"防疫的管理模式,其将参会者封闭在奥运会赛事场所内,杜绝将新冠病毒传播到奥运会赛场外;参会人员被严格限制在"气泡"之中,活动范围只限制于赛场、训练场和住宿场所;一旦发现阳性确诊病例,组织部门能够迅速采取措施,将病毒传播迅速控制在个人或者很小范围内。综上,以上三场比赛的新冠肺炎监测策略均包括核酸检测与症状监测,同时参赛人员与外界隔离。

其中,东京奥运会是新冠肺炎疫情大流行期间的首次奥林匹克运动赛事,"气泡"监测策略更是防控新冠肺炎疫情的重要尝试,将为北京冬奥会的筹办工作提供宝贵的经验。东京奥运会共有 204 个国家及地区参赛,其间参赛的运动员共有 11669 名;比赛场地总数为 42 个,位于东京、北海道等地。为防控新冠肺炎疫情,国际奥委会成立国际奥组委新冠技术小组,为东京奥组委提供包括新冠肺炎疫情防控在内的全面的公共卫生技术支持。该小组针对新冠肺炎疫情防控成立传染病控制中心。中心负责每日信息收集和报告、阳性病例处置、密接管理,并制定《2020 年东京奥运会和残奥会疫情应对措施手册》,具体措施见表 9.1。

表 9.1　东京奥运会疫情防控具体措施

阶段	具体内容
出发前	(1)安装健康监测手机应用; (2)进入日本前 14 天需进行健康监测; (3)在航班起飞前 96 个小时内,分别在两天内进行两次新冠病毒检测,其中两次测试中至少有一项必须在出发后 72 小时内完成; (4)进入日本前 14 天里,尽量减少与他人的身体接触; (5)报备密切接触者名单,例如室友、教练、理疗师等; (6)遵守良好的卫生习惯; (7)准备充足的个人防护用品,如口罩
入境	(1)激活健康监测手机应用; (2)到达时进行新冠病毒抗原检测,检测前 30 分钟不能进食; (3)提供纸质保证书,如没有则将进行 14 天隔离; (4)在抵达时和前 3 天进行隔离; (5)若需参加赛前训练,相关人员需要每天进行新冠病毒检测; (6)只使用专用交通工具,切勿在任何商店或服务点停留
赛时	(1)每日健康监测,如体温和任何其他新型冠状病毒感染症状; (2)原则上每天都要接受新型冠状病毒检测,由疫情防控联络官根据比赛项目和竞赛日程确定日期和时间,检测在奥运村/残奥村指定区域进行; (3)尽可能减少与他人接触,保持至少 2 米的社交距离; (4)尽可能避免封闭的空间和人群; (5)就餐时与他人保持 2 米的距离; (6)只能进行规定活动,不能乘坐公共交通工具; (7)全程佩戴口罩,除训练、比赛、吃喝、睡觉外

续表9.1

阶段	具体内容
离境	(1)所有运动员要在其比赛结束后,包括在比赛中被淘汰,48 小时内离开日本; (2)在离开日本后 14 天需进行健康监测

虽然东京奥运会成为新冠肺炎疫情大流行下大型体育赛事举办的重要借鉴,但"气泡"监测策略在具体防疫措施的实施与监督方面存在一些不到位之处。在远端防控方面,健康监测报告系统不能及时更新每日健康监测信息;在入境方面,各考察团之间、运动员之间也存在交叉,人员不能保持距离,志愿者佩戴口罩、隔离服穿着防护不规范;在交通方面,司机与赛事相关人员会有近距离接触,但却全程佩戴非 N95 口罩;在常态化防控方面,赛事相关人员口罩佩戴不规范,人员聚集甚至还可与运动员近距离交流。

总结大型体育赛事防疫成功的重要因素主要包括:①合理可行的监测策略制定;②主办方对于监测策略具体措施的严格执行;③社会公众对疫情的正确认知与对防疫政策的了解与信任;④赛事相关人员严格落实遵守主办方制定的监测策略;⑤疫情监测系统等智能化科技成果的应用;⑥及时的防疫经验总结。

综上,在疫情发生以来的德甲、终极格斗冠军赛、东京奥运会等体育赛事中,参赛人员与外界隔绝并实施多种非药物干预措施的监测策略是常用的疫情监测策略。

9.2.1.3 传染病动力学模型在疫情监测的应用

新冠肺炎疫情大流行是新冠病毒在人群中扩散的外在表现,其对民众生命健康和社会生活造成了很大影响。从系统生物学的视角,传染病流行过程是病毒在群体内进行的一种复杂传播过程,对这一过程建立模型(称为传染病动力学模型)有助于理解传染病的流行机理、了解病毒在种群内的传播、认识内在规律。既往研究总结传染病动力学模型是用于疾病流行趋势预判、早期监测预警、防控决策的重要方法。

在传染病流行早期,由于病毒作用机理不明、数据极其有限,常规的流行病学方法如描述性研究、分析性研究、实验性研究不能有效进行;但根据有限的数据、历史的经验以及专家的意见等,可以构建传染病动力学模型,预测传染病的传播范围、程度及速度,及时预警,便于专家对疫情及时预判。疾病防治与疫情控制中的决策是艰难的,需要考虑到物资等经费的使用、对易感人群的保护措施、对密切接触者的管理措施(是否隔离、范围大小)、医疗资源的准备、入境政策等。此时,可以通过改变传染病动力学模型中的相关参数,模拟不同防控场景条件下的疾病传播情况,提供决策支持。传染病动力学模型可以在后疫情时代,通过比较模型模拟数据与实际病例数,实现阶段性、实时性评估各项监测防控策略的效果,从而及时调整相关具体措施;同时,结合监测防控策略的成本使用,可为当地建立疫情应对策略系统提供科学依据。

综上,传染病动力学模型在传染病疫情预测、传染病预防控制与相关政策优选中起关键的作用。其可用于疾病流行趋势预判与分析,为疾病的早期预警、防控决策提供理论支持,对后疫情时代的阶段性和最终防控效果进行实时评估。在新发呼吸道传染病快速传播形成大流行的背景下,借助数学模型评估基于不同组合的 NPIs 的监测策略有效性是常用的研究方法。

在输入性风险评估模型和防控仿真推演技术方面,传播动力学模型主要集中在 SIR (susceptible-infected-recovered) 模型及 SEIR (susceptible-exposed-infected-removed) 模型等。由于新冠肺炎潜伏期存在传染性,因此更多的研究选择 SEIR 及其修正的 SEIR 模型。新冠 SEIR 模型通过假设、变量及其关联定量揭示新冠肺炎流行规律,根据疫情暴发、疫情防控数据,纳入未来不确定变量,研究病毒传播机理,预测疫情流行趋势,科学评价防控效果[15]。SEIR 模型在新冠肺炎疫情暴发早期准确预测了疫情的拐点和规模,对疫情蔓延的预测表现出了较高的准确性,为疫情防控争取了时间,同时分析了疫情影响关键因素,为制订及时有效的防控对策提供了数据支撑。

传染病动力学模型对疫情监测效果的评价,是基于多种防控措施量化在模型中进行模拟。非药物干预措施(non-pharmaceutical interventions,NPIs)指的是除疫苗、药物外能控制疾病传播的系列行动或措施,可降低群体传染病发病率,延迟群体的感染峰值,控制疾病传播范围以及疾病流行。新冠肺炎疫情监测策略如症状监测、核酸检测就是不同的非药物干预措施。由于新发急性呼吸道传染病可在短期内造成医疗系统的超负荷运转甚至瘫痪,大部分国家对于其防控目标为抑制策略,目的是停止甚至扭转传染病大流行的趋势,将确诊人数与死亡人数控制在较低的水平。在新冠肺炎疫情全球大流行的大背景下,为实现"抑制"目标,各国同样积极采取了高强度、全面、分阶段且持续的 NPIs。NPIs 是针对传染病特别是新发急性呼吸道传染病最容易实现且切实有效的防控措施,在控制疫情中发挥了重要的作用。

个人防护措施主要包括手卫生、呼吸卫生礼仪、佩戴口罩,目的是减少被感染或传播新型冠状病毒的风险。牛津大学新冠肺炎政府响应追踪系统数据显示[16],2020 年 1 月至 12 月,全球要求佩戴口罩国家/地区持续增加,随后保持平稳,直至 2022 年 2 月逐渐减少,以全部公共场所佩戴口罩政策为主(图 9.6)。截至 2022 年 12 月 31 日,仍要求部分、全部公共场所佩戴口罩及全天佩戴的国家/地区分别为 76 个、29 个和 4 个。

新型冠状病毒检测有许多不同的类型,例如核酸检测与血液抗体检测。其中,核酸检测是诊断是否感染病原体的金标准。新型冠状病毒核酸检测的目的包括:监测、跟踪新型冠状病毒的传播;搜集感染病例数据、临床诊断、跟踪病毒变异动态;用于群体筛查发现最容易传播病毒的人,减少传播源。牛津大学数据显示[16],2020 年 1 月至 2021 年12 月,全球开展开放公众检测和有症状关键人群检测国家/地区持续增加,随后保持平稳

（图9.7）。截至2022年12月31日，仍开展新型冠状病毒公众检测、有症状人群检测和有症状关键人群检测的国家/地区分别为117个、25个和36个。

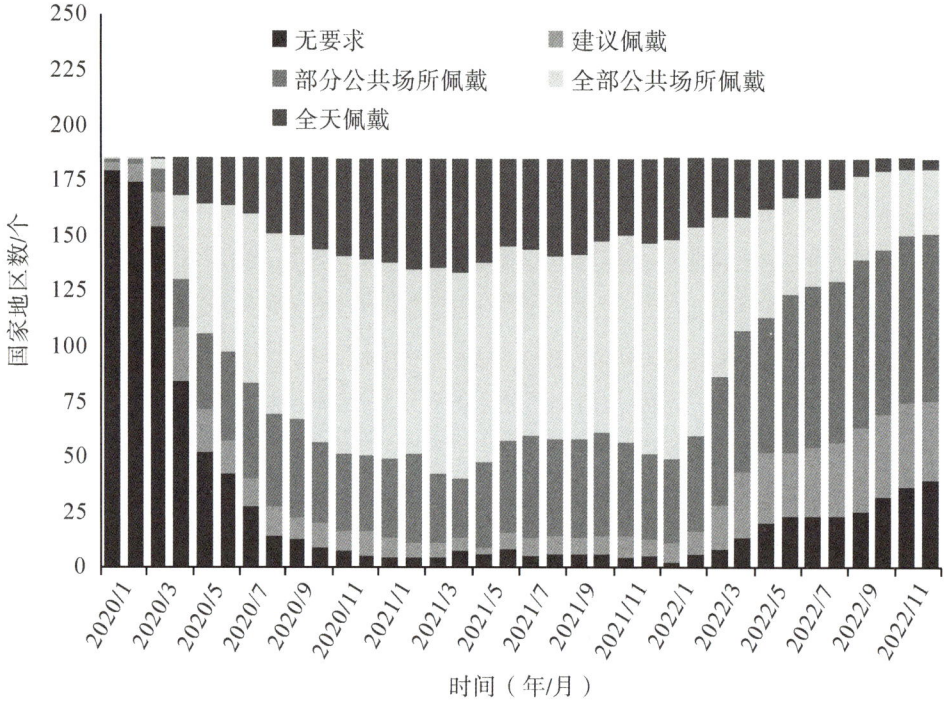

图9.6　2020年1月至2022年12月全球新冠肺炎疫情佩戴口罩政策

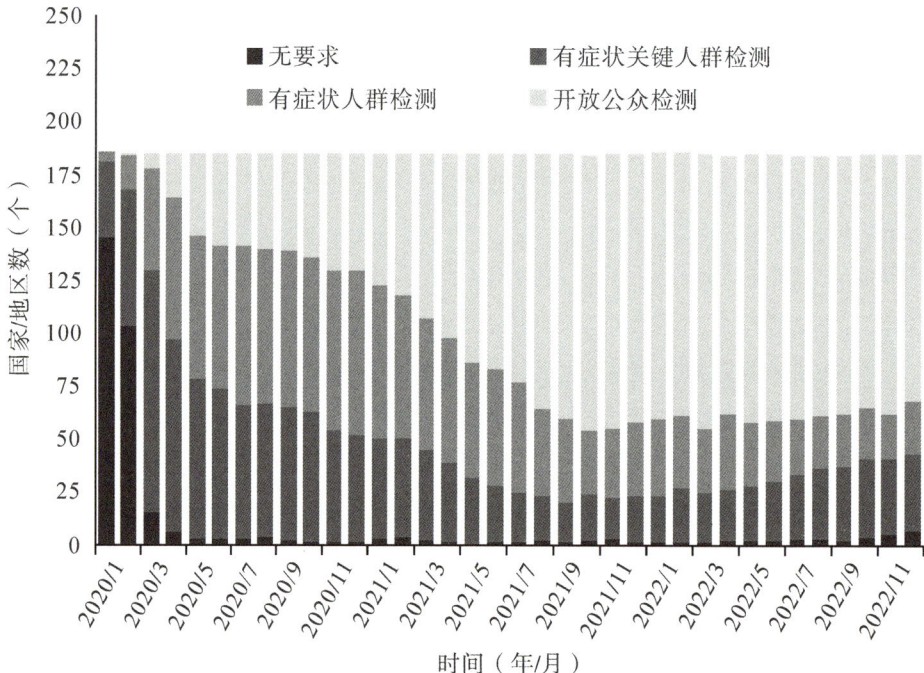

图9.7　2020年1月至2022年12月全球新型冠状病毒检测政策

新冠病毒感染者隔离与密切接触者管理是控制新冠病毒传染源的重要措施。感染者隔离是指把被诊断为新冠病毒感染者与易感人群分开,将感染者放置于隔离点进行监测和治疗。密切接触者管理包括密接追踪和密接隔离。牛津大学数据显示[16],2020 年 1 至 8 月,全球开展密接追踪国家/地区持续增加,到 2020 年底开始持续减少(图 9.8)。2020 年 3 月至 2022 年 7 月,全球对密切接触者进行追踪的国家/地区一直超过 50%;2020 年 4 月至 2022 年 4 月,全球实施全部追踪密接者措施的国家/地区比实施部分追踪密接者措施的国家/地区要多;截至 2022 年 10 月 31 日,仍开展密接全面和部分追踪的国家/地区分别为 32 个和 39 个。

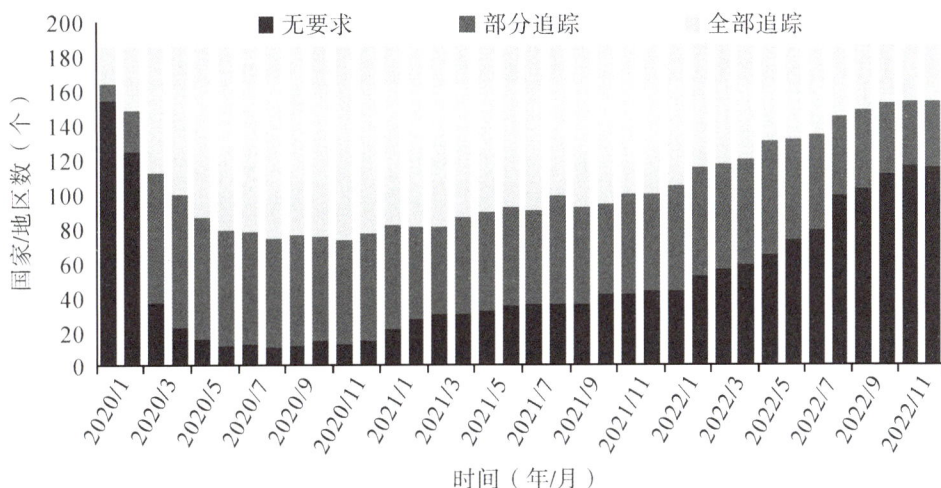

图 9.8　2020 年 1 月至 2022 年 12 月全球新冠肺炎疫情密接追踪政策

扩大社交距离共包括六项具体措施:关闭各类学校、关闭办公场所、取消公众活动、限制公众聚集、停止地铁及公交车等交通服务和封闭在家。牛津大学数据显示[16],如图 9.9,2020 年 3 月至 2022 年 3 月,全球约半数的国家/地区要求采取扩大社交距离政策;疫情初期,绝大部分国家/地区要求采取 3 项及以上措施,随后,要求采取措施数量逐渐减少。截至 2022 年 12 月 31 日,仍要求部分或全部关闭学校国家/地区 9 个、部分或全部关闭工作场所国家/地区 7 个、取消公众活动国家/地区 13 个、限制 1000 人及以下公众聚集国家/地区 11 个、关闭公共交通国家/地区 3 个、部分或完全封闭在家国家/地区 1 个。

旅行相关措施包括旅行建议和旅行限制。如图 9.10,2020 年 3 月至 2022 年 10 月,全球采取旅行限制的国家/地区逐步减少;大部分国家/地区采取的措施以出入境检查和边境关闭为主。截至 2022 年 12 月 31 日,仍限制国内旅行国家/地区 7 个、开展出入境检查及部分或全部关闭边境国家/地区 17 个、采取全部旅行限制国家/地区 2 个[16]。

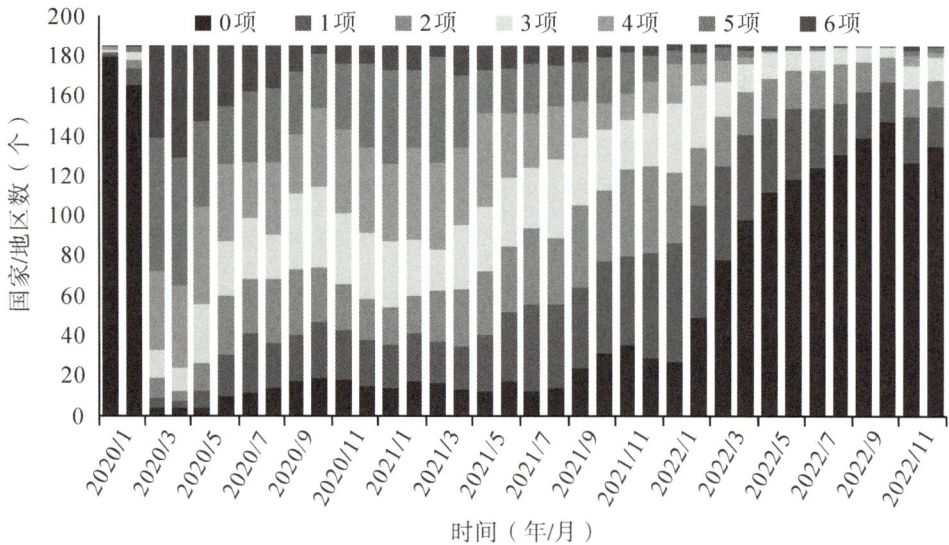

图 9.9　2020 年 1 月至 2022 年 12 月全球新冠肺炎疫情扩大社交距离政策

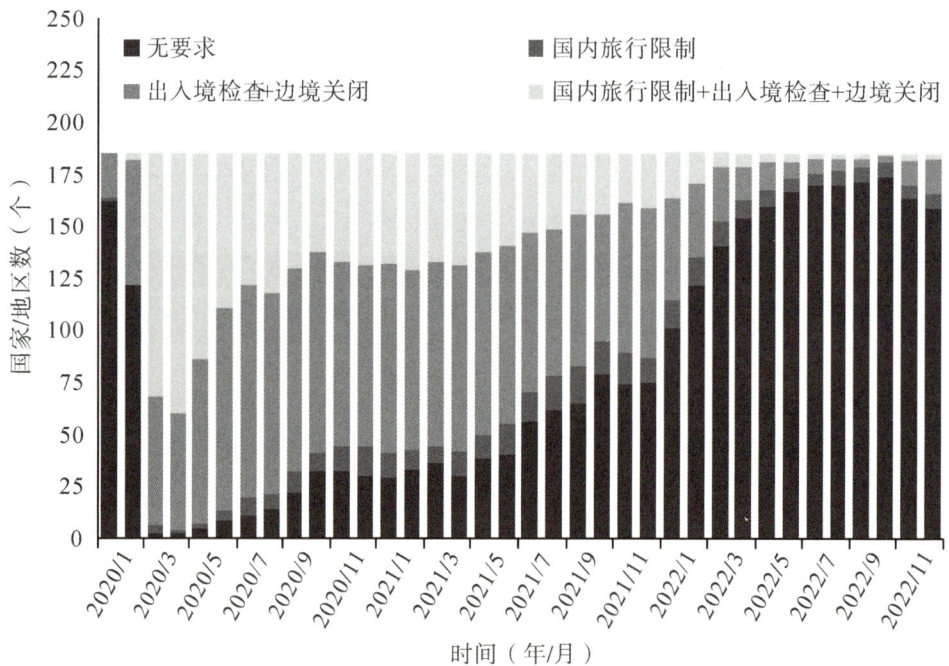

图 9.10　2020 年 1 月至 2022 年 12 月全球新冠肺炎疫情旅行限制措施

国内外研究提示,单项非药物干预措施即可降低新冠病毒传播风险:①在新冠肺炎大流行时期,佩戴口罩可明显降低感染新冠病毒的风险。安徽医科大学团队[17]研究表明佩戴口罩可明显降低感染新冠病毒的风险,调整后的 OR 值为 0.38(95% 置信区间:0.21~0.69);武汉大学团队[18]的研究同时证明上述结论。②大规模核酸检测可以快速识别密切接触者和风险群体,控制病毒传播,是具有成本效果的防控措施之一。南京航空航天大学团队与中国科学院成都生物研究所团队[19]通过仓室模型评估核酸快速检测的有效性,大规模核酸检测可及时控制新型冠状病毒传播,与当时我国推行大规模高频核酸检测决策一致。耶鲁大学团队[20]采用成本效果分析方法确定每 7 天进行一次核酸筛查的方案是具有成本效果的方案。③无论对于零星散发还是集群暴发,隔离是防控新冠肺炎疫情具有成本效果的干预措施之一。东南大学团队[21]评估隔离等措施的增量成本效果比,结果表明:在零星和集群暴发新冠肺炎的情况下,隔离是具有成本效果的干预措施。Wan 等人[22]通过不同模型拟合在大规模实施 NPIs 的情况下新冠病毒在我国或湖北的传播规模,结果表明我国实施的隔离封城战略确实有效,封城措施避免了 71 万余人感染,潜在感染人数减少了 96%。④扩大社交距离可减少新冠病毒的传播,降低感染人数及死亡人数。美国辛辛那提儿童医院医疗中心团队[23]研究表明学校停课与新冠肺炎发病率和死亡率的下降有显著相关性;伦敦卫生和热带医药学院团队[24]研究表明:自控制社交距离措施实施后,人均接触次数减少了 74%(从 10.8 次减少到 2.8 次),当地新冠病毒的有效再生数从 2.6 降低到 0.62。⑤旅行限制可以极大程度地限制疫情跨地区、跨国家传播。赖圣杰团队[25]收集 135 个国家及地区的人口迁移数据,通过建立人群疾病传播模型模拟疫情在世界范围内的传播,发现旅行限制对控制疫情至关重要;若无干预措施,感染人数在 2020 年 5 月 31 日前会提高 97 倍。德国慕尼黑流行病学研究所团队[26]通过系统综述,考虑了实验性、准实验性、观察性和建模性研究,结果表明:旅行限制措施会极大程度地限制疫情跨地区、跨国家传播。

同时,研究表明,多种组合的 NPIs 疫情监测控制效果比单项严格的 NPI 效果更明显。在新冠肺炎第一波疫情中,通过一系列 NPIs,多个地区/国家实现了疫情的快速抑制,研究表明居家隔离或综合隔离均能有效抑制疫情的大范围暴发,佩戴口罩则可以不同程度上降低总体感染规模并延缓疫情峰值。土耳其研究团队[15]基于 SEIR 的模型,将不同临床表征与 NPIs 进行参数化构建 TURKSAS 模型,表明落实学校停课、自我隔离、控制社交距离、停止公共集会的 NPIs 将会防止约 1600 万人被感染与 94000 人死亡。莫桑比克蒙德拉内大学团队[27]通过传染病动力学模型比较了不同国家/地区之间的防疫措施在控制新冠肺炎疫情传播方面的影响,结果表明:控制人员流动、控制社交距离、保持个人卫生与加强环境卫生监测是防止新型冠状病毒传播的基石。

综上,传染病监测离不开 NPIs 的贯彻落实。NPIs 可以降低个人感染疾病的风险、推迟疫情高峰曲线、降低疫情曲线峰值,可贯穿传染病疫情暴发前期到常态化管控时期;并且不同 NPIs 组合的有效性明显高于单一 NPIs 的有效性。如传染病动力学模型等数学模型评估 NPIs 的有效性是常用研究方法,不同组合的 NPIs 有效性研究可以为新冠病毒监测策略提供科学指导。

9.2.2　研究设计

本研究整合多种公开数据来源如新冠肺炎疫情数据、各地防控策略数据、新冠疫苗接种数据、核酸检测成本、医疗成本、医护人员工资数据等,构建新冠病毒传播数据库、新冠肺炎成本数据库;结合中国疾病预防控制中心及北京冬奥组委运动服务部公布的疫情防控措施,构建闭环管理传染病动力学模型;通过与东京奥运会疫情防控数据进行比较,验证闭环模型的准确性及合理性;比较不同监测策略下的新冠肺炎疫情流行风险和效益,从而优选北京冬奥会入境运动员及随队官员的新冠病毒监测策略。研究路线图见图 9.11。

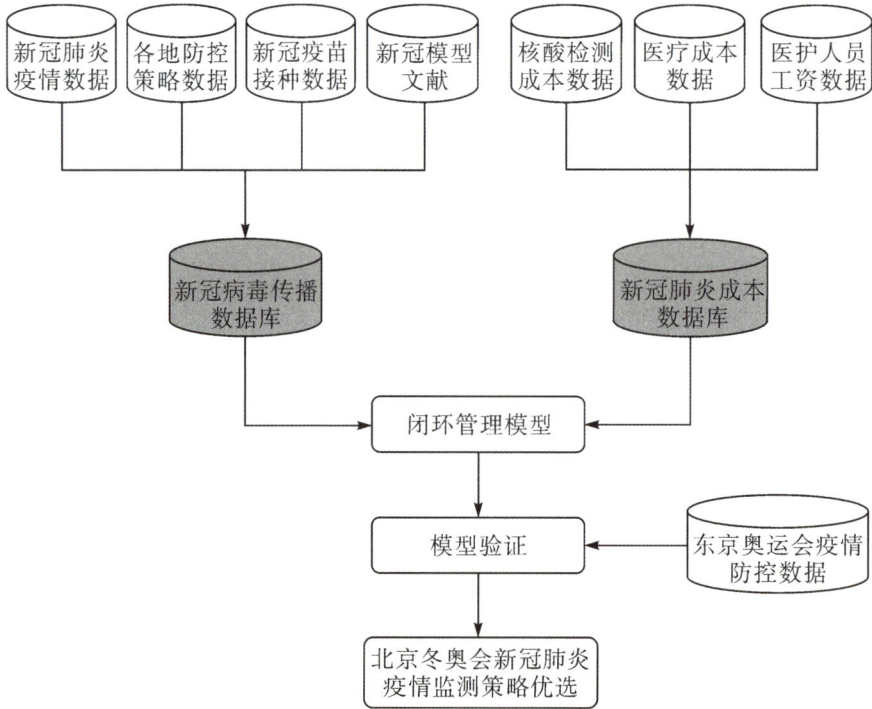

图 9.11　研究路线图

9.2.2.1　闭环管理定义

本研究对象为入境的运动员及随队官员,简称赛事相关人员。

闭环管理是新冠肺炎疫情期间大型体育赛事防疫模式,中国第十四届运动会、北京冬奥会均采用闭环管理。闭环管理涵盖抵离、交通、住宿、餐饮、训练、竞赛、颁奖、火炬接力、开/闭幕式、媒体采访、安保等相关业务领域及涉冬奥场所,包括闭环内管理和闭环外管理两部分。本研究场景为闭环内场景。

闭环内管理指的是根据入境运动员与随队官员可能的活动轨迹,将场所内相应区域划定为封闭区域(训练场地、竞赛场馆、酒店等),各区域通过指定交通工具点对点连接,构成完整的闭环内区域而实施相应管理,见图9.12;闭环内管理中的运动员、随队官员及其他利益相关方等人员与闭环外各类人员无任何直接或间接接触,保证冬奥会相关人员和中国民众的安全,确保完成赛事相关活动。闭环外管理指的是对涉冬奥场所封闭区域外的相关区域管理。

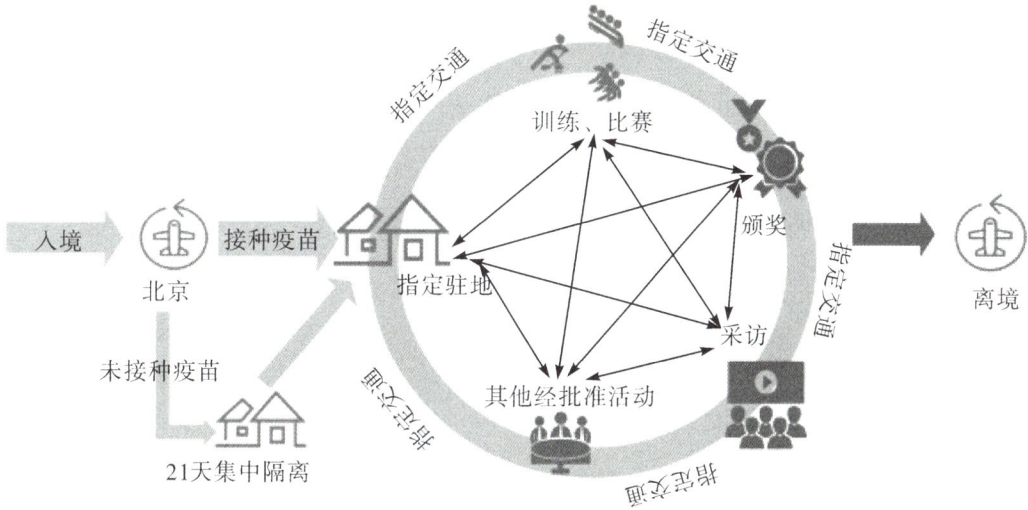

图 9.12　入境人员闭环管理整体流程示例

9.2.2.2　监测策略

根据北京市疾病预防控制中心、北京冬奥组委运动服务部公布闭环管理原则,本研究假设入境的运动员及随队官员将在赛事期间进行健康监测(图9.13),包括核酸检测、密接管理、症状监测;其中,新冠病毒感染者会被核酸检测或出现症状不断被发现,并离开闭环进行集中监测与治疗。因此,本研究根据核酸检测的核酸检测频率、是否加强密切接触者的管理、症状监测的时间共设计18种监测策略(表9.2)。

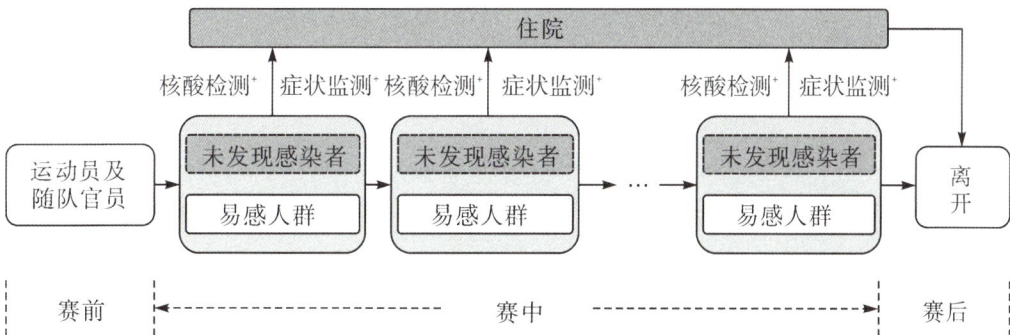

图 9.13　北京冬奥会闭环内健康监测流程图

（1）核酸检测：核酸检测频率范围为每周一次至每天三次。

（2）密接管理：为最大限度地减少对无感染运动员的影响、保证赛事的正常进行而加强密接管理，其是指感染者所在的国家体育代表队成员在出现感染者后的 14 天内每天额外增加一次核酸检测；当赛事相关人员每天进行一/二/三次核酸检测时，加强密接管理是指感染者所在的国家体育代表队成员每天进行二/三/四次核酸检测，其他代表队依旧为每天一/二/三次核酸检测。

（3）症状监测：症状监测是指通过红外线测温器、温度贴等仪器进行 24 小时症状被动监测以及主动就医或报告的监测过程。

表9.2　闭环管理策略

策略	核酸检测频率（赛事相关人员）	密接管理	症状监测
1	每周一次	—	每天
2	每六天一次	—	每天
3	每五天一次	—	每天
4	每四天一次	—	每天
5	每三天一次	—	每天
6	每二天一次	—	每天
7	每天一次	—	每天
8	每天两次	—	每天
9	每天三次	—	每天
10	每周一次	加强	每天
11	每六天一次	加强	每天
12	每五天一次	加强	每天
13	每四天一次	加强	每天
14	每三天一次	加强	每天
15	每二天一次	加强	每天
16	每天一次	加强	每天
17	每天两次	加强	每天
18	每天三次	加强	每天

9.2.2.3　结果指标

（1）累计感染人数：在健康监测期间，累计感染的赛事相关人员总数。

（2）累计未发现感染人数：在健康监测期间，未发现（即状态）的累计感染赛事相关人员总数。

（3）累计发现率：在健康监测期间，已发现（即状态）的累计感染赛事相关人员数在累计感染人数中的占比。

（4）累计症状发现率：在健康监测期间，依据临床症状发现的累计感染赛事相关人员数在累计感染人数中的占比。

（5）总成本：在健康监测期间，赛事举办国花费的人员费用、核酸检测费用、医疗费用、外溢费用等总费用。

（6）成本效果比（CER）：指总成本与累计感染人数的比值，表示感染一人所需付出的成本。CER 用于判断监测策略是否符合成本效果原则，CER 越低则代表该策略越具有成本效果。

$$CER = \frac{总成本}{累计感染人数}$$

（7）增量成本效果比（ICER）：指相比于对照组，总成本变化量与累计感染人数变化量的比值。ICER 同样用于判断监测策略是否符合成本效果原则，本研究对照组为：①将策略 1 作为对照组，以探讨加强非药物干预措施是否具有成本效果；②将策略 1 和策略 10 作为对照组，以探讨增加核酸检测频率是否具有成本效果；③将策略 1 ~ 策略 9 作为对照组，以探讨加强密切接触者管理是否具有成本效果。

$$ICER = \frac{\Delta 总成本}{\Delta 累计感染人数}$$

9.2.3　数据管理

本研究数据主要为疫情数据、防控相关成本数据及奥林匹克赛事相关数据。

9.2.3.1　疫情数据

从国际新冠肺炎疫情权威发布网站（Our World in Data、Johns Hopkins Coronavirus Resource Center、世界卫生组织、各国政府卫生部门网站等）收集截至 2021 年 12 月 31 日的全球每日新冠肺炎疫情相关数据（全球每个国家的累计确诊病例数、每日新增病例数、累计治愈数、现有确诊病例数、累计病死数）、各国防疫政策、新冠疫苗接种数据。

从国内新冠肺炎疫情权威发布网站（国家卫生健康委员会官网、北京卫生健康委员会官网、中国疾病预防控制中心官网等）收集截止至 2021 年 12 月 31 日国内每日新冠肺炎疫情相关数据（国内各地累计确诊病例数、每日新增病例数、累计治愈数、现有确诊病例数、累计病死数）、各地防疫政策、新冠疫苗接种数据。

9.2.3.2　防控相关成本数据

从国内公开网站（国家医疗保障局官网、北京医疗保障局官网、北京市人力资源和社会保障局官网等)收集核酸检测成本数据、医疗成本数据、医护人员工资数据等。

9.2.3.3 奥林匹克赛事相关数据

从奥林匹克官网、各届奥运会或冬奥会官网收集参赛国、参赛运动员及随队官员、观众人数等数据,从东京奥组委防疫公开网站收集东京奥运会累计感染人数等数据。

9.2.4 动力学模型

9.2.4.1 模型假设

结合北京冬奥组委运动服务部公布的闭环管理原则、新冠病毒的传播特征以及往届大型体育赛事的赛事相关人员入境情况,本研究进行了如下假设。

(1)新冠病毒脱落之前,感染者核酸检测阴性。

(2)核酸检测所需时间忽略不计,即在核酸检测过程中,感染者不会传播给他人。

(3)当感染者出现明显症状时会被及时收治隔离。

(4)个体感染新冠病毒后即具有传播能力。

(5)不考虑人群的出生和自然死亡情况。

(6)进入模型的个体均为在入境时核酸检测阴性者。

(7)进入模型的个体均在健康监测的第一天进行核酸检测,离开健康监测的个体需在48小时内进行一次核酸检测。

(8)不同国家之间运动员代表队的传播概率是国家运动员代表队内部的2/3。

(9)共有100个国家运动员代表队,分60批均匀进入模型,每批100人。

9.2.4.2 模型构建

在传染病动力学中,长期以来主要使用的数学模型是仓室模型,仓室模型可分为群体传染病动力学模型及个体传染病动力学模型。在群体传染病动力学模型中,各个仓室代表某地区不同传染病阶段的人群;在个体传染病动力学模型中,各个仓室代表某地区每个人不同传染病阶段的状态。本研究闭环模型采用基于个体的随机传播动力学模型,模拟不同状态的赛事相关人员在闭环内进行健康监测的新冠肺炎疫情传播过程。个体分为 S、I、A、Q、U 五种状态,分别表示个体的易感、有症状、无症状、隔离及未能检测出来的感染状态(A 或 I,表9.3,图9.14)。R_1 表示有症状感染人群通过核酸检测被发现的转移速率(检测时为该人群阳性检出率,未检测时为零);R_2 表示无症状感染人群通过症状监测被发现的转移速率(检测时为该人群阳性检出率,未检测时为零);R_3 表示有症状感染人群通过核酸检测被发现的转移速率(检测时为该人群阳性检出率,未检测时为零);t_n 为进行第 n 次核酸检测的时间。

表 9.3　闭环管理模型状态描述

状态	描述
S	易感状态
A_n	需进行第 n 次检测无症状感染状态 （无症状感染者为一直无明显症状的感染者）
I_n	需进行第 n 次检测有症状感染状态
U	未发现状态 （未发现的感染者及假阴性感染者）
Q	隔离状态

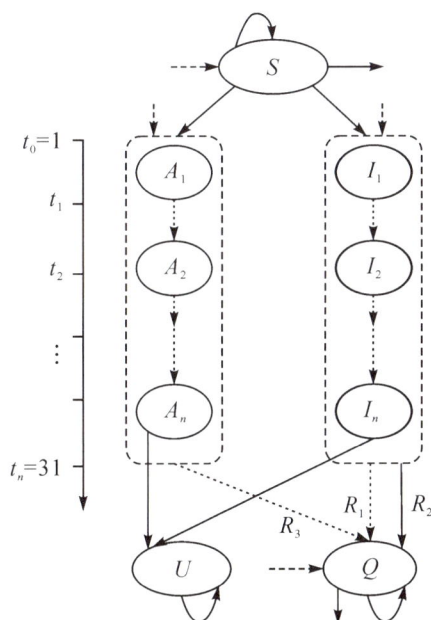

图 9.14　闭环管理模型示意图

$----\rightarrow$ 赛事相关人员进入；$\cdots\cdots\rightarrow$ 前 $n-1$ 次核酸检测

闭环管理模型模拟进入、传播、被发现且隔离、离开四个过程，其具体介绍如下。

1. 进入过程

在模型设定的模拟时间内，状态为 I、A 和 S 的个体进入健康监测过程。因此，状态为 I、A 和 S 的人数增加。

本研究假设共有 6000 名赛事相关人员入境，其分别来自 100 个国家运动员代表队，分 60 批均匀进入模型，每批 100 人。

每次都有新的团队按照预先安排的时间到达，变化如下：

$$[S,I,A,Q,U] \rightarrow [(S+100-I_1-A_1),(I+I_1),(A+A_1),Q,U]$$

$$I_1 \sim B\left[100, IIR \times (1 - \rho_1) \times 1 - P_v \times P_g)\right]$$

$$A_1 \sim B\left\{100, IIR \times \left[\rho_1 + (1 - \rho_1) \times P_v \times P_s\right]\right\}$$

2. 传播过程

模型中每个当前处于 A 状态或 I 状态的个体都具有传染性。具体而言,A 状态或 I 状态的个体会随机与奥运村中的其他处于健康监测下的个体进行接触,从而发生传播。若通过某次接触,感染者成功将其他 S 状态个体转变为 A 状态或 I 状态个体,则此次接触称之为一次有效接触。每个感染者(A 状态或 I 状态)传播均服从泊松过程,速率为 β_1。即每次感染在时间 t 和 $(t + \delta t)$ 之间传播发生概率如下式:

$$p(\delta t) = 1 - e^{-\beta_1 \delta t}$$

基于基本再生数(R_0)、感染期(IP)、疫苗接种率(P_v)和疫苗抗感染效力(P_i),有效接触率(β_1)如下式:

$$\beta_1 = R_0/IP \times (1 - P_v) + (1 - P_i) \times R_0/IP \times P_v\#$$

每个感染者(A 状态或 I 状态)传播病毒时,将随机选择一个未被隔离的个体,此个体的状态可能为 S 状态、A 状态或 I 状态。接触不同个体决定了是否有可能产生新的感染者,因此有以下两种情况,详情见图 9.15。

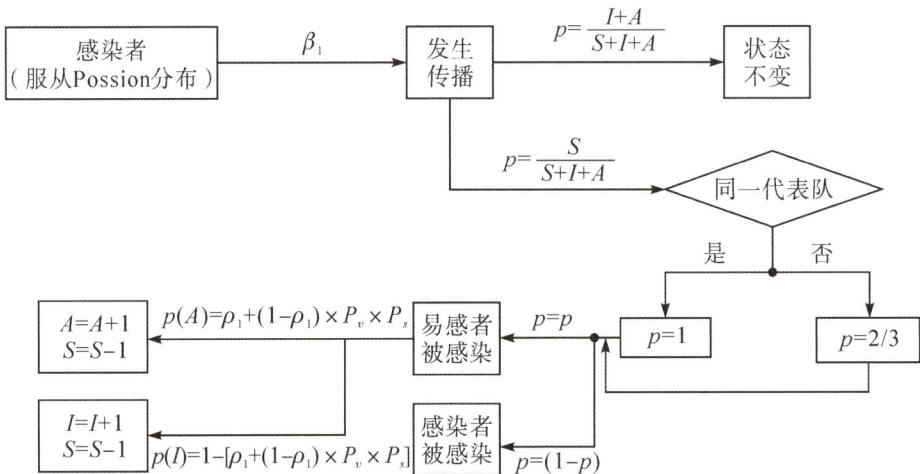

图 9.15　传播过程

(1)如果被接触的个体是 S 状态且传播发生在同一国家队内,该个体被感染的概率为 1;如果被接触的个体是 S 状态且传播发生在不同国家队之间,该个体被感染的概率为 2/3。考虑到疫苗抗症状效力(P_s)、未接种疫苗者的无症状比例(ρ_1),被接触的个体从 S 状态变为 A 状态的概率如下式:

$$p(A) = \rho_1(1 - \rho_1) \times P_v \times P_s\#$$

被接触的个体从 S 状态变为 I 状态的概率如下式:

$$p(I) = 1 - [\rho_1 + (1 - \rho_1) \times P_v \times P_s]\#$$

因此,当感染者传播病毒并将某个易感者变为有症状感染者时,变化如下:

$$[S,I,A,Q,U] \rightarrow [(S-1),(I+1),A,Q,U]$$

在该情况下,总体传播速率表示如下:

$$[(R_0/IP) \times (1 - P_v) + R_0/IP \times P_v \times (1 - P_i)] \times (I + A) \times S/N \times 1/100 \times$$
$$(1 - \rho_1) \times (1 - P_v \times P_s) + [R_0/IP \times (1 - P_v) + R_0/IP \times P_v \times (1 - P_i)] \times (I + A) \times$$
$$S/N \times 99/100 \times 2/3 \times (1 - \rho_1) \times (1 - P_v \times P_s)$$

当感染者传播病毒并将某个易感者变为无症状感染者时,变化如下:

$$[S,I,A,Q,U] \rightarrow [(S-1),I,(A+1),Q,U]$$

在该情况下,总体传播速率表示如下:

$$[R_0/IP \times (1 - P_v) + R_0/IP \times P_v \times (1 - P_i)] \times (I + A) \times S/N \times 1/100 \times$$
$$[\rho_1 + (1 - \rho_1) \times P_v \times P_s] + [R_0/IP \times (1 - P_v) + R_0/IP \times P_v \times (1 - P_i)] \times$$
$$(I + A) \times S/N \times 99/100 \times 2/3 \times [\rho_1 + (1 - \rho_1) \times P_v \times P_s]$$

(2)如果被接触的个体是 A 状态或 I 状态,则该个体保持原来状态不变。

3. 被发现且隔离过程

个体将通过核酸检测或出现症状而被发现进入隔离,因此有以下两种情况,详情见图 9.16。

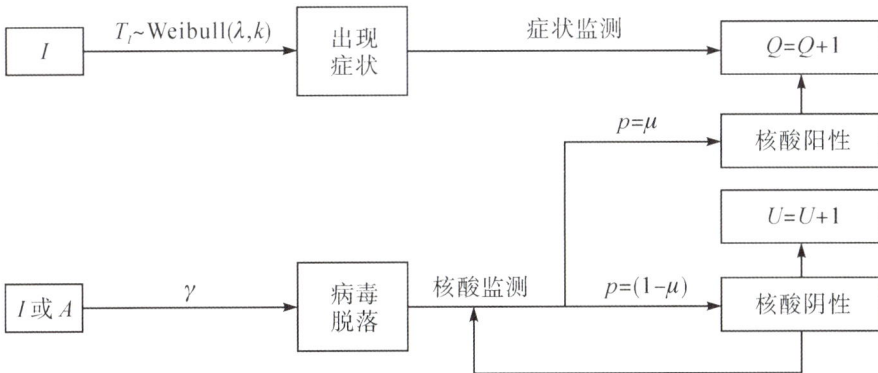

图 9.16 隔离过程

(1)个体出现症状被发现进入隔离状态:对于在 t 时刻暴露的每个 I 状态个体,其潜伏期为 T_1,服从比例参数为 λ 和形状参数为 k 的韦布尔(Weibull)分布。一旦时间到 $(T_1 + t)$,处于健康监测的 I 状态个体将会出现症状并被发现,进入 Q 状态。变化如下:

$$[S,I,A,Q,U] \rightarrow [S,(I-1),A,(Q+1),U]$$

(2)个体核酸检测阳性被发现进入隔离状态:当 S 状态个体被感染,其体内的病毒将按照泊松过程以速率 γ 脱落。因此,病毒脱落的时间长度服从参数为 γ 的指数分布。若在病毒脱落后进行核酸检测,处于健康监测的感染者(A 状态或 I 状态)则将能够被及时发现,进入 Q 状态并离开健康监测不再返回。

当某个有症状感染者被核酸检测发现时,变化如下:

$$[S,I,A,Q,U] \rightarrow [S,(I-1),A(Q+1),U]$$

当某个无症状感染者被核酸检测发现时,变化如下:

$$[S,I,A,Q,U] \rightarrow [S,I,(A-1)(Q+1),U]$$

4. 离开过程

在个体的体育赛事结束后,个体会在赛后随机地离开系统。因此,状态为 I、A 和 S 的人数减少。

(1)当某个易感者离开时,变化如下:

$$[S,I,A,Q,U] \rightarrow [(S-1),I,A,Q,U]$$

(2)当某个有症状感染者离开时,需提供 48 小时内核酸检测阴性证明,变化如下:

$$[S,I,A,Q,U] \rightarrow [S,(I-1),A,Q,(U+1)]$$

(3)当某个无症状感染者离开时,需提供 48 小时内核酸检测阴性证明,变化如下:

$$[S,I,A,Q,U] \rightarrow [S,I,(A-1),Q,(U+1)]$$

(4)当某个有症状感染者离开时,被检测出核酸阳性,变化如下:

$$[S,I,A,Q,U] \rightarrow [S,(I-1),A,(Q+1),U]$$

(5)当某个无症状感染者离开时,被检测出核酸阳性,变化如下:

$$[S,I,A,Q,U] \rightarrow [S,I,(A-1),(Q+1),U]$$

9.2.4.3 参数定义

参数包括传播参数与成本参数。传播参数包括以下几种。

1. 初始感染比例(IIR)

初始感染比例指每批赛事相关人员进入健康监测时,未发现的感染者占该批赛事相关人员总人数的比例。

2. 核酸阳性检出概率

核酸阳性检出概率随时间变化而变化。本研究假设一个个体可以被核酸检测检出阳性的时间近似等于其新冠病毒脱落时间。假设病毒被检出的时间只与该个体的感染时长有关,则核酸阳性检出概率的时间分布近似于个体病毒脱落的时间分布且服从指数分布。个体暴露到病毒脱落的时间(T)等于暴露到出现症状(即潜伏期)的时间减病毒脱落到出现症状的时间。因此在某次核酸检测中,如果被检测个体当前感染时长小于 T,则其不会被检出阳性;反之,则会被检出阳性。

3. 其他传播参数

除 IIR、核酸阳性检出概率外,还有 9 个参数。所有传播参数见表9.4。

表9.4 传播参数的取值及范围

参数	定义	取值	范围
IIR	初始感染比例	0.015[14]	0.001~0.020
λ	潜伏期韦布尔分布的比例参数	6.258[28]	—
k	潜伏期韦布尔分布的形状参数	2.543[28]	—
γ	核酸阳性检出时间平均值	2.9[29]	—
μ	核酸检测准确度	0.92[30]	0.69~1.00
ρ_1	无症状感染者的比例	0.33[31]	0.20~0.90
IP	传染期	12.56[28]	6.00~20.00
P_v	疫苗接种率	0.58[14]	0.20~1.00
P_i	疫苗抗感染效力	0.39[32]	0.10~0.50
P_s	疫苗抗症状效力	0.84[33]	0.50~1.00
R_0	基本再生数	3.38[34]	2.54~12.00

表9.5 成本参数的取值及范围

参数	取值
月均人员费用($C_{人员}$)	2320(北京最低工资标准)
核酸检测费用($C_{核酸检测}$)	35
人均医疗费用($C_{医疗}$)	17000[35]

注:本研究的货币单位为人民币。由于时间跨度较短,故不考虑贴现率。

4.成本参数

成本参数包括以下几类。

(1)月均人员费用($C_{人员}$):指的是在健康监测中,防疫监督人员、核酸检测人员、日常医疗保障团队的每月工资。

(2)核酸检测费用($C_{核酸检测}$):指的是在样本采集、签收、处理和测试、信息登记、医疗废物处理、接受临床相关咨询等过程中产生的费用。

(3)人均医疗费用($C_{医疗}$):指的是每个已感染赛事相关人员从被发现到出院期间(即隔离期),在隔离、治疗、检测等方面所产生的费用。

(4)外溢费用($C_{外溢}$):指的是被具有传染性的赛事相关人员感染的观众在后期核酸检测、诊断、治疗过程中所产生的费用,主要包括人员费用、核酸检测费用和医疗费用。由于实行闭环管理且比赛场地内部开放,本研究假设只有闭环外的观众有概率在观看比赛过程中被未检测到的具有传染性的赛事相关人员感染。

根据P_v和P_i,本章假设每位具有传染性的赛事相关人员可以感染$[(1-P_v)\times R_0 + P_v \times (1-P_i) \times R_0]$的观众。但在真实情况下,由于赛事相关人员与观众的接触时间短、距离较远以及观众佩戴口罩等因素,本研究可能高估观众的感染人数。所有感染观众均需隔离,同时其密切接触者需要在健康监测过程中进行五次核酸检测。

$$C_{外溢} = C_{人员} \times \frac{观众人数}{50} + C_{核酸检测} \times 5 \times 观众人数 + \big[(1 - P_v) \times R_0 +$$
$$P_v \times (1 - P_i) \times R_0\big] \times C_{医疗}\#$$

成本参数的取值见表 9.5。

关于赛事相关人员数,已知平昌冬奥会奥运村运动员及随队官员总数为 5900 人,其中运动员 2920 人,因此假设北京冬奥会运动员与随队官员数比例为 1∶1。参考往年冬奥会参赛国家数及运动员数,本研究假设北京冬奥会有 100 个参赛国,赛事相关人员为6000 人,每一场比赛将有 3500 名现场观众。

9.2.4.4 模拟时间

根据 2022 年北京冬季奥运会赛事安排,开幕式于 2022 年 2 月 4 日举行,闭幕式于2022 年 2 月 20 日举行。

(1)平缓进入期:在前 10 天(1 月 23 日至 2 月 1 日),每天有 3 批赛事相关人员进入健康监测;I 状态或 A 状态将根据初始感染率随机分配。

(2)快速进入期:在接下来的 3 天里(2 月 2 日至 2 月 4 日),每天有 10 批赛事相关人员进入健康监测;I 状态或 A 状态将根据初始感染率随机分配。

(3)离开期:在比赛期间(即 2 月 5 日至 2 月 22 日),每天将进行五场体育赛事。若某个体在某天完成比赛,则其可在当天到最后一天(2 月 22 日)随时离开。比赛流程见图 9.17。

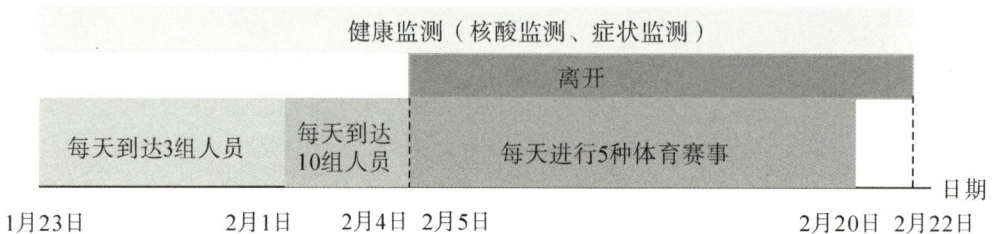

图 9.17　北京冬奥会比赛流程图

9.2.5　模型验证

为验证闭环模型的准确性,本研究使用东京奥运会的相关数据与模型模拟数据进行比较。东京奥运会"气泡"管理近似于策略 7(即赛事相关人员每天进行一次核酸检测)。东京奥运会从奥运村开放到闭村历经 29 天,共有 206 个代表团到达日本,共 11309 名运动员参加比赛。东京奥运会要求每场比赛最多有 1 万名观众,奥运会期间 540 名新冠病毒感染者(其中赛事相关人员 172 人)。根据 Our world in data 数据来源,南美洲 2022 年

1 月 15 至 22 日的新冠发病率最高,为 0.12%。因此,初始感染比例为 0.12%,赛事相关人员数为 22618 人,每场观众人数为 10000 人。

模型模拟 1000 次并计算结果指标的平均值和标准差。模型模拟得出东京奥运会累计 191.80(标准差 78.72)名新冠病毒感染者,绝对误差 19.8 人,相对误差 11.51%。

9.2.5.1　不同闭环管理下的疫情传播

根据表 9.4 和表 9.5 中的参数值,本研究对随机模型进行了 1000 次模拟,计算结果指标的平均值和标准差,以减少每次模拟结果之间的随机性。

随着核酸检测频率的增加,图 9.18 中的策略 1～策略 9 和策略 10～策略 18 累计感染人数和累计未发现感染人数均呈现先快速下降后平稳的趋势,其中策略 7～策略 9 和策略 16～策略 18 位于平缓下降部分。相比于策略 1,策略 7～策略 9 的累计感染人数分别下降了 2001.60 人、2076.02 人、2101.55 人,累计未发现感染人数分别为 46.46 人、28.90 人、25.58 人;策略 16～策略 18 的累计感染人数分别下降了 2048.80 人、2079.26 人、2102.77 人,累计未发现感染人数分别为 30.44 人、26.47 人、24.18 人,见表 9.6。

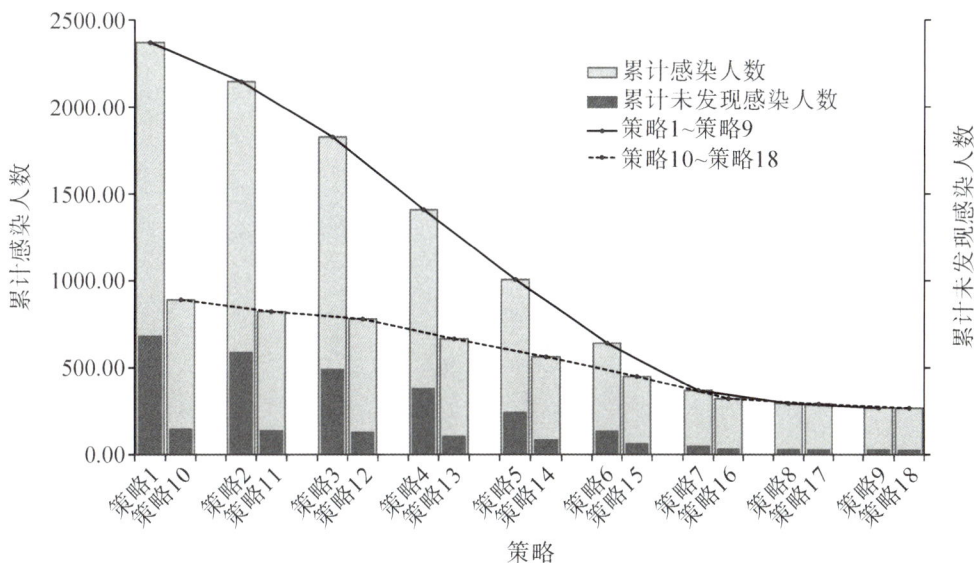

图 9.18　不同策略下的新冠肺炎疫情传播组成情况

同时,在图 9.19 中的策略 1～策略 9 的累计感染人数和累计未发现感染人数下降趋势比策略 10～策略 18 明显。随着核酸检测频率增加,策略 1～策略 9 的累计感染人数从 2369.70 人下降到 268.15 人,累计未发现感染人数从 681.70 人下降到 25.58 人;而在策略 10～策略 18 中,累计感染人数从 890.51 人降至 266.93 人,累计未发现感染人数从 145.62 人下降到 24.18 人。

在表 9.6 的 18 种策略中,累计发现率的范围为 71.23%～90.94%,其中策略 8、策

9 和策略 16～策略 18 的累计发现率均超过 90%，分别为 90.16%、90.46%、90.51%、90.89%、90.94%。随着核酸检测频率的增加，策略 1～策略 9 和策略 10～策略 18 的累计症状发现率分别从 17.62%、5.58% 下降到 0.71%、0.69%。其中策略 8、策略 9 和策略 16～策略 18 的累计症状发现率均低于 1%，分别为 0.82%、0.71%、0.99%、0.74%、0.69%，见表 9.6。

表9.6   不同策略下新冠肺炎疫情传播情况

策略	初始感染率(%)	累计感染人数	标准差	累计未发现感染人数	标准差	累计发现率(%)	标准差	累计症状发现率(%)	标准差
1	1.50	2369.70	343.37	681.70	77.19	71.23	1.70	17.62	0.97
2	1.50	2145.60	330.02	586.30	74.72	72.67	1.61	16.48	0.97
3	1.50	1825.90	305.87	490.40	75.45	73.14	1.51	14.19	0.92
4	1.50	1409.40	281.86	378.00	78.03	73.18	1.76	10.80	1.00
5	1.50	1006.20	225.64	241.26	62.71	76.02	2.23	6.13	0.92
6	1.50	641.22	155.11	132.40	43.88	79.35	3.20	3.30	0.83
7	1.50	368.10	93.25	46.46	21.35	87.38	3.62	1.18	0.64
8	1.50	293.68	68.44	28.90	14.28	90.16	3.48	0.82	0.58
9	1.50	268.15	58.51	25.58	11.15	90.46	3.18	0.71	0.58
10	1.50	890.51	150.28	145.62	35.55	83.65	2.46	5.58	0.98
11	1.50	822.96	134.26	137.25	34.41	83.32	2.58	5.51	1.03
12	1.50	779.79	134.85	127.54	33.67	83.64	2.64	5.20	1.04
13	1.50	665.88	124.46	102.69	29.95	84.58	2.76	4.17	0.99
14	1.50	562.55	114.04	84.06	26.88	85.06	2.95	2.80	0.86
15	1.50	450.17	94.27	60.56	23.06	86.55	3.33	1.83	0.74
16	1.50	320.90	76.63	30.44	17.19	90.51	3.50	0.99	0.60
17	1.50	290.44	70.04	26.47	14.52	90.89	3.56	0.74	0.55
18	1.50	266.93	60.74	24.18	12.01	90.94	3.29	0.69	0.56

9.2.5.2 不同闭环管理下的成本效果

随着核酸检测频率的增加，图 9.19 中的策略 1～策略 9 和策略 10～策略 18 的总成本呈现先快速下降后略有增加的趋势，其中策略 8 和策略 16 都处于相对较低的位置，策略 8、策略 9 和策略 16～策略 18 处于略有增加的部分。策略 7～策略 9 的总成本分别为6602.80 万元、5855.70 万元、5868.40 万元，策略 16～策略 18 的总成本分别为 5696.00万元、5957.90 万元、5945.00 万元（表 9.7）。相比于策略 1，策略 7～策略 9 和策略 16～策略 18 的总成本分别节约了 78927.20 万元、79674.30 万元、79661.60 万元、79834.00 万元、79572.10 万元、79585.00 万元。

　　同时,在图 9.19 中,策略 1~策略 8 的总成本下降趋势比策略 10~策略 16 更为明显。在表 9.7 中,从策略 1~策略 8,总成本节约了 79674.30 万元(93.15%);而从策略 10~策略 16,总成本节约了 14413.00 万元(71.67%)。在 18 个策略中,策略 16 的总成本最低,为 5696.00 万元;而策略 1 中总成本最高,为 85530.00 万元。

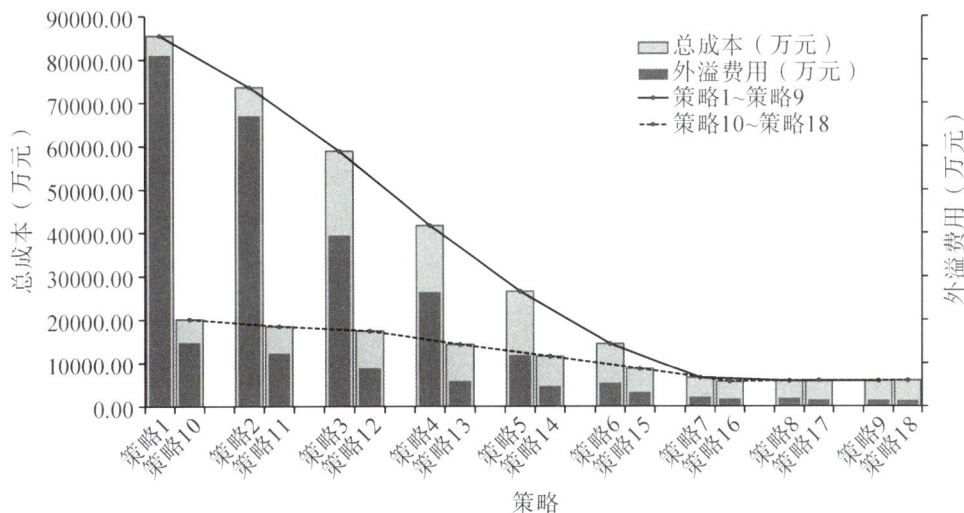

图 9.19　不同策略下的新冠肺炎疫情监测成本组成情况

　　值得注意的是,随着核酸检测频率的增加,累计未发现感染人数引起的成本在总成本中的比例相应下降。在图 9.19 的策略 1~策略 9 中,累计未发现感染人数引起的成本在总成本中的比例从 94.64% 下降到了 23.40%;在策略 10~策略 18 中,该比例从 73.29% 下降到了 21.48%。其中,策略 8、策略 9 和策略 16~策略 18 中累计未发现感染人数引起的成本在总成本中的比例均小于 30.00%,分别为 29.99%、23.40%、29.15%、24.12%、21.48%。

　　策略 1~策略 9 和策略 10~策略 18 的 CER 均呈现先减少后增加的趋势。在表 9.7 中,策略 16 的 CER 是所有策略中最低的,为 17.75 万元/人(即感染 1 人所付出的成本为 17.75 万元);而策略 1 中的 CER 是所有策略中最高的,为 36.09 万元/人(即感染 1 人所付出的成本为 36.09 万元)。

　　与策略 1 相比,策略 2~策略 18 的累计感染人数均减少,减少量范围为 224.10~2102.77 人;策略 2~策略 18 的总成本均减少,减少量范围为 11884.00 万元~79834.00 万元;策略 2~策略 18 的 ICER 均大于零,说明均比策略 1 更具有成本效果(表 9.7)。与策略 1~策略 9 相比,加强密切接触者控制的相应策略(策略 10~策略 16)的累计感染人数、总成本均减少,ICER 大于零;而策略 17、策略 18 的总成本为增加的,ICER 小于零,说明策略 10 ~ 策略 16 比策略 17 和策略 18 更具成本效果。与策略 1、策略 10 相比,增加核酸检测频率的相应策略(策略 2 ~ 策略 9 和策略 11 ~ 策略 18)的累计感染人数、总成本均减少,ICER 均大于零(范围为 22.71 万元/人 ~ 53.03 万元/人),说明增加核酸检测频率是具有成本效果的(表 9.8)。

表 9.7   不同策略下新冠肺炎疫情监测成本效果(对照组为策略 1)

策略	初始感染比例(%)	总成本(万元)	标准差	CER(万元/人)	标准差	累计感染减少人数	总成本减少量(万元)	ICER(万元/人)	标准差
1	1.50	85530.00	13403.00	36.09	17.24	—	—	—	—
2	1.50	73646.00	11999.00	34.32	17.23	224.10	11884.00	53.03	277.23
3	1.50	58876.00	10434.00	32.24	18.33	543.80	26654.00	49.01	452.90
4	1.50	41782.00	8722.90	29.65	21.74	960.30	43748.00	45.56	26.04
5	1.50	26558.00	6347.40	26.39	25.27	1363.50	58972.00	43.25	3.56
6	1.50	14483.00	3959.10	22.59	28.03	1728.48	71047.00	41.10	2.09
7	1.50	6602.80	2069.00	17.94	29.78	2001.60	78927.20	39.43	1.26
8	1.50	5855.70	1507.00	19.94	27.28	2076.02	79674.30	38.38	1.01
9	1.50	5868.40	1277.10	21.88	27.64	2101.55	79661.60	37.91	0.91
10	1.50	20109.00	3601.50	22.58	23.43	1479.19	65421.00	44.23	3.83
11	1.50	18493.00	3301.40	22.47	23.17	1546.74	67037.00	43.34	3.08
12	1.50	17439.00	3199.20	22.36	23.53	1589.91	68091.00	42.83	3.03
13	1.50	14336.00	2963.00	21.53	26.28	1703.82	71194.00	41.78	2.38
14	1.50	11590.00	2669.20	20.60	25.98	1807.15	73940.00	40.92	1.97
15	1.50	8722.90	2260.50	19.38	28.72	1919.53	76807.10	40.01	1.57
16	1.50	5696.00	1736.90	17.75	29.84	2048.80	79834.00	38.97	1.15
17	1.50	5957.90	1500.60	20.51	27.59	2079.26	79572.10	38.27	0.94
18	1.50	5945.00	1334.60	22.27	26.66	2102.77	79585.00	37.85	0.88

表 9.8   不同策略下新冠肺炎疫情监测增量成本效果比

策略	初始感染比例(%)	累计感染减少人数		总成本减少量(万元)		ICER(万元/人)	
		策略 1 ~ 策略 9[①]	策略 1、策略 10[②]	策略 1 ~ 策略 9[①]	策略 1、策略 10[②]	策略 1 ~ 策略 9[①]	策略 1、策略 10[②]
1	1.50	—	—	—	—	—	—
2	1.50	—	224.10	—	11884.00	—	53.03
3	1.50	—	543.80	—	26654.00	—	49.01

续表9.8

策略	初始感染比例(%)	累计感染减少人数		总成本减少量(万元)		ICER(万元/人)	
		策略1~9[①]	策略1、策略10[②]	策略1~策略9[①]	策略1、策略10[②]	策略1~策略9[①]	策略1、策略10[②]
4	1.50	—	960.30	—	43748.00	—	45.56
5	1.50	—	1363.50	—	58972.00	—	43.25
6	1.50	—	1728.48	—	71047.00	—	41.10
7	1.50	—	2001.60	—	78927.20	—	39.43
8	1.50	—	2076.02	—	79674.30	—	38.38
9	1.50	—	2101.55	—	79661.60	—	37.91
10	1.50	1479.19	—	65421.00	—	44.23	—
11	1.50	1322.64	67.55	55153.00	1616.00	41.70	23.92
12	1.50	1046.11	110.72	41437.00	2670.00	39.61	24.11
13	1.50	743.52	224.63	27446.00	5773.00	36.91	25.70
14	1.50	443.65	327.96	14968.00	8519.00	33.74	25.98
15	1.50	191.05	440.34	5760.10	11386.10	30.15	25.86
16	1.50	47.20	569.61	906.80	14413.00	19.21	25.30
17	1.50	3.24	600.07	−102.20	14151.10	−31.54	23.58
18	1.50	1.22	623.58	−76.60	14164.00	−62.79	22.71

注意:①对照组是没有加强密切接触者管理的策略1~策略9。

②对照组是每周进行一次核酸检测的策略1和策略10。

9.2.5.3　敏感性分析

在闭环管理模型中,敏感性分析表明,北京冬奥会入境运动员及随队官员的新冠肺炎监测优选策略会随着初始感染比例(IIR)、核酸检测准确度(μ)、无症状感染率(ρ_1)、传染期(IP)、疫苗接种率(P_v)、疫苗抗感染效力(P_i)和基本再生数(R_0)的变化而改变。其中,IP、P_v、P_i、R_0对优选监测策略影响较大。

当IP从6增加到20时,优选监测策略由策略18变为策略15,累计感染人数由3896.33降低至181.18,总成本由114699.87万元降低至3492.98万元。当R_0由2.54增加到7时,优选监测策略由策略16变为策略18,累计感染人数由185.78增加至3851.92,总成本由3435.50万元增加至117586.21万元。当P_v由0.20增加到1.00,优选监测策略由策略18变为策略16,累计感染人数由409.72降低到205.03,总成本由

10268.20 万元降低到 3837.80 万元。当 P_i 由 0.20 增加到 1.00，优选监测策略由策略 18 变为策略 16，累计感染人数由 440.74 降低到 224.67，总成本由 11060.03 万元降低到 4578.54 万元。

值得注意的是，当赛事相关人员的初始感染比例较低（如0.1%）时，优选监测策略即为策略 15（赛事相关人员实施每两天一次的核酸检测、感染者所在的国家运动员代表队加强管理即每日接受额外一次核酸检测）。详细的敏感性分析结果见表9.9。

表9.9　不同参数的单因素敏感性分析

参数	取值	优选策略	累计感染人数	累计未发现感染人数	累计发现率(%)	累计症状发现率(%)	总成本(万元)	CER(万元/人)
初始感染比例(IIR)	0.10	15	40.05	7.75	80.66	2.79	1111.11	27.74
	22.97	0.30	16	70.88	8.08	88.60	1.05	1628.35
	20.81	0.50	16	120.62	13.94	88.44	1.06	2509.58
	19.70	0.70	16	159.52	18.09	88.66	1.02	3141.76
	17.15	1.00	16	226.80	24.29	24.73	3.62	3888.89
	17.75	1.50	16	320.90	30.44	90.51	0.99	5696.04
	16.52	2.00	16	429.90	41.07	90.45	0.97	7100.89
核酸检测准确度(μ)	0.69	17	304.07	30.90	89.84	0.95	7522.35	24.74
	0.80	17	295.39	29.07	90.16	0.92	7024.27	23.78
	0.90	16	328.86	33.22	89.90	1.04	7452.11	22.66
	0.92	16	320.90	30.44	90.51	0.99	5696.04	17.75
	1.00	16	302.27	27.98	90.74	0.87	6577.27	21.76
无症状感染者比例(ρ_1)	0.20	17	271.97	24.14	91.12	0.94	6206.90	22.82
	0.25	17	278.87	26.07	90.65	0.89	6430.40	23.06
	0.33	16	320.90	30.66	90.45	0.97	6998.72	21.81
	0.40	16	312.76	30.76	90.16	0.82	7005.11	22.40
	0.41	16	314.29	31.87	89.86	0.81	7145.59	22.74
	0.60	16	315.28	31.76	89.93	0.59	7222.22	22.91
	0.80	16	322.09	33.25	89.68	0.27	7318.01	22.72
	0.90	16	322.85	32.87	89.82	0.13	7337.16	22.73

续表9.9

参数	取值	优选策略	累计感染人数	累计未发现感染人数	累计发现率(%)	累计症状发现率(%)	总成本(万元)	CER(万元/人)
传染期(IP)	6.00	18	3896.33	572.98	85.29	0.38	114699.87	29.44
	8.00	18	1431.99	330.08	76.95	0.39	39195.40	27.37
	9.00	17	951.80	210.93	77.84	0.50	26028.10	27.35
	9.42	17	746.11	152.47	79.56	0.57	20070.24	26.90
	10.00	16	702.11	128.35	81.72	0.72	18295.02	26.06
	12.56	16	320.90	30.44	90.51	0.99	5696.04	17.75
	14.00	16	253.47	19.60	92.27	1.04	5389.53	21.26
	15.70	16	193.63	10.49	94.58	1.17	4157.09	21.47
	18.00	16	172.01	7.10	95.87	1.22	3141.76	18.26
	20.00	15	181.18	7.57	95.82	2.56	3492.98	19.28
疫苗接种率(P_v)	0.20	18	409.72	52.50	87.19	0.97	10268.20	25.06
	0.40	17	344.08	34.23	90.05	0.93	8256.70	24.00
	0.44	17	326.34	36.00	88.97	0.99	7707.54	23.62
	0.58	16	320.90	30.44	90.51	0.99	5696.04	17.75
	0.60	16	306.84	29.22	90.48	0.89	6839.08	22.29
	0.73	16	277.50	23.78	91.43	0.77	5938.70	21.40
	0.80	16	248.15	18.35	92.61	0.68	5031.93	20.28
	1.00	16	205.03	11.75	94.27	0.35	3837.80	18.72
疫苗抗感染效力(P_i)	0.10	18	440.74	58.25	86.78	0.59	11060.03	25.09
	0.20	17	398.96	55.64	86.05	0.72	9865.90	24.73
	0.29	16	385.48	46.21	88.01	0.93	8971.90	23.27
	0.39	16	320.90	30.44	90.51	0.99	5696.04	17.75
	0.49	16	259.33	19.79	92.37	1.11	5466.16	21.08
	0.60	16	224.67	14.46	93.56	1.17	4578.54	20.38
疫苗抗症状效力(P_s)	0.50	16	313.14	31.10	90.07	1.36	7215.84	23.04
	0.60	16	313.88	30.14	90.40	1.27	7005.11	22.32
	0.63	16	314.74	28.74	90.87	1.17	6985.95	22.20
	0.70	16	315.59	27.33	91.34	1.14	6973.18	22.10
	0.80	16	317.29	24.86	92.16	1.03	6941.25	21.88
	0.84	16	320.90	30.44	90.51	0.99	5696.04	17.75
	0.90	16	324.80	30.44	90.63	0.91	7068.97	21.76
	1.00	16	321.21	32.91	89.75	0.78	6973.18	21.71

续表 9.9

参数	取值	优选策略	累计感染人数	累计未发现感染人数	累计发现率(%)	累计症状发现率(%)	总成本(万元)	CER(万元/人)
基本再生数 (R_0)	2.54	16	185.78	8.65	95.34	1.20	3435.50	18.49
	3.00	16	250.99	18.53	92.62	1.10	5217.11	20.79
	3.38	16	320.90	30.44	90.51	0.99	5696.04	17.75
	4.19	17	532.94	89.19	83.27	0.65	13978.29	26.23
	5.00	17	1264.86	307.39	75.70	0.49	35842.91	28.34
	7.00	18	3851.92	586.11	84.78	0.37	117586.21	30.53
	10.00	18	4454.08	165.64	96.28	0.75	110498.08	24.81
	12.00	18	4472.97	103.68	97.68	0.83	93097.06	20.81

9.2.6 模型应用

9.2.6.1 北京冬奥会入境人员新冠肺炎监测策略

考虑到新冠肺炎疫情全球大流行背景下冬奥会如期举办可能发生的疫情传播风险，我们使用随机个体传染病动力学模型比较了不同监测策略的成本效果以优选北京冬奥会运动员及随队官员的新冠肺炎监测策略。结果表明：在新冠肺炎疫情国外大流行而中国流行率低的背景下，策略16是具有可行性和成本效果的优选监测策略，即当初始感染比例为1.5%时，入境的运动员及随队官员实施每日核酸检测、感染者所在的国家运动员代表队加强管理（即每日接受额外一次核酸检测）。

当入境运动员及随队官员初始感染比例为1.5%时，相比于健康监测采用策略1，策略16避免了89.87%的新冠病毒感染者并且新冠病毒感染者的发现率为90.51%，见表9.6；同时策略16的累计症状发现率低于1%，说明绝大部分新冠病毒感染者是通过核酸检测检查出的，因此此策略可以更早地发现新冠病毒感染者，避免更大范围的病毒传播。在成本效果方面（见表9.7和表9.8），策略16是总成本最低的监测策略，并且其感染1人所付出的成本也是最低的。同时，与策略1、策略7和策略10相比，策略16的ICERs均大于零，这意味着策略16可以同时减少累计感染人数和总成本，更具有成本效果。虽然核酸检测频率为每天两次或每天三次的策略（即策略8、策略9、策略17、策略18）的累计感染人数略低于策略16，但考虑到运动员的比赛状态及其对极高频率核酸检测的依从性，策略16核酸检测频率相对更令人接受，其更具有可实施性。因此，本研究认为策略16是具有成本效果的北京冬奥会运动员及随队官员新冠肺炎监测策略。

此外，新冠病毒变异株具有不同的初始感染比例（IIR）、传染期（IP）、无症状感染率

(ρ_1)和基本再生数(R_0),这些因素均影响了北京冬奥会新冠肺炎监测策略的选择。如果在比赛期间新冠病毒出现新的变异株并且全球新冠肺炎疫情传播更为严重,举办国应考虑及时调整和加强监测措施,强化政策落实的完整性。策略 16 被正式列入《北京 2022 年冬季奥运会和残奥会疫情应对措施手册》,实际北京冬奥会与冬残奥会防疫数据表明:在 2022 年 1 月 23 日至 2 月 22 日期间,运动员及随队官员的入境人数为 6251 人;闭环内运动员及随队官员的每日核酸检测次数最高为 6731 次,平均为 4054 次;闭环内运动员及随队官员累计感染 69 人,累计检出率为 0.55%[36]。本研究的初始感染比例保守假设为 1.5%,故模拟的运动员及随队官员感染人数高于实际数据。在北京冬奥会举办期间,新冠病毒变异株如奥密克戎变异株开始在全球流行,奥密克戎变异株具有病毒载量大、传播能力强等特点。上述病毒特征变化可缩短核酸检出阳性感染者的时间,在保持核酸检测频率不变的情况下,可以更早地发现更多的感染者,控制疫情扩大。

9.2.6.2　闭环管理在动态清零背景下的应用价值

在疫苗接种和病毒变异互相博弈的时代,我国坚持"外防输入、内防反弹"的总策略和"动态清零"的总方针不动摇,北京冬奥会实施的闭环管理是实现一定程度恢复正常生活的同时降低新冠病毒感染风险的可行方案。自新冠肺炎大流行以来,推广全民疫苗接种措施达到群体免疫被认为是控制新冠肺炎疫情的有效途径。虽然有研究表明,较高的疫苗接种率将有效地减少有症状感染者数量、降低治疗成本,估计群体免疫的阈值为疫苗接种者或感染者占总人口的 60% ~ 70%,然而新出现新冠病毒变异株具有一定的免疫逃逸能力,可能延长大流行的持续时间。如美国马萨诸塞州近 75% 的新冠病毒感染者(346 例)是完全接种疫苗的个体,并且当时该州居民的疫苗接种率已经达到 69%(即已达到群体免疫的状态)。又如巴西玛瑙斯在 2020 年 10 月之前已被认定达到了群体免疫,但伽马变异株感染了该城 70% 以上的人口。根据之前的研究[37],基本再生数为 12 ~ 18 的麻疹病毒可通过 95% 的疫苗接种率达到群体免疫,从而防止当地传播;但由于全球范围内新冠病毒免疫逃逸能力增强、疫苗接种率地区分布不均衡等因素,基本再生数为 1.9 ~ 6.5 的新冠病毒形成群体免疫并防止当地传播并非易事。因此,在新冠肺炎疫情大流行期间,如何在一定程度上恢复正常生活的同时降低新冠病毒感染风险则是重要问题。北京冬奥会实施的闭环管理是经过实践证明的可行方案之一。

在北京冬奥会筹办期间,国际上已经有一些成功的类似闭环管理的体育赛事,如 2019—2020 年德国足球甲级联赛采取"闭门作赛"的形式重启赛事,终极格斗冠军赛选取"安全岛"——亚斯岛进行封闭比赛,温布尔登网球锦标赛采取"安全泡泡"模式保证赛事正常进行,东京奥运会打造"泡泡"防疫模式,中国第十四届全运会与北京冬奥会采用"闭环管理"防疫模式等。除了体育赛事、商业/学术会议等区域性或全球性大规模聚集活动,闭环管理还可以为国际组织之间、国家之间的双边多边合作提供机会。例如新西兰和澳大利亚是在新冠肺炎疫情低风险国家之间实施"旅游泡泡"的成功典范,各国内部居民可以通过"旅游泡泡"自由活动并且无须落地检疫,从而恢复正常生活、经济活动。此外,闭环策略也可以应用于民众日常生活。个体可以建立以家庭为范围的社会泡沫,从而在一定程度上恢复正常生活、开展休闲活动、保持良好的心理健康。在低风险人群需要进入高风险区域的特殊情况下,低风险地区的个体可以建立一个"保护泡泡",他们可以通过限制与泡泡外的人群互动以最大限度地降低感染的风险。同理,不仅仅是新冠肺炎疫情,在潜伏期短、起病急骤、传播途径较多、传染性强、易感人群普遍、致病力强的新发急性呼吸道传染病出现时,为避免大型聚集性活动的停滞与取消、保证公众正常生活,闭环管理的防控措施是具有可实施性及可推广性的。综上所述,为维持新发呼吸道传染性疾病低流行率,闭环管理是大规模聚集活动正常开展的一种可行策略和非药物干预新技术。

9.2.6.3 高频核酸检测的可推广性及成本效果

实践证明早发现是疫情控制的关键,常态化监测是重要手段。建立核酸采样圈、每周定期检测、重点人群加大检测频次等措施一方面有利于公众就近接受核酸检测服务,同时更有利于新冠病毒感染者的早期发现,从而提高核酸检测预警的灵敏度,早期发现疫情,有利于疫情的及时控制。

本研究发现:核酸检测是一种具有成本效果的新冠肺炎疫情防控策略,随着 R_0 的增加,更广泛更高频的核酸检测变得更具有成本效益。此项结果与多项研究一致。中山大学团队比较了中国武汉地区新冠易感人群中进行两次核酸检测和三次核酸检测的使用情况,发现进行三次核酸检测的策略会减少感染人数和总医疗费用,更符合成本效益(净效益为 1.04 亿元人民币);在流行相对严重的地区,当现有检测方式敏感性不强时,应考虑增加检测次数[38]。麻省总医院团队比较仅对住院患者进行核酸检测、对有症状人群进行核酸检测、全人群进行一次核酸检测、全人群每月进行一次核酸检测四种策略的成本效果,结果发现:当 R_e 大于 1.6 时,全人群每月进行一次核酸检测具有成本效果(ICER小于 100000 美元/QALY)[39]。耶鲁大学团队将每天到每周进行一次核酸检测的四种防控策略与"不进行核酸检测"进行比较,结果发现:当 R_e 越高,越频繁的核酸检测应成为首选策略[40]。香港大学团队根据核酸检测频率(每 1、7、14 和 28 天)与确诊病例隔离时间(1 周或 2 周)设计了 8 种策略,结果发现:当 R_e 为 2.2 时,每周进行核酸检测并设定隔离期为 2 周是首选策略[41]。由此可见,新冠病毒核酸检测技术的经济学价值得到肯定,其检测的范围及频率需结合人群中新冠病毒传播的强度。

高频核酸检测是及时发现新冠肺炎病例的关键。然而,如此高的核酸检测频率对防控管理和防疫人员而言是巨大挑战。优秀的组织管理体系、标准化的采样测试操作以及足够的预算，都是成功举办大型体育赛事的关键因素。值得注意的是，当新冠肺炎疫情严重时，仅仅增加核酸检测频率并不能有效控制疫情的传播，有必要考虑采取更严格的防疫措施，如隔离密切接触者、举办无观众的闭环赛事，甚至重新考虑是否举办赛事。

9.2.6.4　优势与局限性

本研究利用基于个体的随机传播动力学模型与成本效果分析方法优选北京冬奥会入境运动员及随队官员新冠肺炎监测策略。本研究依据模型最优解，优选冬奥会新冠肺炎疫情监测策略，供北京冬奥组委会决策参考。

本研究优势如下。

（1）本研究加强密接管理是通过有感染者团队每日额外增加一次核酸检测实现的。相比于隔离密接管理者的管理政策，本研究的密接管理政策更具有人性化，可以最大限度地保证运动员状态以及赛事顺利进行。

（2）本研究使用的是基于个体的随机传染病动力学模型。相比于群体非随机的传播动力学模型，本模型可以更好地刻画并记录每位运动员的入境、传播、被发现、隔离、离境等状态，更符合真实的赛时场景。

（3）考虑了实际人群中的核酸检测操作，本模型核酸检测设置为闭环中的运动员及随队官员在固定时间同时检测，而不是根据泊松过程逐个检测。因此本模型模拟了更为真实的闭环内核酸检测场景。

同时，本研究有以下局限性。

（1）由于新冠病毒核酸检测技术的限制，北京冬奥会运动员及随队官员的入境初始感染比例没有相对准确的数据，会影响感染人数的估计。

（2）由于缺乏感染者感染的新冠病毒变异株相关数据，本研究无法确定入境运动员及随队官员感染者感染新冠病毒变异株的种类及占比，导致感染人数估计存在偏差。

（3）在北京冬奥会筹备期间，实施类似闭环管理的体育赛事少且缺乏公开的每日防疫相关数据，本模型验证过程只能基于累计感染人数进行比较。

9.3　新型冠状肺炎疫苗优先接种策略

9.3.1　研究背景

新冠肺炎疫情初期，中国采用了强有力的非药物干预措施？（Non‐pharmaceutical interventions，NPIs），如隔离患病者、进行接触者追踪、隔离接触者、限制旅行、关闭学校和工作场所、取消群众集会等措施,有效阻断了病毒的进一步传播,模型预测强有力的疫情防控避免了 700 多万的新冠肺炎病例,这不仅切实遏制了新冠肺炎疫情在中国的发展,也为全球赢得了疫情防控的时间窗口。各项非药物干预措施的有效性也被多篇文献研究证实,牛津大学团队通过模型估计出武汉封城这一措施有效避免了 71 万人感染新冠病毒,并降低了 96% 的潜在感染[42],封锁政策同样也对世界各地疫情产生了重要的影响,降低了发病率、住院率、ICU 使用率和死亡率。关于社交距离的相关措施,也被证明对控制疾病传播有着重要的意义。研究表明隔离确诊或疑似病例可以降低 44% ~96%的新冠肺炎感染数及 31% ~67% 的死亡人数[43]。然而,这些抗击疫情的科学指导和经验并没有在国际间取得良好的成效,各国并没有对该病毒产生足够的警惕,最终导致了全球疫情的暴发。WHO 的官方统计数据显示[44],截至 2022 年 2 月 17 日,全球已有新冠肺炎感染者约 4.16 亿人,累计死亡患者超过 584 万人。

快速、广泛地对人群进行大范围的疫苗覆盖并尽早实现群体免疫是抵抗疾病的主要方式,但限于早期产能、物流运输、接种能力等多方面的影响,对人群按照年龄或是感染风险等特征进行分组并按照一定策略进行接种,以此来实现最大程度降低发病人数及因病死亡人数的目标。

世界卫生组织免疫战略咨询专家组率先提出的疫苗分配方案是基于降低死亡率、保护医疗卫生系统工作者的原则,将疫苗优先分配给医务人员、65 岁以上老年人和其他患有基础性疾病的高风险人群。美国 NAM 框架建议优先考虑医疗保健人员、65 岁以上老年人和患有基础性疾病的高风险人群。英国 JCVI 建议首先考虑保障卫生和社会保险系统的正常运转及预防死亡的发生,并根据年龄对个体进行疫苗接种。中国国务院联防联控机制将我国全人群划分为高危人群、高风险人群(主要包括冷链物流人员、海关边检人员、医疗和疾控人员,以及农贸市场和海鲜市场的工作人员、公共交通工作人员等)和普通人群,并首先对高风险人群进行优先接种。Good M 和 Saad-Roy CM[45] 分别用 SIR 模型研究了疫苗接种后的疾病演化规律及临床负担。Makhoul[46] 基于疫苗产品的保护效果和不同接种策略对总体效果的影响,使用数值仿真的方法对新冠疫苗开发、许可、决策和实施提供了数据信息。Hogan A 等人[47] 以疫苗剂量限制下最大程度避免死亡为目标,通过 SEIR 模型提出了国家内和国家间的疫苗最佳分配策略,得出了在有限供应量下对老年人和其他高危人群进行优先接种,若增加供应量,最优的策略则转向劳动力年龄人口和儿童人群,这些人群接种可间接保护老年人和弱势群体的结论。Kate M 等人[48] 将血清特性引入 SEIR 模型,比较了五个年龄组新冠疫苗不同优先接种策略对疾病发生和寿命损失的影响。Laura Matrajt 等人[49] 将新冠 SEIR 传播模型与优化算法配对,提出了以降低死亡率为主要目的的最佳疫苗分配策略。余宏杰等人[50] 分析全球不同地理区域新冠肺炎疫情的各类优先接种人群及其规模,证明地理区域、疫苗接种计划与疫苗犹豫等对新冠疫苗实际需求的影响,并基于功利和平等的原则提出我国新冠肺炎疫苗接种项目框架。

本节将评估不同特征人群的疾病传播风险,根据传染病动力学模型,探讨符合我国实际情况的新冠疫苗优先接种策略。

9.3.2　模型构建

9.3.2.1　模型假设

结合新冠病毒的流行病学特征、我国实施的疫情防控措施和疫苗相关信息,我们制定了如下的模型假设:

(1)全人群易感。

(2)不考虑人群的出生和自然死亡情况。

(3)易感者被感染后即具有疾病传播能力。

(4)感染者经一段时间康复后对疾病免疫,不存在二次感染的情况。

(5)0~2 岁婴幼儿可以参与疾病的传播但不进行疫苗接种。

(6)疫苗接种计划为两针且间隔 21 天,疫苗从接种至产生免疫力需 14 天。

(7)症状前期患者由于其感染到发病的时间一般小于 14 天,故症状前期患者不会接种后续疫苗。

(8)无症状感染者由于没有症状产生,会和易感者一样接种两针疫苗。

(9)疫苗的保护效果分为三种:降低易感人群的疾病易感性、降低感染者的发病概率和降低重症患者的因病死亡概率。

(10)在整个预测期内,疫苗具有稳定的保护效果,不会随时间而下降。

9.3.2.2　仓室划分

新冠肺炎疫苗优先接种模型综合考虑新冠肺炎病毒传播过程、疾病发展过程及疫苗接种优先策略。模型将总人群按照职业人群接触模式进行人群划分,同一人群分组下的转移情况如图 9.20 所示。

各仓室的定义如下。

S^0:未接种疫苗的易感者。

$S1$:接种一针疫苗但尚未产生免疫力的易感者。

S_v^1:接种一针疫苗且已产生部分免疫力的易感者。

S_v^2:接种两针疫苗但只产生部分免疫力的易感者。

S_{ve}^1:接种两针疫苗且产生预期免疫力的易感者。

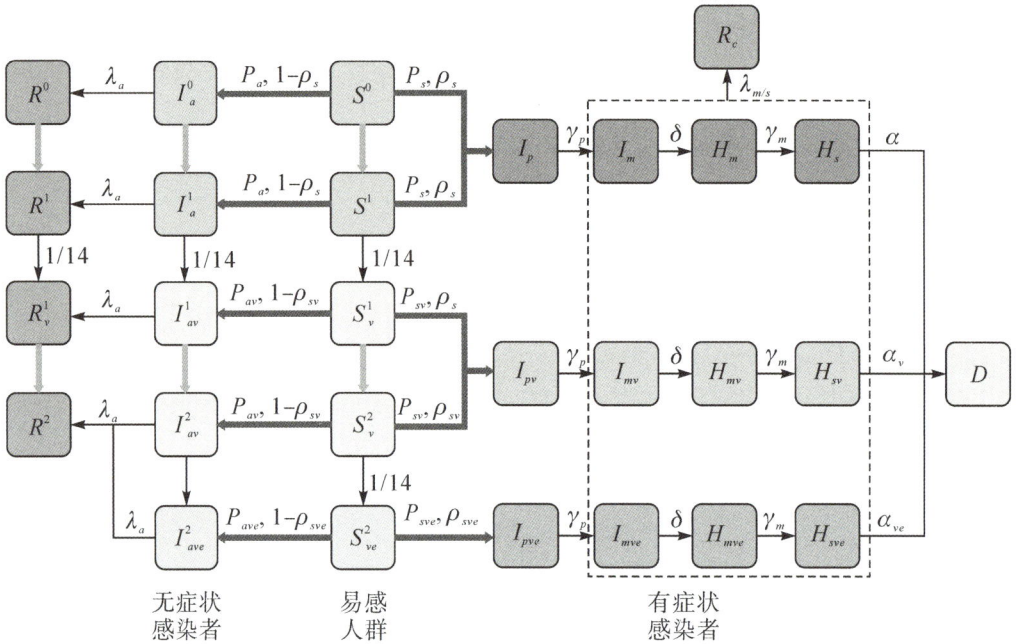

图 9.20　新冠肺炎疫苗优先接种模型同一人群分组下的仓室示意图

I_a^0：未接种疫苗的无症状感染者。

I_a^1：接种一针疫苗但尚未纳入第二针疫苗接种范围的无症状感染者。

I_{av}^1：接种一针疫苗且处于第二针疫苗接种期的无症状感染者。

I_{av}^2：两针疫苗接种的无症状感染者。

I_{ave}^2：两针疫苗接种满14天的无症状感染者。

I_p：无疫苗保护效果的症状前期患者。

I_{pv}：存在部分疫苗保护效果的症状前期患者。

I_{pve}：存在预期疫苗保护效果的症状前期患者。

I_m：无疫苗保护效果的轻症患者。

I_{mv}：存在部分疫苗保护效果的轻症患者。

I_{mve}：存在预期疫苗保护效果的轻症患者。

H_m：收治入院隔离的无疫苗保护效果的轻症患者。

H_{mv}：收治入院隔离的存在部分疫苗保护效果的轻症患者。

H_{mve}：收治入院隔离的存在预期疫苗保护效果的轻症患者。

H_s：收治入院隔离的无疫苗保护效果的重症患者。

H_{sv}：收治入院隔离的存在部分疫苗保护效果的重症患者。

H_{sve}:收治入院隔离的存在预期疫苗保护效果的重症患者。

R^0:无疫苗接种的无症状感染后的自然康复者。

R^1:接种一针疫苗但尚未纳入第二针疫苗接种范围的无症状感染后的自然康复者。

R_v^1:接种一针疫苗且处于第二针疫苗接种期的无症状感染后的自然康复者。

R^2:两针疫苗接种的无症状感染后的自然康复者。

R_e:有症状感染后的康复者。

D:重症感染者中因病死亡者。

9.3.2.3　病毒传播过程

新型冠状病毒的传播主体分为症状前期感染者、未收治入院的轻症患者及无症状感染者三部分。症状前期感染者是指感染新冠病毒后尚处在潜伏期的个体,其未来一定会发展出相关的新冠肺炎症状。其中,模型假设症状前期感染者和未收治入院的轻症患者的传染力保持一致,一旦该部分人群被收治入院即代表这类人群不能与其他易感者接触,传染力降低至零。考虑到本研究试图探索疫苗广泛接种后恢复常态化生活的可行性,故认为无症状感染者在常态化管理中不会被发现并收治入院,在其整个传染期均可造成低于有症状感染者传播能力的病毒传播。

另外,本模型假设我国已实现对于本土感染的"动态清零",初始的感染者流入是由于取消入境隔离限制后每日的感染者流入。考虑到对入境人员疫苗接种情况的基本限制,我们假设:若模型不考虑疫苗接种,则所有流入的感染者均是无疫苗接种的无症状感染者或症状前期的患者;若模型考虑疫苗接种,所有流入的感染者均是接种了两针新冠肺炎疫苗的无症状感染者或症状前期的患者。

9.3.2.4　疾病进展过程

易感者在被新冠肺炎病毒感染后会根据其年龄特征、疫苗接种状况等因素按照不同概率成为无症状感染者或症状前期感染者。无症状感染者在其整个传染期内不会出现相关症状并最终康复,该类人群也不具备新冠肺炎死亡风险。而症状前期感染者在经过潜伏期后将发病成为轻症患者,由于现实中患者从发病到确诊存在一定的时间间隔,故模型假设经过 3 天后该部分轻症患者会被收治入院,不再与易感者接触。收治入院的轻症患者中的大部分个体在经过治疗后会康复,仅有较小一部分感染者会因为病情加重而成为重症患者,其概率与年龄因素有关。重症患者的结局分为两种,一是在经治愈后康复,二是未能治愈而成为死亡病例。

另外,考虑到新冠肺炎疫苗主要的保护效果为降低接种者的新冠病毒感染风险、降低新冠肺炎症状出现及降低死亡风险,故模型中加入了三组对应的参数以评估疫苗接种对疾病发展的影响。

9.3.2.5　疫苗保护效果

新冠肺炎疫苗如需接种两针,易感者在接种第一针新冠肺炎疫苗后需等待14天才会产生第一针疫苗所对应的部分保护效果。在接种第一针后,易感者一般会在21～28天之后进行第二针疫苗接种,由于接种早期受疫苗产量影响,部分易感者的第二针疫苗接种可能有所顺延,第二针接种后也需要14天的时间才产生完整的疫苗保护效果,否则只会具有接种一针所对应的部分保护效果。

模型假设新冠肺炎疫苗接种之前接种者无须进行核酸检测来确认个人感染情况,因此无论是无症状感染者进行疫苗接种或是易感者在接种疫苗后接触病毒成为无症状感染者,均不会影响其在一定时间后进行下一针新冠肺炎疫苗的接种,即使是无症状感染者经过一个病程康复,不再进行疾病传播后,由于整个感染和康复的过程均与普通易感者保持一致,因此其仍然会按照计划完成新冠肺炎疫苗的接种。但是,当易感者接种疫苗后成为有症状感染者时,由于其在经过一个小于21天疫苗接种间隔期的症状早期即会产生症状,因此不再对其进行后续疫苗的接种,且模型假设该类感染者的疫苗保护效果按照其上一针疫苗接种与感染时间是否间隔14天进行判断。

据此可得新冠肺炎传播的微分动力系统模型,详情请参考[51]附录A。在此不再赘述。

9.3.2.6　优先接种策略

疫苗优先接种策略的方案制定中,本研究考虑到不同人群的接触模式和感染后的死亡风险不同,故将全人群分为四组,包括关键岗位人群、高危人群、高传播人群和其他人群。详细的分组方法请见表9.9。

按照不同的优先级为以上各组人群进行疫苗接种,共分为以下三种策略(0～2岁婴幼儿不参与各种策略下的疫苗接种)。

策略1:高危人群优先接种策略,接种顺序为关键岗位人群—高危人群—高传播人群—其他18～60岁人群。

策略2:高传播人群优先接种策略,接种顺序为关键岗位人群—高传播人群—高危人群—其他18～60岁人群;

策略3:全人群接种策略,接种顺序为关键岗位人群—除0～2岁人群外的其他人群(合并高危人群、高传播人群和其他人群)。

9.3.3　模型参数估计

9.3.3.1　一次接触传播概率

一次接触传播概率是模型传播过程中重要的参数,其含义为具有传播能力的感染者与易感者进行一次接触时能有导致疾病传播的概率。考虑到本研究根据实际情况假设无症状感染者与有症状感染者的传播能力不同,故需要计算二者的传染力比值,并根据 R_0 分别计算两者的一次接触传播概率。

通过中国疾病预防控制中心提供的关于新冠肺炎二代续发率的数据显示,有症状病例与无症状感染者的二代续发率比值为 8.33,据此得出有症状病例和无症状感染者与易感者的一次接触传播概率比值(p_s/p_a)为 8.33。按照基本再生数 R_0 的定义,模型可计算出 R_0 不同时 p_s 和 p_a 的具体取值。当 $R_0 = 2.6$ 时,有症状患者的一次接触传播概率为 2.33%,无症状感染者的一次接触传播概率 P_a 为 0.28%。

9.3.3.2　人群接触矩阵

我们构建了以职业人群接触特征为基础的职业人群接触矩阵,用于评估不同职业人群的每日接触情况,这在既往的研究中是从未出现过的。构建该接触矩阵的原因是传统的以年龄为分组依据的接触矩阵很可能会弱化部分频繁与他人接触的职业人群对新冠病毒传播所产生的影响,在与所有同龄人群混合后就会一定程度上弱化这种高传播行为所带来的疾病风险。因此,本研究通过构建接触矩阵来评估具有不同接触特征的职业人群对新冠病毒传播的细化影响,并制定出符合中国如此大规模人口国情的疫苗接种优先策略。

首先,由于不同职业人群的日常接触模式存在较大差异,本模型通过参考《中华人民共和国职业分类大典》将全部人群按照职业类型和接触特征将全人群分为 4 大类:关键岗位人群、高危人群、高传播人群和其他人群。关键岗位人群是指在疫情防控过程中用于维持社会秩序、保障生活供应和治疗新冠肺炎患者的职业人群,由于该类人群对确保社会功能正常进行具有重要作用,故在各类疫苗接种策略中均最先对该类人群进行接种。高危人群是指感染病毒后其预后相对较差、死亡风险较高的一类人群,根据既往研究表明年龄较大、患有基础性疾病的人群新冠肺炎死亡风险更高。高传播人群是指每日接触次数较高的人群,并可能较长时间处在相对固定的封闭空间,具有较高的传播风险的人群。其他人群指从事其他行业的人群。其中各职业人群年龄默认为 18 ~ 59 岁,且排除该年龄段内患有基础性疾病的人群。由于现有疫苗均未对 0 ~ 2 岁婴幼儿进行有效性评价,故对该类人群暂不进行新冠肺炎疫苗接种。详细的人群分组见表 9.9。

表 9.9　新冠肺炎疫苗优先接种模型人群分组

分类	缩写	人群构成	人数（万）
关键岗位人群	Key_cw	卫生人员,包括一线医护人员、疾控现场调查和实验室检测人员,援外医疗队、边检、海关、护工、保洁等支持性岗位人员	926
	Key_if	进口冷冻食品密切接触的行业从业人员、国际交通工具工作人员	74
	Key_pub	公安、武警、消防员、政府机关工作人员、社区工作者、水电暖煤气工作人员、环卫工人,殡葬、通讯、交通、物流等相公工作人员	2270
高危人群	HR_60	60~69 岁人群	14958
	HR_70	70 岁及以上人群	9991
	HR_ud	18~59 岁基础性疾病人群	22188
高传播人群	HT_uni	各类学校教职工及高校学生	3864
	HT_stu	3~17 岁人群	22731
其他人群	Oth_adu	其他 18~59 岁人群	57555
	Oth_inf	0~2 岁婴幼儿	4982

　　随后,通过查阅相关行业公报、文献数据等[52-53]资料得出了各职业人群分组中每人每日的平均接触次数。研究假设各职业人群分组相互接触的权重仅受到各组人群总接触次数的影响,则组间每人每日接触次数可通过以下公式进行计算:

$$C_{ij} = \frac{n_i n_j m_j}{\sum_{k=1}^{10} n_k m_k}$$

其中,C_{ij}表示组每个个体与 j 组个体每日平均接触次数,n_j 表示 j 组人群的总人数,m_j 表示 j 组每个个体每日总接触次数。由此我们可得出本研究所需要的职业接触矩阵,如图 9.21 所示,方框中的数字表示对应行人群每人每日接触对应列人群的次数。

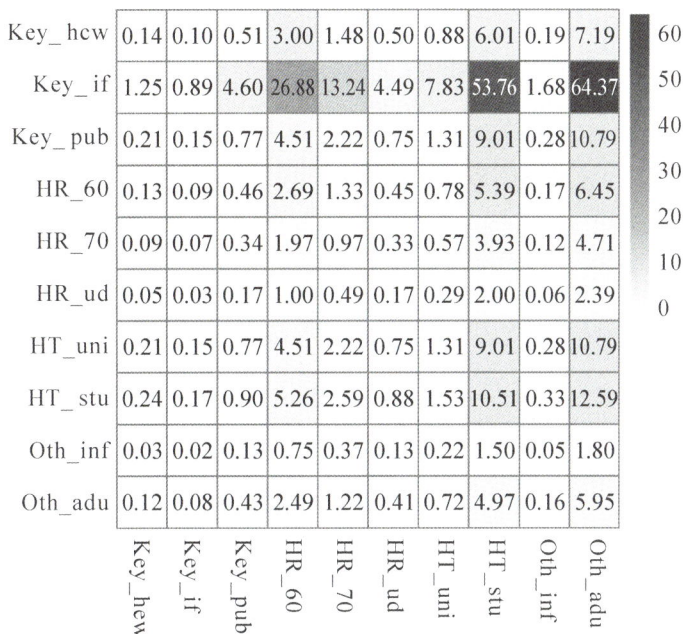

图 9.21   各人群间的每人每日接触次数汇总

9.3.3.3   其他参数

模型其他参数如表9.10。

表 9.10   新冠肺炎疫苗有限接种策略模型参数

参数	名称	取值	年龄	来源
ρ	易感人群感染成为有症状感染者概率	60%	全人群	文献[54]
θ	接种疫苗至产生保护的转移系数	1/14	全人群	模型假设
C_{ij}	第 i 类人群与第 j 类人群的日均接触人数	见接触矩阵	—	文献[52][53]
δ	轻症感染者被收治入院隔离的转移系数	0.33	全人群	模型假设
γ_p	未发病阶段的有症状感染者发展为轻症的转移系数	0.25	全人群	文献[55]
γ_m	轻症感染者成为重症感染者的转移系数	0.0005	3~17	文献[53]
		0.002	18~59	
		0.00276	60~69	
		0.00276	≥70	

197

续表 9.10

参数	名称	取值	年龄	来源
a	重症感染者的因病死亡率	0.00004	3 ~ 17	文献[56]
		0.00215	18 ~ 59	
		0.022	60 ~ 69	
		0.072	≥70	
γ_n	无症状感染者的康复移出系数	0.052	全人群	文献[57]
γ_m	轻症感染者的康复移出系数	0.071	全人群	文献[56]
γ_s	轻症感染者的康复移出系数	0.125	3 ~ 17	文献[56]
		0.125	18 ~ 59	
		0.111	60 ~ 69	
		0.111	≥70	
ve_1	疫苗抗感染效力	30%	全人群	模型假设
ve_2	疫苗抗症状效力	70%	全人群	文献[58]
ve_3	疫苗抗死亡效力	90%	全人群	文献[58]

9.3.4 模型应用

9.3.4.1 数值模拟

模型的初始状态为全人群易感,在无感染者的情况下对人群进行疫苗接种。受疫苗生产、运输和实际工作中接种能力的限制,模型假设新冠肺炎疫苗供应量为每天 300 万支,对未接种疫苗的易感人群和接种一针疫苗且已产生部分免疫力的易感人群每天各接种 150 万支,若实际可接种人数不足 150 万人,则按照当前可接种人数进行疫苗接种。

在疫苗接种过程中,考虑到个人接种意愿、机体过敏反应等多种因素对各组人群接种人数造成影响,因此模型假定除 0 ~ 2 岁婴幼儿以外的每个人群都存在一定的接种阈值:第一针疫苗接种的阈值为 90%,达到后随即停止对该类人群进行第一针疫苗的接种;第二针疫苗接种的阈值为 85%,达到后随即停止对该类人群的疫苗接种,按照既定的接种策略进行下一人群的接种直至所有人群达到接种阈值后停止接种。

随着接种过程的不断进行,模型会在特定的时间点解除入境隔离限制,允许有外来感染者的输入。模型解除入境隔离限制的时间点为:两针疫苗接种人数达到预设目标(1 亿,2 亿,3 亿,…,11 亿)的 14 天后,此时可基本保证易感人群中有符合预设目标人数且已产生保护效果的两针疫苗接种人数。

9.3.4.2 病毒自然扩散情景

首先,我们将评估若我国在出现新冠肺炎疫情的早期,没有积极地实施强有力的疫情防控措施,而是不采取任何管控手段任其发展,疾病的流行将会达到何种水平。若国内无任何防控措施,此时新冠病毒在人群中自由扩散,认定以此种条件为新冠病毒自然流行环境,模型的预测结果见图 9.22。

有效再生数 R_t:由于新冠病毒在人群中自由传播,无任何管控措施,故疾病传播早期的有效再生数与模型的参数估计中基本再生数的取值一致,为 2.6,并随着感染人数的不断增加而逐步下降。

疾病流行趋势:若允许新冠病毒自然传播,一年内我国累计感染人数为 6.5 亿人,累计重症人数 1.0 亿人,累计死亡人数 1194.5 万人,我国新冠肺炎年累计发病率为 46703.89/10 万人,病死率为 1.83%。

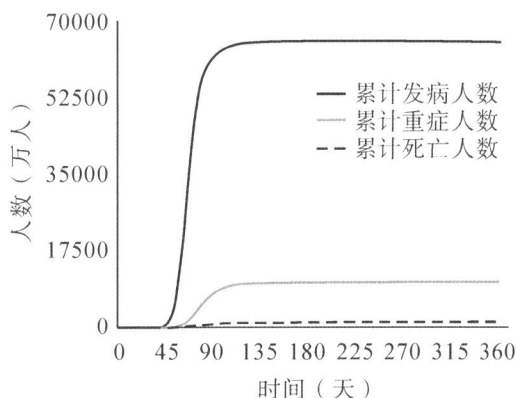

图 9.22　病毒自然扩散情况

9.3.4.3　仅接种疫苗情景

随后,模型将探究疫苗接种对疾病流行产生的影响。为了探究疫苗上市初期,在疫苗供应量有限的情况下,采用何种新冠肺炎的优先接种策略可以在相同疫苗接种量的前提下提供更高的人群保护,本研究模拟了在无 NPIs 的情况下,分别按照高危人群优先接种策略、高传播人群接种策略和全人群接种策略进行疫苗接种的疾病流行情况,并在达到不同疫苗接种人数阈值后允许新冠肺炎感染者的流入,以评估不同疫苗优先接种策略的保护效果。结果如下。

1. 有效再生数

在采取不同的新冠肺炎疫苗接种策略时,允许入境感染者输入时刻的新冠肺炎有效再生数(R_t)如图 9.23 所示。按照三种不同策略对人群进行疫苗接种,有效再生数随预先接种人数的下降速度有所不同。若按照高危人群优先的接种策略(策略 1)进行人群疫苗接种,当接种量小于 4 亿人时,由于该类人群集中在关键岗位人群和高危人群,其 R_t 下降速度较慢;而在接种量继续增长至 6 亿的过程中,R_t 的下降速度明显加快,说明高传播人群接种疫苗可以有效降低新冠病毒的传播水平。若按照高传播人群的优先接种策略(策略2),R_t则会先快速下降而后下降速度变慢,与策略1的变化规律相反。若采用全人群接种策略(策略3),R_t的下降速度相对稳定。

但是,我们同时也发现,即使对11亿人完成两针疫苗接种后再打开国门,也无法将有效再生数降低至1以下,若在此种情况下解除非药物干预措施,新冠病毒仍会在人群中进行较大范围的传播。

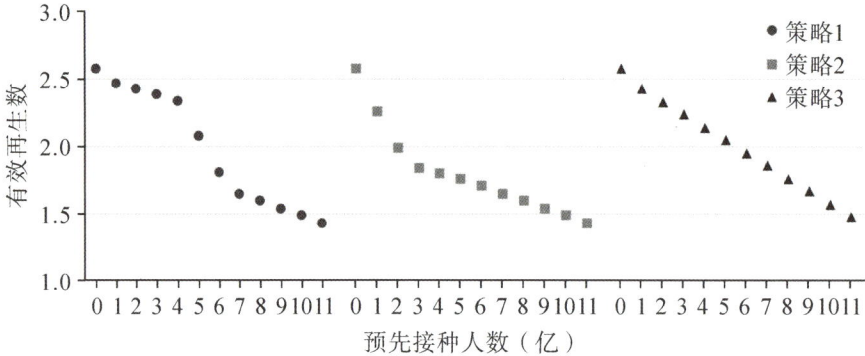

图9.23　不同策略下有效再生数随预先接种人数变化情况

2. 疾病流行情况

疫苗的接种可有效降低解除NPIs后病毒累计感染人数、重症患者数和因病死亡人数。若按照高危人群优先接种策略或高传播人群优先接种策略对人群进行疫苗接种,在预先接种11亿人的情况下,累计发病人数可从65170万人下降至最低6267万人,而策略3可降至9812万人。虽然按照三种不同的接种策略最终可达到较为相似的疫情防控效果,但从图9.24中可以看出,不同的接种策略在接种人数小于6亿人时呈现出不同的效果。若以降低累计发病人数作为主要目标,可采用策略2的接种顺序对人群进行疫苗接种,可以从疫苗接种的早期阶段更为有效地降低新冠病毒的流行水平,起到最好的人群保护效果。

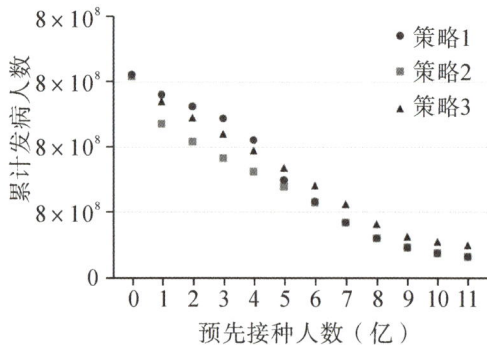

图9.24　不同策略下累计发病人数与预先接种人数的关系

若按照策略1或策略2对人群进行疫苗接种,如图9.25所示,在预先接种11亿人的情况下,累计重症人数可从 10452.8 万人下降至最低 793.7 万人,而策略 3 可降至 1353.5 万人。总体来看,不同策略间累计重症人数的下降情况与累计发病人数的下降情况保持一致,在接种人数小于 6 亿人时策略 2 可以起到最好的人群保护效果,其重症患者人数为三种策略中最低的。

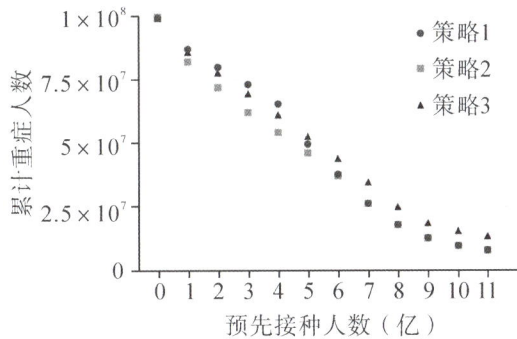

图 9.25　不同策略下累计重症人数与预先接种人数的关系

若采用策略 1 和策略 2 的接种顺序,如图 9.26 所示,累计死亡人数随疫苗预先接种人数的增加逐步下降,最低可降至 38.9 万人,若按照策略 3 进行接种则只能降低至 63.6 万人。与感染人数、重症患者数随疫苗接种的变化规律不同,策略 1 在降低死亡人数方面有着最优的效果,在接种人数少于 6 亿人的情况下可大幅降低累计死亡人数。因此,若以降低死亡人数为主要目标,采用策略 1 的人群顺序进行疫苗接种能更好地减少全人群的死亡人数,降低疾病造成的严重后果。

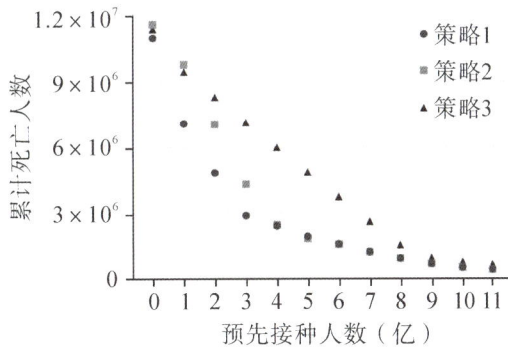

图 9.26　不同策略下累计死亡人数与预先接种人数的关系

仍需注意的是,无论采取哪种疫苗接种策略,当前疫苗有效性均无法满足在不施加任何干预措施的情况下降低 Rt 至 1 以下,这表明为实现我国所坚持的“动态清零”策略所制定的一系列 NPIs 可能并不会因为疫苗的广泛接种而有所放松,疫苗更主要的效果仍然集中于降低个体感染后出现重症、危重症和因病死亡的风险,而不是通过广泛疫苗来控制新冠病毒的大范围流行。

9.3.4.4 疫苗接种和 NPIs 实施

模型预测了在无 NPIs 的情况下,单纯依靠疫苗接种无法彻底阻断新冠肺炎的传播,人群中仍会出现较大范围的发病及死亡,对我国人群的生命健康造成极大威胁。因此,NPIs 仍会保持,借此在一定程度上阻断病毒的传播进而实现我国"动态清零"的疫情防控目标。为评估 NPIs 的综合强度,本研究提出 NPIs 有效率这一指标,用以代表各项 NPIs 对阻断新冠病毒传播的效力。若各环节均可保证相关防控措施的有效落实、境外输入人员配合隔离、易感人群正确佩戴口罩且保持足够的社交距离,此时新冠病毒无法在人群中进行有效扩散,设定此时的 NPIs 有效率为 100%。在此条件下,模型的预测结果如下。

1. 有效再生数

如图 9.27 所示,新冠肺炎 R_t 随 NPIs 有效率的升高而逐渐降低。在 NPIs 有效率 ≤30% 的时候,R_t 恒 >1。在 NPIs 有效率为 45% 时,策略 1 预先接种 6 亿人、策略 2 预先接种 3 亿人、策略 3 预先接种 9 亿人可将 R_t 降低至 1 以下。在 NPIs 有效率为 60% 时,三种策略均在预先接种 1 亿人后可将 R_t 降低至 1 以下。此结果表明,在相同疫苗预先接种人数的情况下,策略 2 能更大幅度地降低新冠肺炎 R_t,及早地控制病毒的传播。

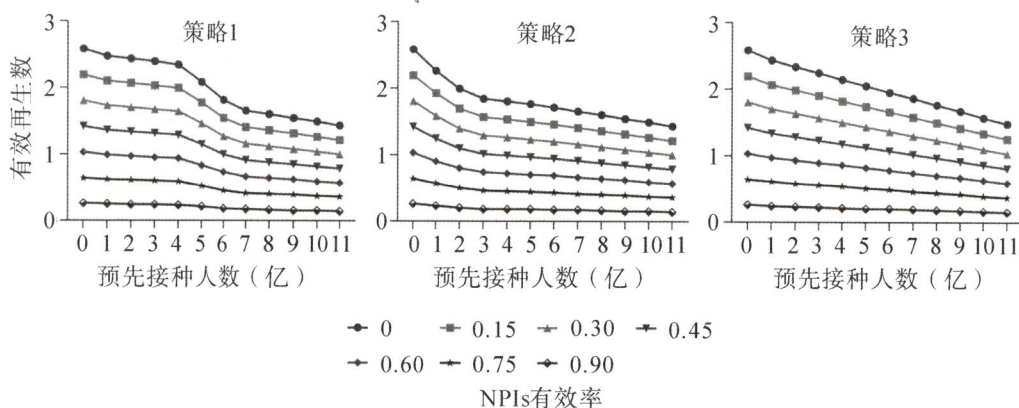

图 9.27　不同 NPIs 有效率的有效再生数汇总

2. 疾病流行趋势

如图 9.28 所示,在 NPIs 有效率 ≤15% 时,即使全部人群接种疫苗,打开国门一年内的累计发病人数最低为 118 万人。在 NPIs 有效率为 30% 时,策略 1 和策略 2 需预先接种 9 亿人、策略 3 预先接种 11 亿人才能将累计发病人数降低至 10 万人以下。在 NPIs 有效率为 45% 时,策略 1 需预先接种 5 亿人、策略 2 预先接种 4 亿人、策略 3 预先接种 6 亿人时可将累计发病人数降低至 10 万人以下,此时可看出在相同预先接种人数时,策略 2 可更好地降低新冠肺炎的累计发病人数。在 NPIs 有效率 ≥75% 时,无预先疫苗接种时累计发病人数也低于 10 万人。

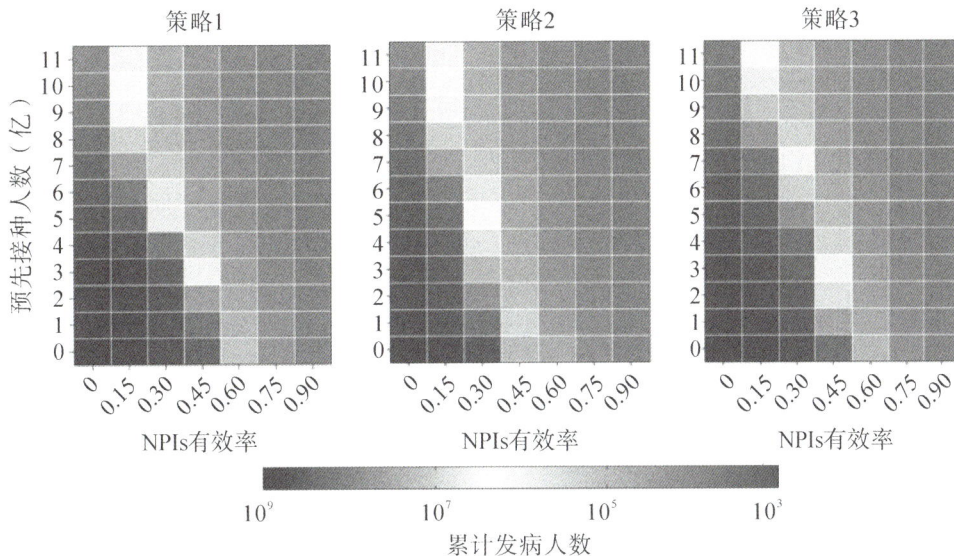

图 9.28　不同 NPIs 有效率的累计发病人数汇总

　　另外,在相同疫苗预先接种人数时,保持更高的 NPIs 有效率可降低累计发病人数,在预先接种 11 亿人时,不同 NPIs 有效率的累计发病人数分别为 6267 万(NPIs 有效率为 0)、118 万(15%)、6.7 万(30%)、2.3 万(45%)、1.3 万(60%)、1.0 万(75%)、0.8 万(90%)。

　　累计重症人数的预测结果如图 9.29 所示,其随 NPIs 有效率和预先接种人数的变化规律与累计发病人数基本相似,在相同疫苗供应量和 NPIs 有效率的前提下,策略 2 可以起到更好的人群保护效果。

　　避免死亡方面的结果见图 9.30。在 NPIs 有效率≤15% 时,新冠肺炎 Rt 恒大于 1,此时新冠肺炎疫苗接种无法有效控制疫情的传播,人群中将出现较大范围的感染,采取策略 1 可以有效降低因病死亡人数,减少新冠肺炎的社会危害性。在 NPIs 有效率大于 75% 时,Rt 恒小于 1,新冠病毒将无法造成更大范围的传播,此时策略 1 可以更好地保护高危人群,降低他们的死亡风险,起到最优的人群保护效果。若 NPIs 有效率在 30% ~ 60%,新冠肺炎 Rt 会随预先接种人数的不断增加而逐步降低至 1 以下,此时,策略 2 能在更少疫苗接种情况下有效降低传播。原因是策略 2 可以在疫苗供应数量更少的时候将新冠肺炎 Rt 降低至 1 以下,此时新冠病毒的传播将出现大范围的下降,高危人群接触到病毒的风险降低,实现对该类人群更优的保护效果。

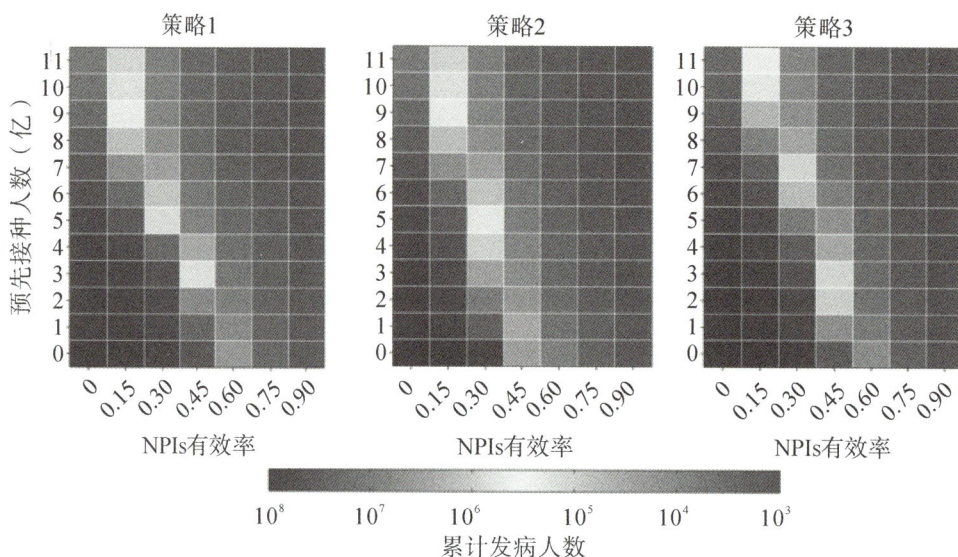

图 9.29　不同 NPIs 有效率的累计重症人数汇总

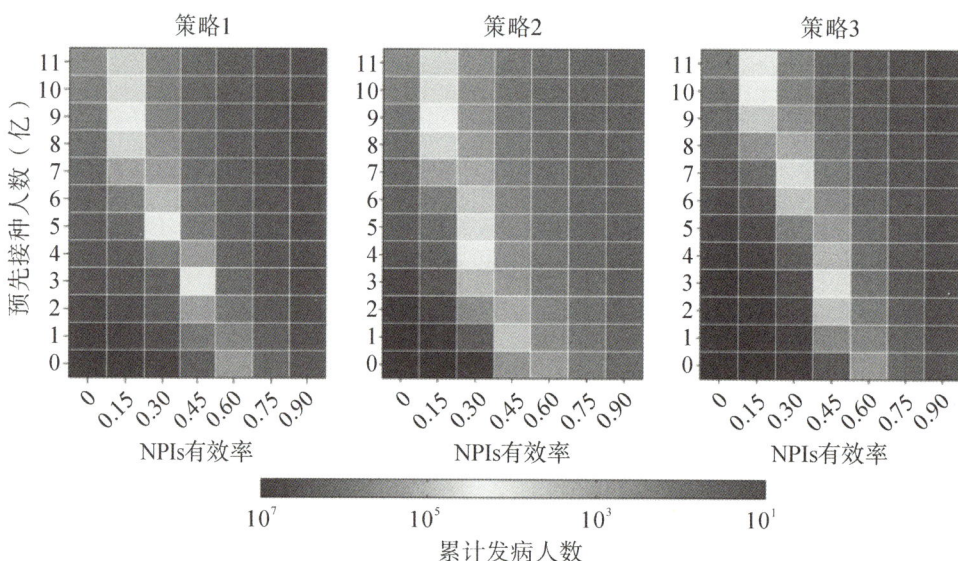

图 9.30　不同 NPIs 有效率的累计死亡人数汇总

9.3.4.5　敏感性分析

在这部分的研究中,我们主要关注模型中参数变化可能产生的影响,以便能实现两方面的目标:①当新冠病毒的病原学特征和疫苗有效性出现变化时,能够为新冠病毒流行趋势的动态变化提供参考;②为寻找更有效的新冠肺炎管理策略提供思路。在本小节中,我们分别对新冠肺炎优先接种模型中 6 个参数,包括每日输入病例数、基本再生数和从症状到隔离的天数,以及疫苗有效性的 3 个参数(包括疫苗避免感染效力、疫苗避免重症效力和疫苗避免死亡效力）进行了敏感性分析。在进行敏感性分析时,研究假设有 11 亿人完成了新冠疫苗接种,而且不施加非药物干预措施,这将需要找出对新冠肺炎流行趋势更明显的影响因素。

对非疫苗相关参数敏感性分析结果如图 9.31 所示。该结果表明,不同的每日入境感染者人数对中国累计有症状感染人数和累计因病死亡人数的影响较小,但会较大程度影响新冠肺炎疫情暴发的时间——较高的入境感染者人数会使本土新冠肺炎疫情的峰值时间提前。症状 – 入院时间间隔对疫情影响程度较大,早期发现并隔离出现症状的感染者可以减少新冠肺炎的传播,降低有症状的感染者人数和死亡人数,并推迟疫情高峰时间。为了判断可能出现的具有不同传染力的突变株对疾病流行的影响,本研究对基本再生数进行了敏感性分析。结果表明,在 $R_0 = 2.0$ 的假设下,11 亿疫苗接种可有效控制新冠肺炎的流行,但在 $R_0 > 2.0$ 的情况下,不施加非药物干预措施的举措仍会在相对较短的时间内导致广泛的病毒传播和大量死亡。

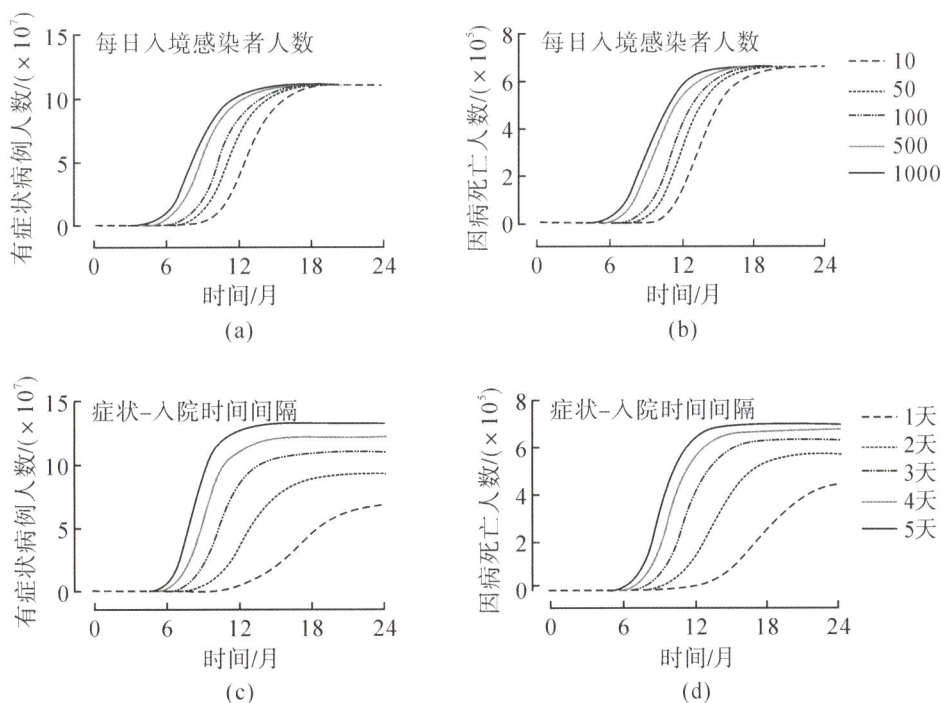

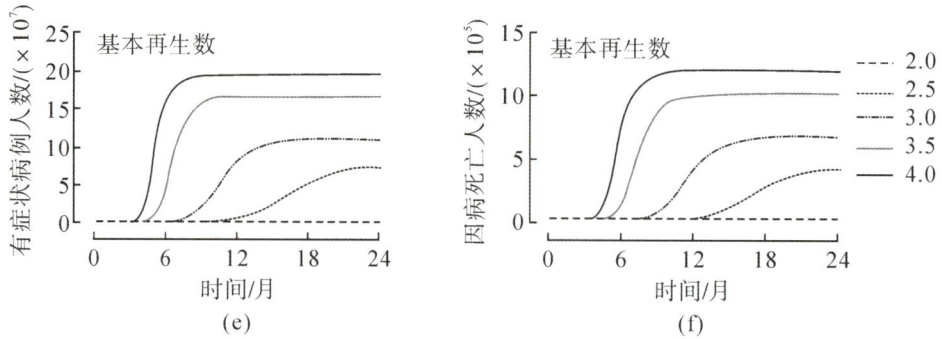

图9.31　非疫苗相关参数敏感性分析结果

不同每日入境感染人数的有症状病例人数(a)、因病死亡人数(b);不同症状-入院时间间隔的有症状感染者人数(c)、因病死亡人数(d);不同基本再生数时的有症状病例人数(e)、因病死亡人数(f)

　　对疫苗保护效力的敏感性分析结果如图9.32所示。结果表明,提高疫苗避免感染效力和避免重症效力都可以减少疾病的传播,但在不施加非药物干预措施的情况下,提高疫苗的保护效果只能起到降低疫情严重程度的效果,并不能完全阻止病毒的传播。此外,对避免死亡效果进行的敏感性分析表明,仅提高疫苗避免死亡效力只能轻度降低死亡人数,对感染人数的影响极小。

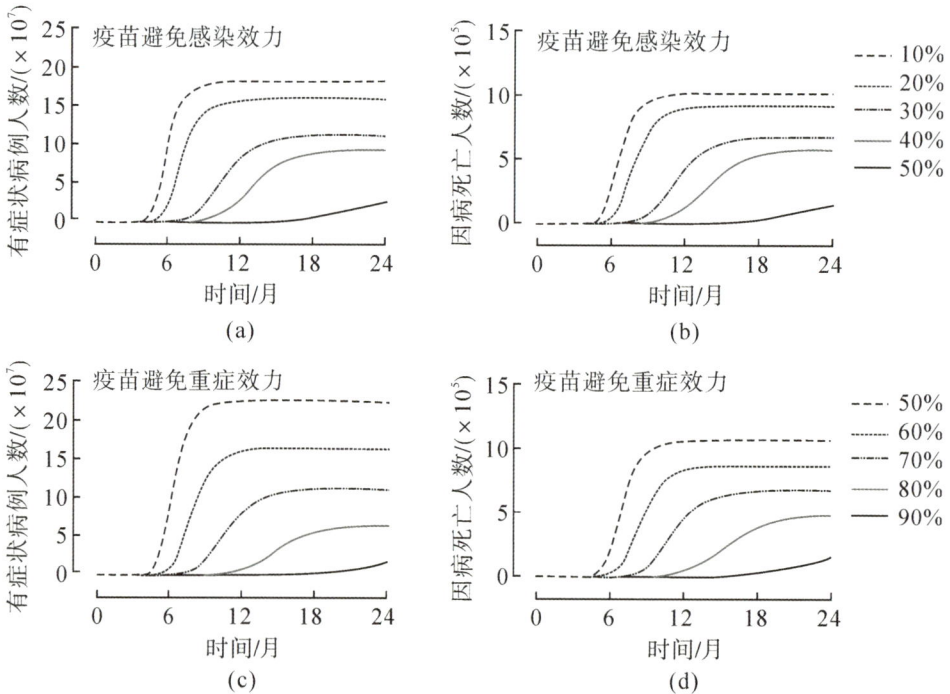

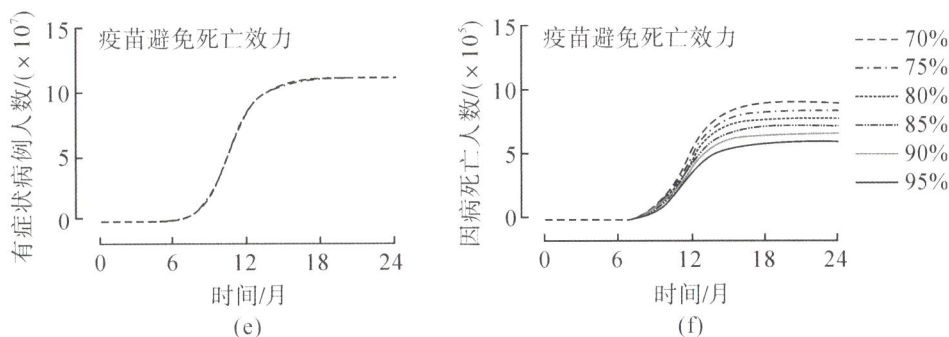

图 9.32　疫苗保护效力的敏感性分析结果

9.4　小结

通过职业人群接触矩阵构建的新冠肺炎疫苗优先接种模型充分考虑了各职业人群在疾病传播中的差异化作用,得出了符合我国防控策略的疫苗优先接种策略。总的来看,新冠肺炎疫苗的广泛接种能够有效降低取消非药物干预措施后我国新冠肺炎疫情的流行水平,但即使全民接种疫苗,新冠病毒的 R_t 仍大于 1,这意味着我国并不能在广泛接种疫苗后恢复人员的正常接触,无法有效阻止新冠肺炎疫情的本土传播。

若我国不考虑在全民接种疫苗之后继续实施 NPIs,高危人群接种策略和高传播人群接种策略有着不同的保护效果。高危人群接种策略可以在疫苗的接种过程中更好地保护高危人群,最大程度降低出现本土疫情后的因病死亡人数。高传播人群接种策略可以在疫苗接种的过程中尽量减少新冠病毒的人群传播,最大程度降低本土疫情的新冠病毒感染人数。人群接种策略对二者的保护效果略低于前两种策略,但其优点在于便于执行,在我国本土疫情流行水平极低的现状下也具备一定的可行性。

若我国在疫苗接种的过程中同时实施 NPIs 来进行疫情防控,高传播人群优先的疫苗接种策略可以在三种策略中起到最优的保护效果,相同疫苗供应量时该策略可以实现最低的新冠病毒感染者人数和因病死亡人数,其原理是通过大幅降低新冠病毒的流行规模来减少高危人群的感染风险,以此实现降低感染和死亡人数的目标。

（贾忠伟　刘兴武　崔浩亮　王廉浩　王雪纯）

参考文献

[1] 邓聚龙.灰色系统理论教程[M].武汉:华中理工大学出版社,1990.

[2] 马知恩,周义仓,王稳地,等.染病动力学的数学建模与研究[M].北京:科学出版社,2004.

［3］HETHCOTE H W. The Mathematics of Infectious Diseases［J］. SIAM Rev, 2000,42(4)：599 −653.

［4］STANFORD D P. Stability for a Multi-Rate Sampled-Data System［J］. SIAM J Control Optim,1979,17(3)：390 −399.

［5］NARENDRA K S,BALAKRISHNAN J. A common Lyapunov function for stable LTI systems with commuting A-matrices［J］. IEEE Trans Autom Control, 1994, 39 (12)：2469 −2471.

［6］GINSBERG J,MOHEBBI M H,PATEL R S,et al. Detecting influenza epidemics using search engine query data［J］. Nature,2009,457(7232)：1012 −1014.

［7］CAUCHEMEZ S,et al. Role of social networks in shaping disease transmission during a community outbreak of 2009 H1N1 pandemic influenza［J］. Proc Natl Acad Sci, 2011,108(7)：2825 −2830.

［8］PENNACCHIOTTIM,POPESCU A M. A Machine Learning Approach to Twitter User Classification［J］. Proc Int AAAI Conf Web Soc Media, 2021,5(1)：281 −288.

［9］ZHANG F,LUO J,LI C,et al. Detecting and Analyzing Influenza Epidemics with Social Media in China［C］//in Advances in Knowledge Discovery and Data Mining：8443. Cham：Springer International Publishing, 2014:90 −101.

［10］GOGA O,LEI H,PARTHASARATHI S H K,et al. Exploiting innocuous activity for correlating users across sites［C］//in Proceedings of the 22nd international conference on World Wide Web, Rio de Janeiro Brazil：ACM,2013:447 −458.

［11］LAZER D, KENNEDY R,KING G, et al. The Parable of Google Flu：Traps in Big Data Analysis［J］. Science,2014,343(6176)：1203 −1205.

［12］ANDERSON R M,MAY R M. Infectious Diseases of Humans：Dynamics and Control［M］. OXFORD：Oxford University Press, 1991.

［13］贾忠伟,成诗明,陈伟,等.结核病筛查策略评估模型［J］.中国循证医学杂志,2011,11 (3)329 −332.

［14］Coronavirus Pandemic (COVID-19)［Online］. https：//ourworldindata. org/coronavirus.

［15］ARSLAN S, OZDEMIR M Y, UCAR A. Nowcasting and Forecasting the Spread of COVID-19 and Healthcare Demand in Turkey, a Modeling Study［J］. Front Public Health,2021,8：575145.

［16］The Oxford Covid-19 Government Response Tracker (OxCGRT)［OL］. https：//www. bsg. ox. ac. uk/research/covid-19-government-response-tracker.

［17］LI Y,LIANG M, GAO L,et al. Face masks to prevent transmission of COVID-19：A systematic review and meta-analysis［J］. Am J Infec Control,2021,49(7)：900 −906.

［18］WANG X ,PAN Z,CHENG Z. Association between 2019 −nCoV transmission and N95 respirator use[J]. J Hosp Infect2020,105(1): 104 – 105.

[19] LI P W,WANG J,HONG Y Z,et al. Modelling and assessing the effects of medical resources on transmission of novel coronavirus (COVID-19) in Wuhan, China[J]. Math Biosci Eng, 2020,17(4): 2936 – 2949.

[20] PALTIEL A D, ZHENG A, WALENSKY R P. Assessment of SARS-CoV-2 Screening Strategies to Permit the Safe Reopening of College Campuses in the United States[J]. JAMA Netw Open2020,3(7): e2016818.

[21] WANG Q, SHI N, HUANG J, et al. Cost – Effectiveness of Public Health Measures to Control COVID-19 in China: A Microsimulation Modeling Study [J]. Front Public Health, 2022,9:726690.

[22] WANH,CUI J A,YANG G J. Risk estimation and prediction of the transmission of coronavirus disease-2019 (COVID-19) in the mainland of China excluding Hubei province [J]. Infect Dis Poverty,2020,9(1): 116.

[23] AUGER K A,SHAH S S,RICHARDSON T,et al. Association Between Statewide School Closure and COVID-19 Incidence and Mortality in the US[J] Jama,2020,324(9): 859 – 870.

[24] CMMID COVID-19 working group, et al. Quantifying the impact of physical distance measures on the transmission of COVID-19 in the UK [J]. BMC Med, 2020, 18 (1):124.

[25] LAI S,RUKTANONCHAI N W,CARIOLI A,et al. Assessing the Effect of Global Travel and Contact Restrictions on Mitigating the COVID-19 Pandemic[J]. Engineering,2021,7 (7):914 – 923.

[26] BURNS J, et al. International travel-related control measures to contain the COVID-19 pandemic: a rapid review[J]. ochrane Database Syst Rev,2021(3).

[27] HOGUANE A M,PRIYA K L,HADDOUT S,et al. Effect of preventive measures in the containment of SARS-CoV-2 epidemic: a comparative study [J]. Health Care Women Int,2021,42(3):288 – 303.

[28] LAUER S A,GRANTZ K H,Bi Q,et al. The Incubation Period of Coronavirus Disease 2019 (COVID-19) From Publicly Reported Confirmed Cases: Estimation and Application[J]. Ann Intern Med,2020,172(9):577 – 582.

[29] HE X,LAU E,WU P,et al. Temporal dynamics in viral shedding and transmissibility of COVID-19[J]. Nat Med,2020,26(5):672 – 675.

[30] BUTLERLAPORTEG, LAWANDI A, SCHILLER I. Comparison of Saliva and Nasopharyngeal Swab Nucleic Acid Amplification Testing for Detection of SARS-CoV-2: A Systematic Review and Meta-analysis[J]. JAMA Intern Med,2021,181(3):353 – 360.

[31] ORAND P,TOPOL E J. The Proportion of SARS-CoV-2 Infections That Are Asymptomatic：A Systematic Review[J]. Ann Intern Med,2021,174 (5):655 – 662.

[32] ZIMMER C. Israeli Data Suggests Possible Waning in Effectiveness of Pfizer Vaccine[M/OL]. The New York Times[2021 – 07 – 23]. https://baijiahao. baidu. com/s? id = 17089365408005843248&wfr = spider&for = pc.

[33] JARA A,UNDURRAGA E A,GONZÁLEZ C,et al. Effectiveness of an Inactivated SARS-CoV-2 Vaccine in Chile[J]. N Engl J Med,2021,385 (10):875 – 884.

[34] ALIMOHAMADIY,TAGHDIR M,SEPANDI M. Estimate of the Basic Reproduction Number for COVID-19：A Systematic Review and Meta-analysis[J]. J Prev Med Pub Health, 2020,53 (3):151 – 157.

[35] 国家医保局.全国新冠肺炎患者结算总费用75248 万元,人均费用1.7 万元[OL]. (2020 – 03 – 29). https://www. bbtnews. com. cn/2020/0329/346719. shtml.

[36] 王雪纯,闫翔宇,裴少君.2022 年北京冬奥会和冬残奥会闭环管理新型冠状病毒肺炎疫情防控效果评价[J].疾病监测,2022,37 (12).

[37] SHENY,HUO D,YU T,et al. Bubble Strategy — A Practical Solution to Return to Regular Life in the Intertwined Era of Vaccine Rollouts and Virus Mutation[J]. China CDC Wkly,2022,4 (4):71 –73.

[38] JIANG Y,CAI D,CHEN D,et al. The cost-effectiveness of conducting three versus two reverse transcription – polymerase chain reaction tests for diagnosing and discharging people with COVID-19：evidence from the epidemic in Wuhan, China[J]. BMJ Glob Health,2020,5 (7):e002690.

[39] NEILAN A M,LOSINA E,BANGS A C,et al. Clinical Impact, Costs, and Cost-effectiveness of Expanded Severe Acute Respiratory Syndrome Coronavirus 2 Testing in Massachusetts[J]. Clin Infect Dis,73 (9):e2908 – e2917.

[40] PALTIEL A D,ZHENG A,SAX P E. Clinical and Economic Effects of Widespread Rapid Testing to Decrease SARS-CoV-2 Transmission[J]. Ann Intern Med,2021,174 (6):803 – 810.

[41] DU Z,PANDEY A,BAI Y,et al. Comparative cost-effectiveness of SARS-CoV-2 testing strategies in the USA：a modelling study[J]. Lancet Public Health,2021,6 (3):e184 – e191.

[42] TIAN H,LIU Y,LI Y,et al. An investigation of transmission control measures during the first 50 days of the COVID-19 epidemic in China[J]. Science,2020,368 (6491):638 –642.

[43] NUSSBAUMER-STREIT B, MAYR V, DOBRESCU A I,et al. Quarantine alone or in combination with other public health measures to control COVID-19：a rapid review[J]. Cochrane Database Syst Rev,2020 (9).

［44］ WHO COVID-19 Dashboard. WHO COVID-19 Dashboard ［OL］. https：//covid19. who. int/.

［45］ GOOD M F，HAWKES M T. The Interaction of Natural and Vaccine – Induced Immunity with Social Distancing Predicts the Evolution of the COVID-19 Pandemic［J］. mBio，2020，11 (5)：e02617 – e02620.

［46］ MAKHOUL M，AYOUB H H，CHEMAITELLY H，et al. Epidemiological Impact of SARS – CoV – 2 Vaccination：Mathematical Modeling Analyses［J］. Vaccines，2020，8 (4)：668.

［47］ HOGAN A B，WINSKILL P，WATSON O J，et al. Report 33：Modelling the allocation and impact of a COVID-19 vaccine［D］. London：Imperial College London，2020.

［48］ MATRAJT L，EATON J，LEUNG T，et al. Vaccine optimization for COVID-19：Who to vaccinate first？［J］. Sci Adv，2021，7 (6)：eabf1374.

［49］ BUBAR K M，REINHOLT K，KISSLER S M，et al. Model-informed COVID-19 vaccine prioritization strategies by age and serostatus［J］. Science，2021，371 (6532).

［50］ YANG J ，ZHENG W，SHI H，et al. Who should be prioritized for COVID-19 vaccination in China？ A descriptive study［J］. BMC Med，2021，19 (1)：Article #45.

［51］ 王廉皓. 新型冠状肺炎防控策略模型研究［D］. 北京：北京大学，2022.

［52］ 中华人民共和国交通运输部. 2019 年交通运输行业发展统计公报［R］. 2020.

［53］ 中华人民共和国疾病预防控制局. 中国 – 世界卫生组织新型冠状病毒肺炎（COVID-19）联合考察报告［OL］. http://www. nhc. gov. cn/jkj/s3578/202002/87fd92510d094e4 b9bad597608f5cc2c. shtml.

［54］ Centers for Disease Control and Prevention. COVID-19 Pandemic Planning Scenarios ［Online］. https：//www. cdc. gov/coronavirus/2019 – ncov/hcp/planning – scenarios. html.

［55］ ZHANG Y，YOU C，CAI Z，et al. Prediction of the COVID-19 outbreak in China based on a new stochastic dynamic model［J］. Sci Rep，2020，10 (1)：21522.

［56］ FERGUSON N M. Report 9：Impact of non – pharmaceutical interventions (NPIs) to reduce COVID-19 mortality and healthcare demand［R］. Report 9，2020.

［57］ LONGQ X. Clinical and immunological assessment of asymptomatic SARS-CoV-2 infections［J］. Nat Med，2020(26)：1200 – 1204.

［58］ PALACIOS R，BATISTA A P，ALBUQUERQUE C S N，et al. Efficacy and Safety of a COVID-19 Inactivated Vaccine in Healthcare Professionals in Brazil：The PROFISCOV Study［J］. SSRN Electron J，2021.

索　引